建筑工程质量常见问题防治手册
——装饰装修工程

主编单位　北京土木建筑学会

北　京
冶金工业出版社
2016

内 容 提 要

全书详细讲解了装饰装修工程中出现的质量常见问题。本书内容翔实、重点突出、处理措施规范正确，极具前瞻性和参考借鉴价值，对直接指导现场施工和质量问题控制有着很好的示范作用。

《建筑工程质量常见问题防治手册——装饰装修工程》详细阐述了各分部分项工程施工过程质量常见问题的发生现象、原因分析、预防控制及处理措施等，辅以大量现场施工的照片、图片等实例，加上详细的分析和说明，内容技术措施先进、图文并茂、简洁直观、易懂易学，方便技术人员在施工过程中掌握和应用，确保工程质量。

图书在版编目(CIP)数据

建筑工程质量常见问题防治手册．装饰装修工程／北京土木建筑学会编．—北京：冶金工业出版社，2016.1

ISBN 978-7-5024-7160-6

Ⅰ．①建…　Ⅱ．①北…　Ⅲ．①建筑装饰—工程质量—质量管理—技术手册　Ⅳ．①TU712-62

中国版本图书馆 CIP 数据核字（2016）第 010611 号

出版人　谭学余
地　　址　北京市东城区嵩祝院北巷 39 号　邮编　100009　电话　(010)64027926
网　　址　www.cnmip.com.cn　电子信箱　yjcbs@cnmip.com.cn
责任编辑　肖　放　美术编辑　杨秀秀　版式设计　李连波
责任校对　齐丽香　责任印制　牛晓波
ISBN 978-7-5024-7160-6
冶金工业出版社出版发行；各地新华书店经销；固安华明印业有限公司印刷
2016 年 1 月第 1 版，2016 年 1 月第 1 次印刷
787mm×1092mm　1/16；21 印张；561 千字；321 页
59.00 元

冶金工业出版社　投稿电话　(010)64027932　投稿信箱　tougao@cnmip.com.cn
冶金工业出版社营销中心　电话　(010)64044283　传真　(010)64027893
冶金书店　地址　北京市东四西大街 46 号(100010)　电话　(010)65289081(兼传真)
冶金工业出版社天猫旗舰店　yjgycbs.tmall.com

建筑工程质量常见问题防治手册

——装饰装修工程

编 委 会 名 单

主编单位： 北京土木建筑学会

主要编写人员所在单位：

中国建筑业协会工程建设质量监督与检测分会
中国工程建设标准化协会建筑施工专业委员会
北京万方建知教育科技有限公司
北京筑业志远软件开发有限公司
北京建工集团有限责任公司
北京城建集团有限责任公司
中铁建设集团有限公司
北京住总第六开发建设有限公司
万方图书建筑资料出版中心

主　　审： 吴松勤　葛恒岳

编写人员： 崔　铮　刘瑞霞　张　渝　杜永杰　谢　旭
徐宝双　姚亚亚　张童舟　郭　冲　刘兴宇
陈昱文　温丽丹　刘建强　吕珊珊　张义昆
于栓根　张玉海　宋道霞　张　勇　李连波
李达宁　叶梦泽　杨秀秀　付海燕　齐丽香
蔡　芳　张凤玉　庞灵玲　曹养闻　王佳林

前　言

为贯彻执行住房和城乡建设部（建质［2013］149号）《住房城乡建设部关于深入开展全国工程质量专项治理工作的通知》精神，北京土木建筑学会组织专家学者、技术人员，收集整理各省（市）实际工作中的质量常见问题治理的一手资料，并且分专业、分部位精心编辑、整理，编制了编制了《建筑工程质量常见问题防治手册》系列图书。

本书《建筑工程质量常见问题防治手册——装饰装修工程》详细阐述了各分部分项工程施工过程质量常见问题的发生现象、原因分析、预防控制及处理措施等，辅以大量现场施工的照片、图片等实例，加上详细的分析和说明，内容技术措施先进、图文并茂、简洁直观、易懂易学，方便技术人员在施工过程中掌握和应用，确保工程质量。

本书主要包括了地面工程、抹灰工程、外墙防水工程、门窗工程、吊顶工程、轻质隔墙工程、饰面板工程、饰面砖工程、幕墙工程、涂饰工程、裱糊与软包工程、细部工程等出现的质量常见问题及处理措施，内容翔实、重点突出、处理措施规范正确，极具前瞻性和参考借鉴价值，对直接指导现场施工和质量问题控制有着很好的示范作用。

本书编制与审核过程中，得到各省（市）一线施工人员及领导和专家们的鼎力支持和帮助，对此我们表示衷心的感谢！

由于时间仓促，书中难免会有疏漏和错误，恳请读者和业内专家给予批评和指正。

编　者

2016年1月

实例彩图下载说明

本书中所有实例照片均提供彩色图片下载；
手机端请直接扫描二维码；
电脑端请输入网址进行下载：
www. cnmip. com. cn/downloads/colorpages-9787502471606. pdf

目　录

第一章 地面工程

第一节 基层铺设

一、地面平整度不符合要求

1、楼面表面不平整

（1）现象

楼面表面出现坑洼、脚印、不平整等。参见图 1-1。

图 1-1 楼面坑洼

（2）防治措施

1）面层采用收面机，收面机无操作位置时，采用人工铁板收面。参见图 1-2。

2）地面有二次装修时，做拉毛处理，不得采用扫帚扫毛。参见图 1-3。

图 1-2 面层收光

图 1-3 面层拉毛

3）雨期施工，浇筑后采用塑料薄膜或三彩布遮盖，在雨停后要及时对混凝土面进行收面。参见图 1-4。

图 1-4 混凝土收面不规范

4）混凝土浇筑过程中利用夹具夹在剪力墙柱两端的柱钢筋上，调整好标高，刮尺沿着底部铁板收平整，墙柱根部混凝土平整度≤2mm。

5）混凝土浇筑完成后，楼板混凝土达到 1. 2N/mm^2 后才允许上人（12 小时左右，不留脚印及其他压痕），每平方荷载不超过 150kg。

2、地面不平

（1）现象

地面不平现象。参见图 1-5。

图 1-5 表面平整度超过规范要求

（2）防治措施

1）楼地面找平层做好后，应经验收合格，方可铺贴面层面砖。

2）施工前校正一下水平线（室内+50cm），有误差要先调整。

3）板块本身几何尺寸应符合规范要求，凡有翘曲、拱背、宽窄不方正等缺陷时，应事先套尺检查，挑出不用。

4）地面面层铺设后，在养护期间内禁止上人活动，做好成品保护工作。参见图 1-6。

图 1-6　表面平整度符合规范要求

二、地面空鼓

1、现象

（1）地面块料空鼓、开裂。参见图 1-7。

（2）地面局部空鼓。参见图 1-8。

图 1-7　地面空鼓

图 1-8　地面局部空鼓

2、防治措施

（1）地面基层清理必须认真，并充分湿润，以保证垫层与基层结合良好，垫层与基层的纯水泥浆结合层应涂刷均匀，不能用撒干水泥灰后再洒水扫浆的做法，这种方法由于纯水泥浆拌合不均匀，水胶比不准确，会影响粘结效果而造成局部空鼓。

（2）块料背面的杂物必须清扫干净，并事先用水湿润，等表面稍晾干后再进行铺设。

（3）铺贴层砂浆应用 1∶3～1∶4 干硬性水泥砂浆，铺设厚度以 25～30mm 为宜，如果遇有基层局部较低或过凹的情况，应事先用细石混凝土找平，铺放板块时比地面线高出 3～4mm 为宜，如果砂浆一次铺得过厚，放上板块后，砂浆底部不易压实，往往会引起局部空鼓。

（4）板块铺贴宜二次成活，第一次试铺放后，用橡皮锤敲击，既要达到铺设高度，也要使铺贴层砂浆平整密实。根据锤击的空实声，搬起板块，增减砂浆，浇一层水胶比为 0.5 左右的素水泥浆，再安铺板块，四角平稳落地，捶击时不要砸边角，垫木方捶击时，木方长度不得超过单块板块的长度，也不要搭在另一块已铺设好的板块上敲击，以免引起空鼓。

（5）板块铺设 24h 后，应洒水养护 1～2 次，以补充水泥砂浆在硬化过程中的所需的水分，保证板块与砂浆粘结牢固。

（6）灌浆前应将地面清理干净，把板块上和接缝内松散砂浆清除掉，灌浆应分几次进行，用长把刮板往缝内刮浆，勿使水泥浆填满接缝和部分边角不实的空隙中。灌缝后粘滴在板块上的砂浆应用软布擦洗干净。灌缝后 24h，再浇水养护，然后覆盖锯木等保护成品进行养护，养护期间禁止上人走动。

三、地面基土垫层下沉

1、现象

地面基土垫层下沉。参见图 1-9、图 1-10。

图 1-9　地面垫层下沉

图 1-10　地面垫层下沉

2、原因分析

地面基层土没按要求分层夯实。

3、防治措施

（1）选择符合填土要求的土料回填。

（2）填土的密实度应根据工程性质来确定，一般用土的压实系数换算为干密度来控制，无设计要求时，压实系数 λ_c 可参考表 1-1 使用。

表 1-1　压实系数 λ_c 参考表

项次	填方类别	填方部位	压实系数
1	室内地坪	有整体面层时的填土垫层	≥0.90
		无整体面层时的填土垫层	≥0.85
2	区内道路	面层	≥0.95
		整体面层的垫层	≥0.90
3	一般场地	无建筑区	≥0.85

（3）严格控制好回填土的含水率，使其接近最优含水量，各种土的最优含水量和最大干密度的参考值见表 1-2，在回填土时，应严格控制土的含水量，加强施工前的检验。含水量大于最优含水量范围时，应采用翻松、晾、晒、风干方法降低含水量；或采用换土回填，或均匀掺入干土，或采用其他吸水材料等来降低含水量。含水量过低，应洒水湿润。

表 1-2　土的最优含水量和最大干密度参考表

土的种类	最优含水量（%）（重量比）	最大干密度（t/m^3）	土的种类	最优含水量（%）（重量比）	最大干密度（t/m^3）
砂土	8～12	1.80～1.88	粉质黏土	12～15	1.85～1.95
粉土	16～22	1.61～1.80	黏土	19～23	1.58～1.70

（4）对有密实度要求的填方，应按所选用的土料、压实机械性能，通过试验确定含水量控制范围、每层铺土厚度、压（夯）实遍数、机械行驶速度（振动碾压为 2km/h），严格进行水平分层回填、压（夯）实，使其达到设计规定的质量要求。

（5）加强对土料、含水量、施工操作和回填土干密度的现场检验，按规定取样，严格每道工序的质量控制。参见图 1-11。

图 1-11　建筑物四周外地坪没有出现下沉

四、基层施工前未处理导致垫层空鼓

1、现象

在主体结构施工阶段，由于撒落在楼板上的水泥浆或砂浆，都已粘结在板上。如果不清除干净，浇筑混凝土垫层时，易造成垫层空鼓。

2、原因分析

基层不进行处理就浇筑混凝土垫层。

3、防治措施

（1）浇筑混凝土垫层前，用铁錾子将粘在楼板上的水泥浆皮、砂浆等剔凿干净，再用钢丝刷子刷掉，扫帚清扫干净。

（2）洒清水湿润，杂物及水泥浆皮虽已扫干净但仍有粉尘，在浇筑垫层前进行均匀洒水。浇筑时要再洒水泥浆（即结合层）随洒随浇筑。

五、水泥混凝土垫层厚度不够

1、现象

基础垫层厚度不够，地面结构板混凝土垫层厚度只有 7cm，达不到设计要求的 10cm。参见图 1-12。

图 1-12　基础垫层厚度不够

2、原因分析

（1）施工单位对基础垫层不重视，有意识减少垫层的厚度以节省材料。

（2）监理人员对混凝土垫层以下土方回填面标高的复核不到位。

3、防治措施

（1）对垫层厚度不足设计及规范要求的情况根据合同扣除施工单位费用。

（2）监理人员在土方回填夯实完成后要复核其标高。

六、找平层不密实、强度低

1、现象

水泥类（水泥砂浆、水泥混凝土）找平层表面不密实，孔隙较多，强度等级达不到设计要求。

2、原因分析

（1）思想上重视不够，误认为找平层仅仅起找平作用，因而在配料、搅拌、铺设、振捣等各个施工环节的操作上都较马虎。

（2）因找平层厚度较薄，设计强度等级又偏低（通常为C20），施工操作有一定难度。

（3）铺设找平层前，基层表面湿润不够；铺设找平层时，又未认真刷水泥浆。铺设后，拌合料失水过快，影响找平层的密实度和强度。

3、防治措施

（1）思想上重视，找平层是建筑地面结构中的一个重要构造层，施工质量的好坏，将直接影响到面层和地面整体结构的质量。

（2）重视施工交底和检查督促工作，使找平层施工在配料、搅拌、铺设、振捣和平整等各个施工环节都能认真重视，确保施工质量。

（3）重视基层清洗湿润工作，铺设前，应刷水胶比为0.4～0.5的纯水泥浆一道，加强找平层与基层的粘结力。振捣结束时若发现表面不密实、孔隙较多的情况，应适当补足水泥浆，使表面层达到平整、密实的要求。

4、治理方法

一般情况下，表面可补抹一层水泥净浆，清除表面层孔隙，增强表面层强度。当质量差距较大时，应作返工处理。

七、混凝土垫层浇筑未振捣

1、现象

不用振动器振捣混凝土垫层，而只用铁锹拍打，会造成混凝土不密实。预先不做找平墩（或冲筋），在浇筑垫层混凝土时，找平无根据，造成垫层上表面高低不平。

2、原因分析

浇筑混凝土垫层时不使用振动器，不预先做找平标志。

3、防治措施

为控制垫层的平整度，根据房间四周墙上已弹出的+50cm标高线，横竖拉水平线找出垫层上标高，抹出100×100mm（高度为垫层上皮）找平墩，间距2m左右，如果是首层地面可在土层地面上打入小木桩，拉水平线在小桩上做垫层上平标记。

浇筑垫层时，用铁锹铺混凝土，厚度略高于找平墩，大致找平后，用平板振动器进行振捣，密实后根据找平墩拉水平线，检查平整度，高处铲掉、低处填平，然后再用水平木刮杠刮平，再用木抹子将表面槎平。

八、混凝土垫层表面不平整

1、现象

混凝土垫层表面明显不平整，超出规范允许偏差值。

2、原因分析

垫层铺设前未设置水平标志，垫层铺设时又未用刮杠刮平。

3、防治措施

混凝土垫层铺设前应设置水平标志，当垫层有坡度要求时，水平标志应符合坡度要求。混凝土垫层铺设时，应用刮杠按水平标志刮平后再予振实。

4、治理方法

当平整度误差较大，影响到下道工序施工操作和施工质量时，应用水平仪抄平后用水泥砂浆予以补抹平整。

九、楼地面找平层空鼓开裂

1、现象

楼地面找平层空鼓开裂。

2、防治措施

（1）应将基层上的浮浆、落地灰等用清灰机、錾子或钢丝刷清理掉，然后用扫帚和水清洗干净。

（2）严格按配合比试配，计量机拌，控制水胶比。

（3）找标高，用细石混凝土打粑、出柱，间距双向不大于 2m（有坡度的房间应拉线，抹出坡度墩）。

（4）铺设前应将基层湿润，并在基底上刷一道素水泥浆或截面结合剂，随刷随铺，从房间内退着往外铺。

（5）用铁锹铺细石混凝土，厚度略高于找平柱或墩，随即用铁筛子来回碾压，表面形成浆状为止，然后用手铁板赶压两遍，有坡度要求的应按设计要求坡度做。

（6）应在施工完成后 12h 左右洒水养护，严禁上人，养护（宜采用蓄水方式）期不少 7d。

3、优质工程示例

参见图1-13、图1-14。

图1-13　室内楼地面找平层养护中

图1-14　初凝后洒水湿润薄膜覆盖

十、水泥混凝土垫层表面不规则裂缝

1、现象

混凝土垫层养护结束后发现表层有不规则裂缝。

2、原因分析

（1）面积较大的混凝土地面垫层未分层施工，或分块面积过大，混凝土结硬化过程中产生收缩裂缝。

（2）混凝土垫层铺设后，未及时覆盖养护，又遭受大风劲吹，使混凝土失水过快，产生失水收缩裂缝。

（3）冬期施工混凝土垫层时，为防冻用炉火保温，局部区域温度过高也会造成裂缝。

3、防治措施

（1）大面积混凝土地面垫层应分区域（块）施工，通常情况下，不宜超过6m，并应和地面变形缝相一致。

（2）混凝土垫层铺设完成后，应重视覆盖养护工作，防止大风和穿堂风劲吹。冬期施工用炉火保温时，也要防止局部温度过高，并防止升温速度过快。

4、治理方法

（1）如仅有裂缝而不空鼓时，可用纯水泥浆灌（嵌）缝使其密实。

（2）如不仅有裂缝并伴有空鼓且空鼓面积较大时，应作翻修处理。翻修时应注意做好新、老混凝土的衔接结合工作。

5、优质工程示例

参见图 1-15。

图 1-15　混凝土垫层表面平整

十一、砂石垫层表面质量缺陷

1、现象

表面有明显的砂窝、石堆等质量缺陷。参见图 1-16。

图 1-16　砂垫层表面有石块

2、原因分析

（1）当采用天然砂石时，级配不良。

（2）当采用人工拌合砂时，级配不良、石料用量过大或拌合不匀。

3、防治措施

（1）应采用级配良好的砂石材料。

（2）用人工拌合砂石材料时，石料用量不应过大，拌合应均匀。拌合时适当洒水，使其达到最优含水量为准。

4、治理方法

明显石堆处应补铺砂料，并夯实平整。

十二、灰土垫层密实度差

1、现象

灰土垫层的干密度值达不到设计要求和施工规范的规定。

2、原因分析

（1）原材料质量不符合要求，灰土配比不准确，拌合不均匀。

（2）灰土垫层施工时分层过厚，或夯击力不够。

（3）灰土拌合料的含水率控制不当，无法夯（压）实。

3、防治措施

（1）重视原材料质量。土料宜用黏性土及塑性指数大于 4 的粉土，不得含有松软杂质，并应过筛，最大颗粒直径不得大于 15mm。石灰应用新鲜的消石灰，其颗粒粒径不得大于 5mm。

（2）灰土垫层配比应正确，拌合料应拌合均匀，颜色一致，控制适当含水量。施工中常用的检验方法，是用手将灰土拌合料紧握成团，落地即散为宜。当拌合料含水量过大时，应作晾干处理；反之含水量过小时，应洒水湿润。

（3）铺设时应分层铺设，每层铺设厚度根据夯实或碾压机具而定，亦可参考表 1-3 确定。

表 1-3　填土每层的铺土厚度和压实遍数

压实机具	每层土虚铺厚度/mm	每层所需压实遍数/遍
平碾	200～300	6～8
羊足碾	200～350	8～16
蛙式夯实机	200～250	3～4
人工打夯	不大于 200	3～4

4、治理方法

对达不到密度规定值的灰土垫层，应增加夯击（或碾压）遍数，或加大夯击锤力（或碾压机吨位）。

十三、住宅“三小间”渗漏的防治

住宅工程中，室内“三小间”（厕所间、洗涮间、厨房间）渗漏问题一直是未能彻底根除的质量常见问题。“三小间”的渗漏会导致室外饰面砖的脱落，水泥饰面泛碱，室内墙面及下层顶棚潮湿，涂料霉变、起皮，甚至出现滴水现象，严重影响住户的使用，同时也给居住环境造成污染。

1、现象

渗漏部位主要集中在墙体与地面的相接处、浴盆上口与墙体接触处、地漏周围、卫生洁具的排水管和穿过地面的管道周围。另外，还有一些沿混凝土板不规则的渗漏。

2、原因分析

（1）地面泛水坡度不够，甚至倒泛水，导致室内有水不能迅速排除，而沿墙体底部空隙渗出。

（2）浴盆上口与墙体接触处是经常存水的部位，如果内墙抹灰质量差或镶贴的面砖勾缝不严，水就会沿墙体的空隙和毛细孔渗出。

（3）地漏、卫生洁具的排水管及穿过地面的管道周围混凝土浇筑前，未认真将基层清理干净，降低了新浇混凝土与原混凝土板的粘结力，导致水沿施工缝渗漏。

（4）穿过地面的塑料排水管未设伸缩节，采暖管未设套管，由于温差变形，造成管子与其周围已灌实的混凝土产生相对位移，形成缝隙，水通过缝隙沿管道渗入下层房间。

（5）混凝土板浇筑时漏振、欠振，造成混凝土板不密实。混凝土强度未达到规定的拆模强度就拆除模板，或在其上放置重物和猛烈振动，使混凝土板产生裂缝，施工时又未认真处理，造成水沿混凝土内蜂窝或裂缝渗出。

（6）地漏安装过高，造成地面积水。大便器排水管高度过低，大便器出口插入排水管的深度不够，造成水从连接处漏出。如果防水处理不当，水就会沿管道周围或混凝土板内的蜂窝、裂缝及墙缝渗出。

3、防治措施

（1）在“三小间”周边应砌筑墙体的位置，与混凝土板同时浇筑高度120mm、厚度与该处墙体等厚的混凝土防水增强层，混凝土强度等级不应低于C20。地面施工以前，先按设计要求找好泛水坡度，拉线做标高控制点，然后，再进行下道工序的施工。

（2）内墙抹灰前应认真清理、湿润墙面。在浴盆口上200mm处至地面，全部用1∶2.5水泥砂浆打底，浴盆口下墙面用1∶1水泥砂浆压光。为防止水沿墙面流入浴盆下造成地面积水，浴盆下地面除采取上述做法以外，还应进行找坡，使水流向浴盆排水管一侧，并通过浴盆排水检修门流入地漏。内墙镶贴饰面砖时，应认真勾缝，确保水不沿砖缝渗入墙体。

（3）在浇筑地漏、卫生洁具排水管周围及穿过混凝土板和管道周围的混凝土以前，应凿除洞口周边松散的石子，并用清水冲洗干净，用铁丝将吊模固定牢固，同时封堵严密，然后铺抹 1∶1 水泥砂浆，再浇筑比地板混凝土强度等级高一级的细石混凝土；最后进行覆盖养护，待混凝土干燥后，再做涂膜防水层，并在涂膜防水层上撒碎石屑，以利于后期与抹灰层粘结牢固。

（4）穿过地板的塑料排水管，应每层设伸缩节，并埋置于混凝土板内，其高度为上口露出地面 50mm 左右。采暖管在穿过地板处设套管，套管与管道之间用密封材料封堵。抹水泥砂浆找平层时，在管子周围 50mm 内做高出地面 20～30mm 的水泥砂浆挡水台，以防止水从管道处渗漏。

（5）应严格按操作规程施工，保证混凝土密实。模板拆除应待混凝土达到规定的强度要求后。对施工造成的混凝土裂缝，应认真处理，对影响建筑物结构承载力的混凝土板裂缝应剔除，重新浇筑混凝土；对承载能力无影响的裂缝，应将其周围的混凝土表面凿毛扫净，并洒水湿润，刷水泥浆一度，用 1∶1 水泥砂浆（掺适量防水剂）分两遍涂抹，厚 10mm，待其初凝后进行覆盖、洒水养护。

（6）地漏安装前应先找平、拉线，根据设计泛水坡度，确定地漏的合理高度，并保证安装地漏箅子后，其顶面低于周围地面 5mm。大便器排水管的高度应根据地面高度确定，使之上口高出地面 20～30mm，同时应选用内径大于大便器出口外径 5mm 以上的排水管。

为确保“三小间”无渗漏现象，应做到坡向正确、排水通畅，在整个施工过程中需进行两次检查。首先，在完成涂膜防水层和修补管道、地漏、排水管周围混凝土后，进行一次蓄水试验，蓄水深度为 20～30mm，待 24h 后检查是否渗漏，发现问题及时处理。在全部工程完成后再做一次蓄水试验，以彻底根除渗漏因素。

施工人员应严格按照《建筑地面工程施工质量验收规范》（GB 50209）及操作程序施工，确保住宅工程质量，满足使用功能。

十四、浴厕间地面渗漏

1、现象

浴厕间地面常有积水，顶棚表面经常潮湿。沿管道边缘或管道接头处渗漏滴水，甚至渗漏到墙体内形成大片洇湿，造成室内环境恶化。

2、原因分析

（1）选用了耐水性能、耐腐蚀性能不良的防水材料，材料出现腐烂、软化、溶胀、破坏现象，或固化后出现收缩、开裂、孔洞、杂质、强度及延伸率低、耐水能力差等现象，涂料与基层粘结强度低，或不能粘结。选材不当，选择不适用于厕浴间的防水卷材，卷材接头粘结强度不够，节点包封不严，引起渗漏。

（2）设计不好：现浇混凝土楼板，未设计防水层；楼地面排水坡度过小，不足 2%，排水方向不准确，地漏、阴阳角、浴缸下地坪的标高设计不合理、或无详图，造成地面积水，排水不畅；管道预留孔位置设计不准确，与楼板孔洞贯通。

（3）施工不好：楼地面因找平层施工质量不好，原防水层粘结不牢，涂膜、防水层厚度不够，涂膜施工工艺不合理，引起收缩开裂等，出现多点渗漏、串流渗漏等；找平层施工质量不好，引起起砂、疏松、掉灰等，楼地面与墙面交接部位出现渗漏。

（4）缺乏管理，年久失修，渗漏日趋严重；二次装修时，将原防水层破坏。

3、防治措施

（1）设计方面应针对工程使用特点，在图纸上明确质量要求。

1）浴厕间楼地面标高应比一般地面低 20～50mm。

2）浴厕间楼地面结构四周的边梁应向上翻起，高度不小于 200mm，防止水从四周墙角处向外渗漏。

3）浴厕间楼地面应有 2%～3%的坡度坡向地漏。

4）管道支（托）架应注明用料规格、间距和固定方式。

5）横向排水管应有 2%～3%的坡度，以使排水畅通，防止涌水上冒。

6）竖向排水管每层应设置清扫口，一旦发生堵塞，便于及时清扫。

7）地漏应设有防水托盘，防止地面污水沿地漏四周向下渗漏。

8）明确管道安装好后，必须进行注水试压（上水管）和注水试验（下水管）的要求。

（2）土建施工应作好以下各点。

1）重视浴厕间楼地面结构混凝土的浇筑质量，振捣密实，认真养护。

2）楼面上预留的管道孔洞上下位置应一致，防止出现较大误差。

3）管道安装好后，宜用细石混凝土认真补浇管道四周洞口。混凝土强度等级应比楼面结构的混凝土提高一级，并认真做好养护。

4）认真做好防水层施工，施工结束后应作蓄水试验（蓄水 20～30mm，24h 不渗漏为合格），合格后方可铺设地面面层。

5）铺设地面前，应检查找坡方向和坡度是否正确，保证地面排水通畅。

（3）安装施工应作好以下各点。

1）坐便器在楼板上的排水预留口应高出地面（建筑标高）10mm，不可歪斜或低于楼面。

2）浴盆在楼板上的排水预留口应高出地面（建筑标高）10mm，浴盆的排水铜管插入排水管内不应少于 50mm。

3）上下管道的接口缝隙内缠绕的油盘根绳应捻实，并用油灰嵌填严密。

4）排水管道应用吊筋或支（托）架固定牢固，排水横管的坡度应符合要求，使排水畅通。

5）安装过程中凡敞口的管口，应用临时堵盖随手封严，防止杂物掉入管膛内。寒冷地区入冬结冻前，对尚未供暖的工程，应将卫生器具存水弯内的积水排除干净或采取其他措施加以保护，避免冻裂管线。

6）管道安装后，应及时进行注水试压（用于上水管）和注水试验（用于下水管）。

7）地漏安装标高应正确，地漏接口安装好地漏防水托盘后，仍应低于地面20mm，以保证满足地面排水坡度。

4、治理方法

对于浴厕间楼地面的渗漏质量常见问题，应认真查清原因后，彻底进行根治。

5、优质工程示例

参见图1-17。

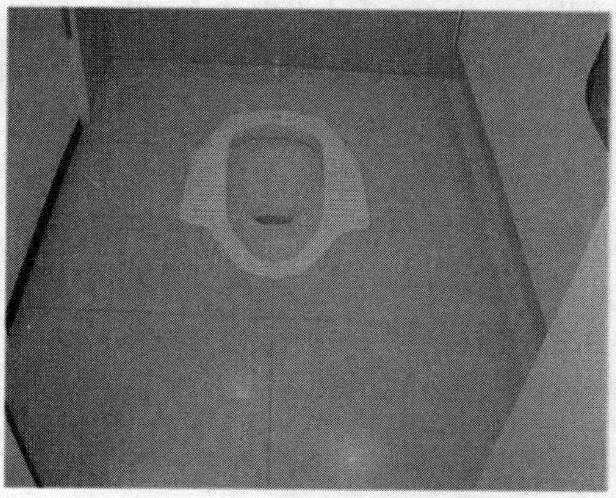

图1-17　卫生间优质工程

十五、卫生间渗漏原因分析

1、现象

近年来卫生间的楼地板，多以现浇为主，上下水管往往通过事先预埋好的套管，从一个楼层穿到另一个楼层。一般情况下，明管不会有多大的问题，即便是渗漏，也好处理。可是暗管或穿板的套管周围渗漏，处理起来就不是那么容易了，因为渗漏点往往不知在何处。就这些问题，下面分析渗漏的原因及治理的办法。

2、原因分析

（1）材料

首先从所用的材料来看，目前国家提倡以塑代钢，这个策略是无可非议的。但是塑料种类繁多，以假乱真比比皆是。若弄不清材质的物理与力学性能，拿来就用，可能会出现问题。倘若稍不注意，买上冒牌货，那就更惨了，不用几年管子就会老化、脆裂，渗漏也会跟随而来。

（2）温度的影响

众所周知，混凝土与塑料的胀缩系数是不相同的，而且相差很大，在等温差的条件下，胀缩值相差甚大。用实际数据来说明，已知聚氯乙烯管的线胀缩系数 α 为 1.8～2mm/（m·℃）；混凝土 α 为 0.01～0.015mm/（m·℃）。

从这些数据中可以看出，等温差条件下，胀缩率相差 120～200 倍左右。如果室内升温（以施工时的温度为基准点），问题还不大，因为混凝土与塑料管的膨胀，二者之间会越挤越紧，缝隙自然不会出现了，即便原先有缝，也会减小。然而如果室内降温，两材收缩，促使二者分离，于是就产生了裂纹，温差越大，缝隙也就越大。在室内温差不大的情况下，不会导致渗漏。基本恒温（相差±10℃左右）并非家家都能做得到的。比如家中 1～2 年无人居住，室内的恒温也就被打破，套管与混凝土间的裂缝出现也就成了必然趋势，这是另一个渗漏的重要因素。

（3）振动

塑料与混凝土的粘结力非常低，一般只有 0.0001～0.0002kPa（材质不同，其粘结力也不同），所以楼板受振，二者之间极易脱开。当然一般情况下并不会有多大影响，因为二者之间总有粘结力，并且还存在着混凝土的挤压及摩擦力。当振动较大时，如装修房子时（破坏原地面、拆墙等），地面承受较大的振动力，二者将会裂开，这是造成裂缝生成的第三个因素。

（4）操作

1）暗管铺设好，下道工序进行中，伤害到管子，而且未按规范要求的节点处理。

2）穿楼地面的套管，周围杂物未清理干净或是混凝土终凝前后及未达一定的强度时套管被扰动等都会使套管与混凝土之间形成裂纹。

上述种种原因的综合效应是加速、加大缝隙的形成和扩大，进而导致卫生间的渗漏。

3、防治措施

卫生间渗漏确实比较麻烦，它不但处理费事，而且还影响到人们的正常使用，故此必须引起人们的高度注意，具体治漏的方法如下。

（1）塑料套管

1）穿楼板的预埋套管的管壁一定要清理干净，并用钢丝刷打毛。

2）浇筑混凝土后，沿套管周围 3cm，剔成 V 形槽，槽深 2cm（见图 1-18）。做防水前，用密封材料填平套管周围的凹槽，然后按规范要求实施下步作业。

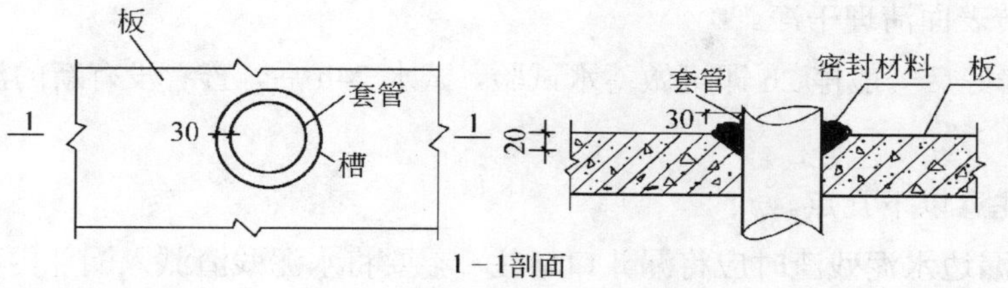

图 1-18　塑料套管预埋

（2）碳钢管

目前采用碳钢作套管的并不多，但偶而也会用到一些，故只简略的作一般的论述。

1）除锈和清除杂物。

2）将套管与板的钢筋最好联结在一起（见图 1-19），其余程序遵循常规施工。

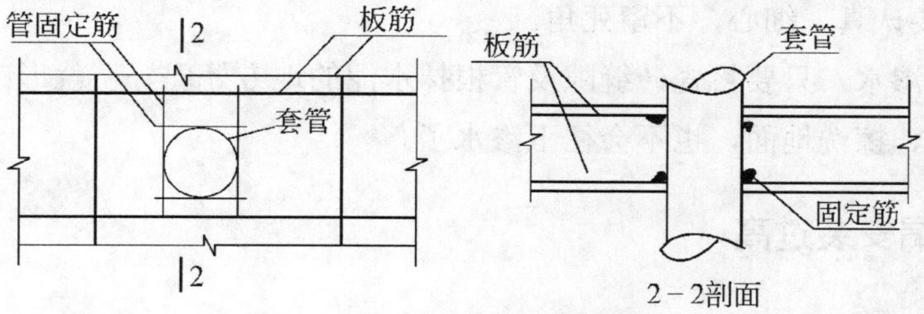

图 1-19　碳钢管预埋

4、治理方法

卫生间渗漏维修中，采用一种简便易行、不用破坏面层的维修方法，其具体做法是，一查、二剔、三和、四灌、五振、六抹、七验。

一查：就是仔细查看渗漏点，找准渗漏位置，分析渗漏原因。一般地漏遇水机会较多，浸水时间长，渗漏较多；还有的是顺瓷砖缝窜过去的水，也有其他管根渗水的，只要不是管子内或坐便器内损坏，均可采用此法维修。

二剔：用长 15cm 左右的废钢锯条和小冲子，在找准渗漏处进行处理。如为地漏或管根渗水，应用钢锯条或冲子把封管根的水泥剔出，剔成 5mm 左右的凹槽，把水泥残渣除掉。如为地砖缝窜水，应用锯条顺砖缝拉，把缝中的水泥、尘土和灰泥剔出，剔得越干净越好。

三和：即和料。堵漏材料最好用速凝型水不漏粉和 JS 复合涂料的液料，先把水不漏粉加水拌合成泥，再加 JS 复合液料稀释，和成稀糊状。

四灌：将稀糊状液料灌入瓷砖缝内或管根的凹槽中。

五振：为使稀糊液料把缝灌严，要用木棰或橡胶锤轻敲瓷砖进行振动，随振动随用锯条顺缝通锯，若液料渗下去了，再灌入补充，尽量将液料灌到缝底和凹槽内，不留空隙。

六抹：待灌入砖缝、槽内的液料未干时，立即撒水不漏粉，用大拇指顺缝压填粉料，管根凹槽处可用水不漏拌成泥嵌入，用手指狠往槽内摁抹，填抹得越严实越好。当全部抹好后，应将瓷砖表面清理干净。

七验：待修好后一般停 2h 即可做蓄水试验，试水 24h 后，查看没有新的渗漏点表明已经处理好了。

施工中应注意以下几点。

（1）凿地漏边水泥残渣时应将漏斗口堵住，不要将水泥残渣溅入漏斗内，更不能将地漏及管子剔坏。

（2）对瓷砖缝要细剔，可多剔几遍，并随之清理干净。

（3）剔瓷砖缝的面积要大，因为瓷砖下面的水泥砂浆容易窜水，整个卫生间地面的砖缝都处理了最好。

（4）和料要快搅拌快使用，不要和得太多，以免过快凝固造成浪费。

（5）处理要认真、细心，不留死角。

瓷砖本身不渗水，只要将瓷砖缝隙及管根抹水泥的地方处理好，就形成了整个地面不渗水，即使洗澡、擦洗地面，也不会往下渗水了。

十六、地漏安装过高

1、现象

地漏高于地面、水封高度不够，使得污水积水过多发生倒流，最终造成厕浴间渗漏。参见图 1-20、图 1-21、图 1-22。

图 1-20　地漏标高过高

图 1-21　地漏水封高度不够

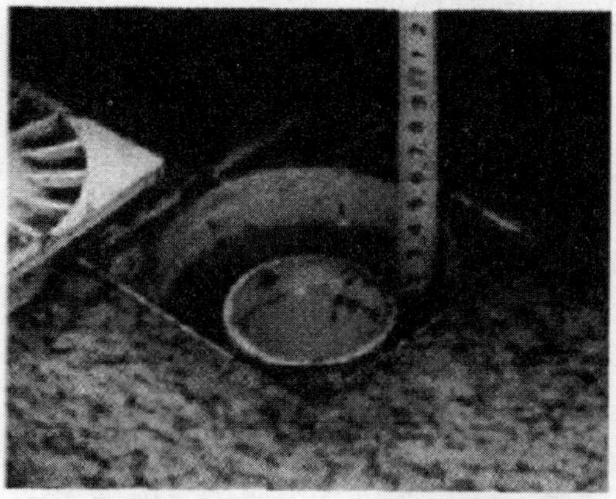

图 1-22　地漏水封过小

2、原因分析

（1）厕浴间地漏的标高高于地面。

（2）地漏高于地面必然造成厕浴间的污水不易排水，积水过多会发生倒流，甚至流入室内的现象。长期汇集在地漏周围的积水很容易破坏地面的防水层，由此将导致厕浴间渗漏。

3、防治措施

必须保证厕浴间地漏的标高低于地面 20～25mm，使地面的水倾向低处的地漏，其排水坡度宜为 2%～3%，污水才能顺利排出。

地面标高应根据门口至地漏的坡度确定，必要时可设门槛。厕浴间地面无积水，排水畅通是防止渗漏的主要措施之一。

4、优质工程示例

参见图 1-23。

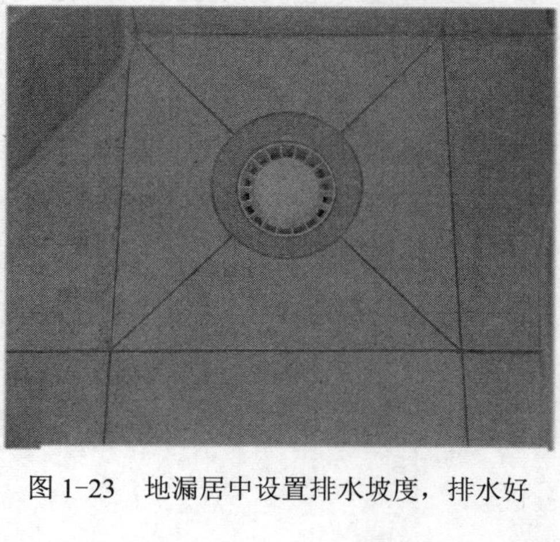

图 1-23　地漏居中设置排水坡度，排水好

十七、顶层住宅卫生间渗漏处理

1、现象

某住宅小区新建四栋住宅楼在入住 1～2 年后顶层住户均反映排水主立管顶部管根处发生不同程度的渗漏。参见图 1-24。

图 1-24　顶层住宅卫生间渗漏

2、原因分析

管根渗漏是住宅工程中较常出现的问题，其原因是：防水层施工质量差，细部处理不到位；屋面混凝土顶板预留孔灌注不密实；材料质量差，防水层提前老化、变形；住户安装太阳能热水器造成人为破坏等。

通过查阅施工日志、监理记录等资料并实地勘察发现：防水层及抽气孔出屋面节点均按照规范和图集节点做法施工，且防水层也未出现破损、空鼓和老化现象。经研究确定，在设计和施工中，顶层卫生间内排水主立管往往伸出屋面，以形成抽气孔从而排出管道内的气体。由于该平屋顶为上人屋面，抽气孔伸出屋面部分考虑到 PVC 自身的抗老化性差、易折断、易破损等原因，施工时多被铸铁管道（带风帽）所代替。但是，当住户入住一段时间后，尤其在入住 1～2 年后，由于排水管道内聚集了大量的热气，气体上升遇冷空气凝结并附着在管道内壁。当 PVC 管和铸铁管连接节点处理不好时，铸铁管道内存在的大量的凝结水就沿着管内壁流至 PVC 管外表面。从而在排水主立管与混凝土顶板相交处的管根部周围的混凝土顶板上出现面积不一的洇水痕迹，甚至出现水滴，而且 PVC 管壁出现细小的水流，在排水管道表面形成一道道的“泪痕”，这种现象在冬期尤为严重。

3、防治措施

解决管壁凝结水渗流的关键在于图 1-25 所示节点的施工，具体做法如下：

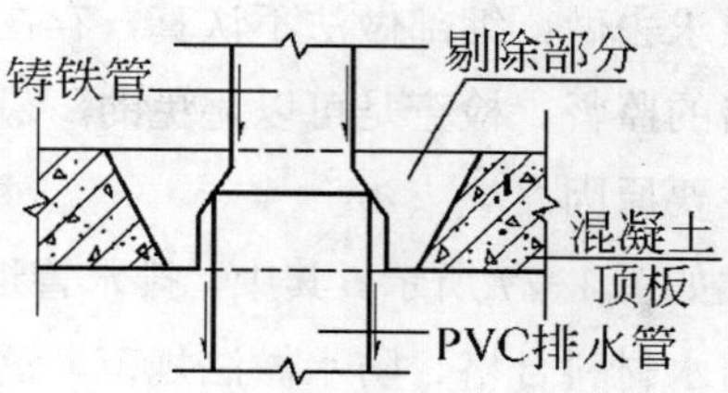

图 1-25 节点做法示意

（1）拆除铸铁管四周的防水层、找平层和保温层，露出混凝土顶板，将承插口周边混凝土全部剔除至板底，呈簸箕口式，取出铸铁管，清除混凝土洞口表面的浮石和残渣，用清水冲洗干净。

（2）截 15cm 长 PVC 管材，直径同排水管材，将铸铁管承插口向上，把截好的 PVC 管材套入承插口内，四周用干硬性膨胀水泥捣密实，并至承插口上表面平，用油膏抹口封闭，做法同排水管埋地部分（铸铁）水泥连接。将 PVC 排水管剩余部分截至距承插口 5cm 处，用砂纸打毛外表面并清理干净，翻转倒置就位。

（3）将户内 PVC 立管距管口 5cm 范围内用砂纸打毛外表面并清理干净，均匀涂上 PVC 专用胶，伸入 PVC 管箍内，旋转数次，直至粘结牢固、就位（见图 1-26）。

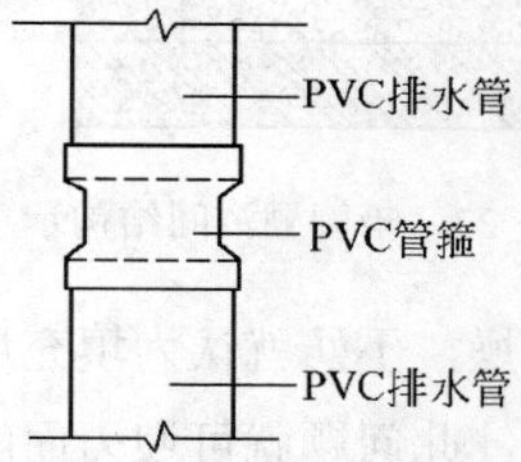

图 1-26 PVC 立管处理示意

（4）在 PVC 排水管外表面均匀涂上 PVC 专用胶，伸入 PVC 管箍另一侧内，保持铸铁管、PVC 排水管、PVC 管箍垂直就位，旋转数次，直至完全粘结牢固。

（5）吊模，用比原顶板混凝土强度等级高一级的细石混凝土掺膨胀剂灌注管道洞口，振捣密实，做水泥砂浆阻水圈。

（6）按设计图纸和规范要求做好屋面的保温及防水层恢复。

十八、卫生间暗管埋设处渗漏

为了追求建筑物的室内观感及节约空间，一些建筑物的厕浴间设计为暗管式，即将厕浴间洁具的排水管道埋入楼层内。然而，伴随着这种做法，也出现了厕浴间渗漏水问题。

厕浴间渗漏水的原因，大致可以归结为以下几个方面：防水材料不合格；防水施工工序不对，没有按照施工规范要求去做；细部做法不认真，存在缺陷；工艺本身存在的不科学因素。前三种原因经过严格的监督、检查是可以避免的，最后一种原因则难以避免，是造成暗管式厕浴间渗漏水的主要原因。

暗管式厕浴间的结构形式如图 1-27 所示。其中，排水管道埋置在填充层当中。在填充层完全干燥的前提下，只要防水材料合格、防水做法规范，这种结构是不会发生渗漏的。然而，这个前提条件很难得到保证，即使运至现场的填充材料是完全干燥的，铺设填充材料时周围环境条件也是符合要求的，但我们在施工填充层上面的混凝土层时，却无法保证不影响到下面填充层的干燥。填充层不干燥，而且所积水分又不能很快流失，便形成日后通过防水薄弱环节渗漏。

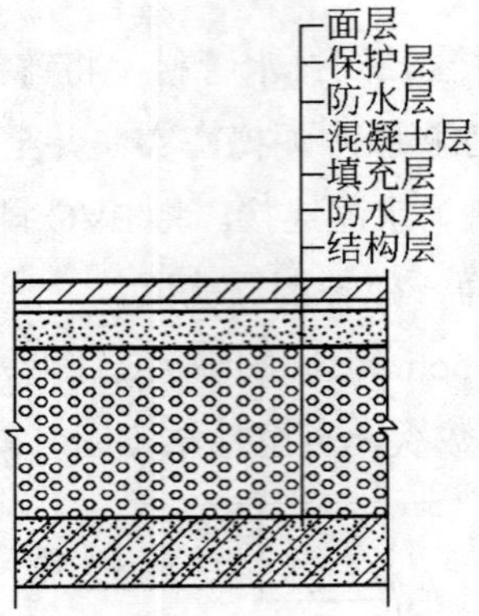

图 1-27 暗管厕浴间结构示意图

既然不能完全保证填充层的干燥，不妨就认为填充层含有水分，那么只要采取适当措施，让这一部分水分有组织地排出，此问题就可迎刃而解了。

如图 1-28 所示，在结构层上沿主排水管对角方向设置一多孔塑料管，并将结构层沿该管找坡，使填充层中的自由水通过管壁空隙渗漏到管下积聚，并流向主排水管。在主排水管接头处留出一定的空隙，以使该部分积水流入主排水管道，从根本上解决这类渗漏问题（见图 1-29），图中三通件、直接件必须与结构固定。

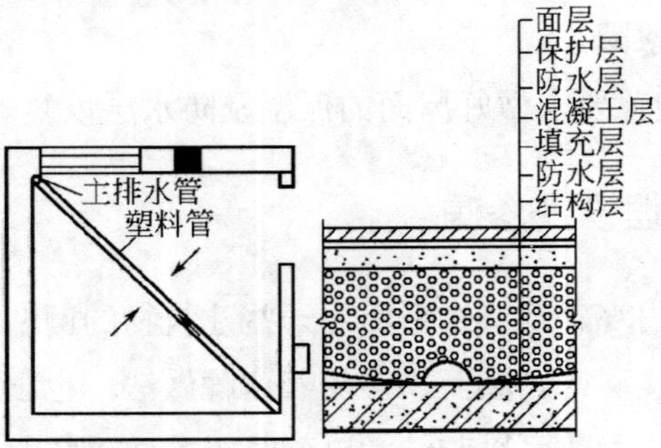

图 1-28 平面与楼地面做法示意图

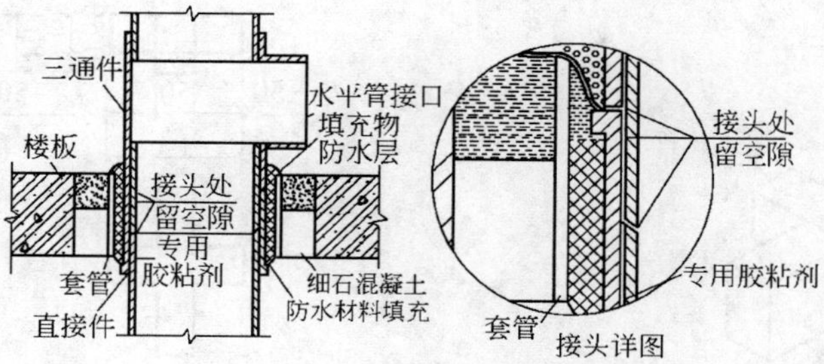

图 1-29 管、件接口处做法示意图

十九、厕浴间管道预留孔洞渗漏质量常见问题

厕浴间的渗漏多发生在管道预留洞的周围。在施工中应从以下几个方面对预留洞进行重点控制。

1、预留洞材料的准备

根据管道的大小制作专门的预留组合管（见图 1-30），图中钢管的壁厚为 3mm，翼缘为 3mm 厚的钢板，用这种预留组合管预留的洞成型后形成一个 50mm 厚的止水企口，在装修堵洞时具有良好的止水作用，而且这种预留组合管坚固耐用，可以在工程中周转使用。

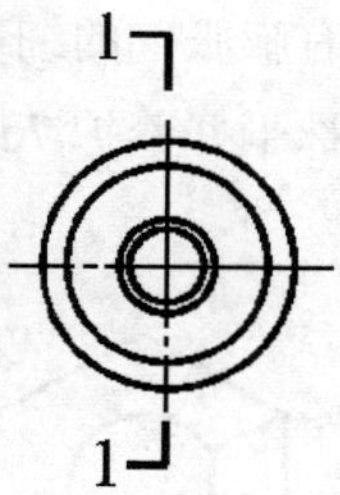

图 1-30 预留组合管平面示意

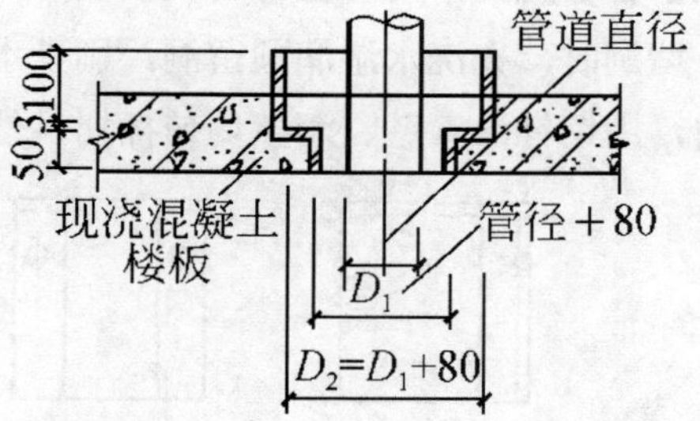

1—1 剖面

2、预留组合管的固定

施工中，根据给水排水施工图标注的各种管道定形位置，在模板上划出管道的中心点（线），然后将木卡具（如图 1-31、图 1-32）的中心对准管道的中心点（线），将预留组合管固定在模板上。

木卡具由木构件 1 和木构件 2 组成，木构件 1 与木构件 2 之间用木榫连接，木构件 1 为 50mm 厚的木条，长度等于 D_1；木构件 2 长度为 D_2，用木卡具塞入预留组合管内，木构件 1 和木构件 2 卡住预留管，使预留组合管的定位尺寸得以保障，并固定在模板上，避免浇筑混凝土时，预留洞位置移动。

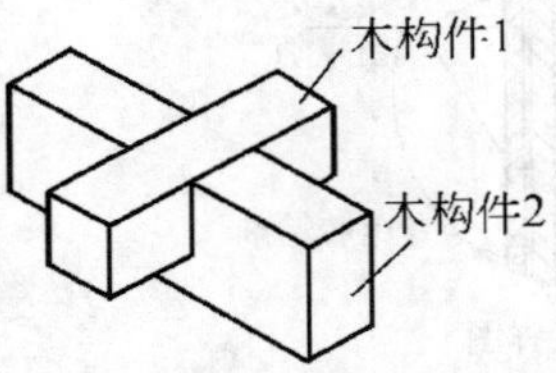

图 1-31 木卡具轴测图

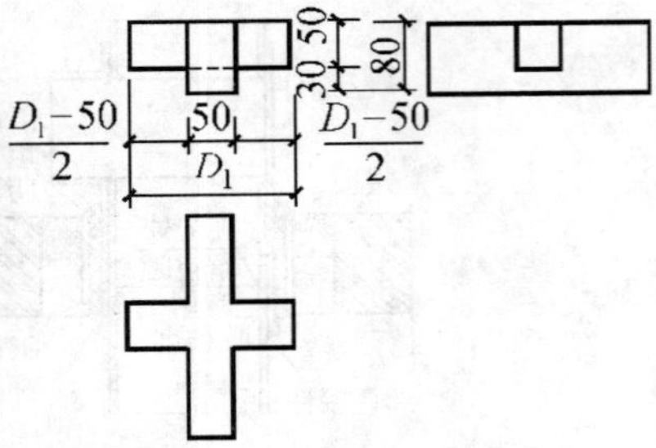

图 1-32 木卡具三视图

3、预留洞的成型

混凝土在浇筑过程中，对预留管四周的混凝土应增加插捣次数，保障预留洞周围混凝土密实。待混凝土初凝后，施工人员将预留管轻敲松动并转动再放下，注意不得扰动预留洞周围的混凝土，待混凝土终凝后，将预留组合管取出。

4、堵洞

管道安装时，PVC 管四周应加橡胶止水圈，用直径 10mm 圆钢焊上止水环。待管道安装结束后堵洞。在堵洞之前，应对预留洞接槎面凿毛，并将杂物清理干净，然后支模。支模时将特制模板（见图 1-33、图 1-34）固定在管道上，模板用 3mm 厚的钢板制作，洞口略大于管道直径，用螺栓将两块模板对接固定在管道上。

堵洞时，先浇水湿润预留洞，刷素水泥浆一道，将掺有膨胀剂的细石混凝土填入预留洞内，用钢钎沿管壁、洞壁均匀插捣，然后将混凝土表面抹平并养护 7d。

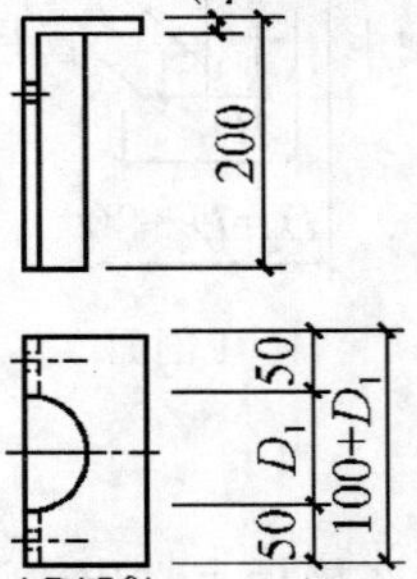

图 1-33 特制模板三视图

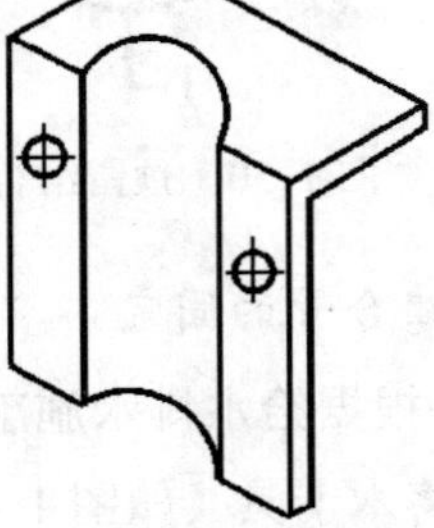

图 1-34 特制模板正轴测图

5、面层处理

当厨房、卫生间楼面面层施工时在管道周围做 30mm 宽、20mm 高的阻水圆台。

按上述施工方法，通过对每道施工工序的控制，可以杜绝预留洞部位的渗漏，保障厨房、卫生间的防水施工质量。

6、施工注意事项

（1）制作预留组合管及其卡具较费工，尤其一次浇筑混凝土需预留多个洞口时需多个预留组合管。

（2）若两个或多个洞很近时，应采用柔性防水附加层粘贴法解决渗漏。

（3）楼面面层施工处理时，带套管的管道已高出所在楼地面 50mm，不需做止水台。

二十、卫生间地面穿管时未设套管

1、现象

穿管防水处理不好是厕浴间发生渗漏的主要原因之一。穿过厕浴间地面的热水管、暖气管等不设置套管并做好防水处理，极容易从这些部位渗漏。参见图 1-35、图 1-36、图 1-37。

图 1-35　管道穿楼板处不规则

图 1-36　管道穿楼板处随意

图 1-37　管道穿楼板处无套管

2、原因分析

厕浴间地面有穿管时不设套管。

3、防治措施

增设套管措施在设计上应有明确要求，厕浴间施工应认真执行。一般套管的长度为110～120mm，套管内径要比穿管外径大2～5mm。套管就位安装时，套管上端向下50mm处可设止水片，在检查就位合格后，在止水片周围用密封膏嵌实。在套管周边应预留20mm×15mm凹槽，凹槽内应用密封膏嵌填，封闭严密。

二十一、排水管周边渗漏水

1、现象

卫生间沉箱处的排水管周边处理不到位发生渗漏水。参见图1-38。

图1-38　排水管周边渗漏水

2、原因分析

卫生间沉箱处的排水管边（特别是靠墙的两面）因操作面窄，不论是浇筑洞口混凝土还是施工沉箱防水层都难于施工到位，质量很难保证，水经常流到管边而产生渗漏。

3、防治措施

安装好立管和横管并封捣管口，做沉箱防水，经试水无渗漏，用实心砖按包管井的长宽尺寸砌100mm高的反坎，然后用C20的素混凝土填满，防止水往管口边倒倾，加强管口边渗漏的防范风险。

二十二、倒置施工法处理卫生间暗敷管地面渗漏

卫生间给水、热水及暖气支管暗敷逐步取代明设，虽然增加了卫生间的可利用面积，提高了卫生间的美观程度，但支管暗敷导致地面渗漏现象屡有发生，严重影响了房屋的使用功能，并给住户生活带来了极大的不便。

1、卫生间暗敷管地面渗漏原因

卫生间地面渗漏的原因有多种，其中给水、热水及暖气管道暗敷造成卫生间地面渗漏，主要是由于土建、水暖等多工种交叉施工、工序相互干扰等原因，使防水层的施工质量难以保证。

（1）工艺原因

根据图纸及施工规范要求，给水 PPR 支管及铝塑交联暖气支管在卫生间 JS 复合防水层施工完成后铺设，并用射钉和金属固定卡子将支管与地面固定。这种做法在固定支管时射钉直接破坏了防水层，虽然用 JS 防水涂料进行了修补，但管材、卡子、射钉与防水层接触处凹凸不平，卫生间积水仍然可以顺着射钉与防水层之间的缝隙进入结构混凝土（非抗渗混凝土），造成楼板渗漏。

（2）施工原因

由于施工人员直接在未经保护的防水层上面铺设给水管，JS 复合防水层属柔性材料，其强度、刚度均很低。在水暖施工过程中，人员、机械、工具等极易破坏防水层，防水层成品保护比较困难，也是造成渗漏的主要原因。

2、施工做法

针对上述原因分析，结合施工图纸、标准及规范的具体要求，只要在管道铺设时，阻断水分的渗漏途径，做好防水层的成品保护，就可以解决卫生间暗敷管地面渗漏问题。在施工过程中可改变原做法，即采用倒置施工的方法，具体做法如下。

（1）结构验收合格进入装修期后，在卫生间防水层施工前，铺设给水及暖气水平支管并用射钉固定。水平支管完成后，对支管试水，确认不漏再在水平支管位置用水泥膨胀珍珠岩作保护。

（2）水泥膨胀珍珠岩达到一定强度后，铺抹 20mm 厚水泥砂浆找平层。

（3）找平层完成后，施工 1.5mm 厚 JS 复合防水层，并进行 24h 蓄水试验，验收合格后，用 C20 细石混凝土做 30mm 厚防水保护层，二次蓄水试验合格后，进行面砖施工（见图 1-39）。

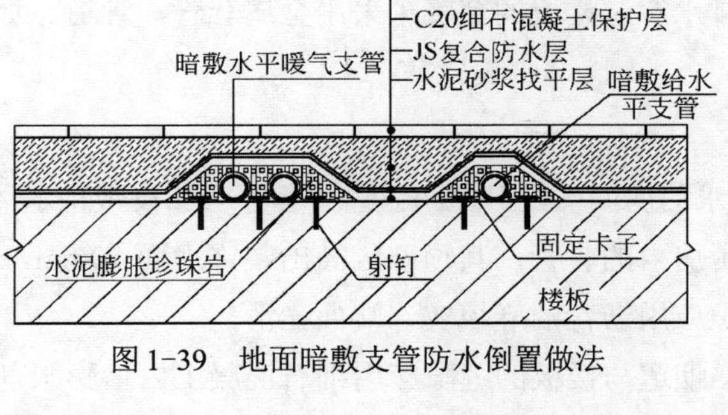

图 1-39　地面暗敷支管防水倒置做法

（4）在支管立管处做成圆弧形，并做 150mm×150mm 的止水台，防止管根处积水（见

图 1-40）。

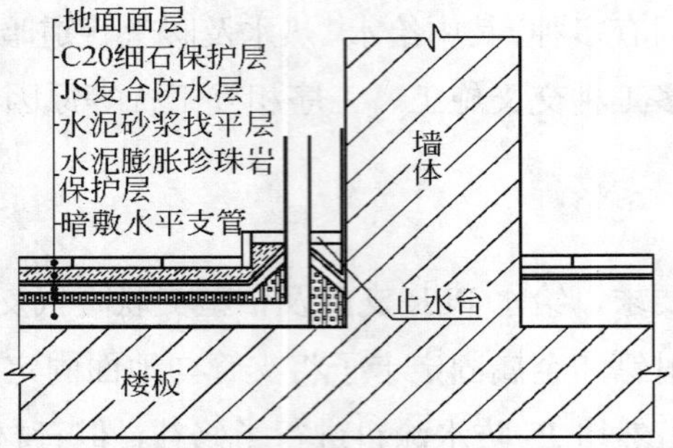

图 1-40 暗敷支管出地面防水做法

3、效果

（1）将 JS 复合防水层做在水平支管上面，管道安装时，避免了射钉直接破坏防水层，使卫生间防水层形成一个整体，有效阻断了水分的渗漏途径。

（2）在水平支管位置用水泥膨胀珍珠岩作保护，隔断了 JS 复合防水涂料与支管的直接接触，避免了热水管、暖气管在热胀冷缩微变形下对防水层的拉裂，由于在防水层上面用 C20 细石混凝土作刚性保护，有效地防止了下道工序对防水层的破坏。

（3）水平支管施工在防水施工前进行，杜绝了水暖施工过程中人员、机械、工具等对防水层的破坏，做到了成品保护。

（4）在支管立管处做 150mm×150mm 的止水台，防止管根处积水，避免了水分从支管立管处渗漏。

二十三、地面管道塞口处渗水

1、现象

楼地面管道、烟道后塞口渗水。

2、原因分析

卫生间、厨房给排水穿过楼板的套管未采用金属套管，管道、烟道后塞口填充材料不符合规定。

3、防治措施

（1）凡有返水要求的房间（如卫生间）管道套管应加设带止水环的金属套管或塑料止水环，安装在阳台、厨房内的套管，其顶部应高出装饰地面 50mm，底部应与板底相平，套管与管道之间的缝隙应用沥青油麻填实，端面光滑。

（2）套管与楼板、烟道与楼板的缝隙应用细石混凝土内掺膨胀剂（板底撑模）捣实（分 2 次浇筑），缝隙≥50mm 应附设 Φ6 环形箍和板筋焊接，细石混凝土初凝后，蓄水养护不渗漏后再进行防水施工。

（3）套管、烟道后塞口处防水应加强。

4、优质工程示例

参见图 1-41、图 1-42。

图 1-41　管根及烟道根部撑补后结构关水试验

图 1-42　管根防水加强处理

二十四、墙体根部返潮

1、现象

（1）内外墙根部因地面潮气上返，如采用加气蒸压砖将会导致日后墙根部的油漆面发霉和脱皮。

（2）空调柜内、阳台与露台是可能产生积水的地方，如墙根部不采用混凝土防水将会渗透到室内。

（3）卫生间是经常潮湿和有明水的地方，如墙根部不采用混凝土防水将会渗透到室内。

参见图 1-43。

图 1-43　内墙根部返潮

2、防治措施

（1）内外墙根部要用实心砖砌筑，高度为200mm并用水泥砂砌筑（如用空心水泥砖则要用细石混凝土填满）。

（2）阳台、露台与室内交接的墙体根部要采用素混凝土反坎，高度为200mm，长度按墙通长设置；宽度为墙厚。如采用二次浇筑时，应预埋间距、高各100mm的插筋并严格进行凿毛处理。

（3）卫生间墙体根部混凝土反坎为200mm，宽度同墙厚，长度同墙长，如后浇捣沉箱混凝土返边时，则应在墙体位置处按200mm一道在捣板面混凝土时预埋，伸出板面100mm，在浇筑前必须对底部凿毛、清理干净。

（4）如空调柜底部与室内房间地面交接时，则应在空调柜底部周边浇筑高为200mm素混凝土。

二十五、卷材隔离层与基层结合不牢

1、现象

卷材隔离层铺贴后，发现边角有起翘现象，用力向上撕揭时，卷材隔离层即与基层（或找平层）剥离，有时还会带起基层（或找平层）上的浮灰。

2、原因分析

（1）铺贴卷材隔离层前，对基层（或找平层）表面清理不干净，有浮灰等污物。

（2）基层（或找平层）质量较差，有起皮或起砂现象。

（3）基层（或找平层）含水量较大，影响卷材隔离层与其粘结牢固。

（4）冷底子油涂刷粗糙，有露底和麻点现象。

（5）铺贴卷材时，热沥青（或沥青胶泥）温度偏低，使卷材与基层（或找平层）粘结不牢。

3、防治措施

（1）重视基层（或找平层）的清理工作。铺贴卷材前1～2d，清扫干净后，可用湿拖把将表面的浮灰等污物清除干净。

（2）基层（或找平层）含水量应适当、视气候情况，拟在表层呈现白色干燥状态时施工为宜。

（3）当基层（或找平层）表面质量存在起皮、起砂等质量缺陷时，应作认真处理后，再进行卷材隔离层的铺设。

（4）涂刷冷底子油应均匀，不得有露底或麻点现象。冷底子油涂刷两遍，第一遍的作用是使冷底子油渗入水泥砂浆、混凝土表面的细微孔洞内，生根结牢；第二遍的作用则要在第一遍冷底子油的油层上生成一层均匀而又粘得很牢的薄膜，增加冷底子油的厚度，以便与其上的卷材隔离层和其下的基层粘结牢固。

（5）铺贴卷材时，热沥青（或沥青胶泥）的温度不应过低。采用建筑石油沥青时，不宜低于 180℃；建筑石油沥青与普通石油沥青混用时，不宜低于 200℃；采用普通石油沥青时，不宜低于 220℃。

4、治理方法

（1）若卷材隔离层与基层（或找平层）剥离不严重，可重点在四周边角处将卷材层揭起后补浇热沥青，使其粘结牢固。局部鼓泡时，可将戳破放气后补浇热沥青，并补贴一层卷材。

（2）若卷材隔离层与基层（或找平层）剥离严重或引发其他较严重的质量缺陷，应予翻修或返工，弄清质量问题产生的原因后再予施工。

第二节　整体面层铺设

一、地面起砂

1、现象

地面表面粗糙，光洁度差，颜色发白，不坚实。走动后，表面先有松散的水泥灰，用手摸时像干水泥面。随着走动次数的增多，砂粒逐步松动或有成片水泥硬壳剥落，露出松散的水泥和砂子。参见图 1-44。

图 1-44　地面起砂

2、原因分析

（1）水泥砂浆拌合物的水胶比过大，即砂浆稠度过大。根据试验证明，水泥水化作用所需的水分约为水泥重量的20%～25%，即水胶比为0.2～0.25。这样小的水胶比，施工操作是有困难的，所以实际施工时，水胶比都大于0.25。但水胶比和水泥砂浆强度两者成反比，水胶比增大，砂浆强度降低。如施工时用水量过多，将会大大降低面层砂浆的强度；同时，施工中还将造成砂浆泌水，进一步降低地面的表面强度，完工后一经走动磨损，就会起灰。

（2）不了解水泥硬化的基本原理，压光工序安排不适当，以及底层过干或过湿等，造成地面压光时间过早或过迟。压光过早，水泥的水化作用刚刚开始，凝胶尚未全部形成，游离水分还比较多，虽经压光，表面还会出现水光（即压光后表面游浮一层水），对面层砂浆的强度和抗磨能力很不利；压光过迟，水泥已终凝硬化，不但操作困难，无法消除面层表面的毛细孔及抹痕，而且会扰动已经硬结的表面，也将大大降低面层砂浆的强度和抗磨能力。

（3）养护不适当。水泥加水拌合后，经过初凝和终凝进入硬化阶段。但水泥开始硬化并不是水化作用的结束，而是继续向水泥颗粒内部深入进行。随着水化作用的不断深入，水泥砂浆强度也不断提高。水泥的水化作用必须在潮湿环境下才能进行。水泥地面完成后，如果不养护或养护天数不够，在干燥环境中面层水分迅速蒸发，水泥的水化作用就会受到影响，减缓硬化速度，严重时甚至停止硬化，致使水泥砂浆脱水而影响强度和抗磨能力。此外，如果地面抹好后不到24h就浇水养护，由于地面表面较“嫩”，也会导致大面积脱皮，砂粒外露，使用后起砂。

（4）水泥地面在尚未达到足够的强度就上人走动或进行下道工序施工，使地表面遭受摩擦等作用，容易导致地面起砂。这种情况在气温低时尤为显著。

（5）水泥地面在冬期低温施工时，若门窗未封闭或无供暖设备，就容易受冻。水泥砂冻后，强度将大幅度下降，这主要是水在低温下结冰时，体积将增加9%，解冻后，不再收缩，因而使面层砂浆的孔隙率增大；同时，骨料周围的一层水泥浆膜，在冰冻后其粘结力也被破坏，形成松散颗粒，一经人走动也会起砂。

（6）冬期施工时在新做的水泥地面房间内生炭火升温，而又不组织排放烟气，燃烧时产生的二氧化碳是有害气体，它的密度比空气大，扩散慢，常处于空气中的下层，又能溶解于水中，它和水泥砂浆（或混凝土）表面层接触后，与水泥水化后生成的、但尚未结晶硬化的氢氧化钙反应，生成白色粉末状的新物质——碳酸钙。这是一种十分有害的物质，本身强度不高，还能阻碍水泥砂浆（或混凝土）内水泥水化作用的正常进行，从而显著降低地面面层的强度，常常造成地面凝结硬化后起砂。

（7）原材料不合要求

1）水泥强度等级低，或用过期结块水泥、受潮结块水泥，这种水泥活性差，影响地面面层强度和耐磨性能。

2）砂子粒度过细，拌合时需水量大，水胶比加大，强度降低。试验说明，用同样配合比做成的砂浆试块，细砂拌制的砂浆强度比用粗、中砂拌制的砂浆强度约低25%～35%；砂子含泥量过大，也会影响水泥与砂子的粘结力，容易造成地面起砂。

3、防治措施

（1）严格控制水胶比。用于地面面层的水泥砂浆的稠度不应大于35mm（以标准圆锥体沉入度计），用混凝土和细石混凝土铺设地面时的坍落度不应大于30mm。垫层事前要充分湿润，水泥浆要涂刷均匀，冲筋间距不宜太大，最好控制在1.2m左右，随铺灰随用短杠刮平。混凝土面层宜用平板振捣器振实，细石混凝土宜用辊子辊压，或用木抹子拍打，使表面泛浆，以保证面层的强度和密实度。

（2）掌握好面层的压光时间。水泥地面的压光一般不应少于三遍。第一遍应在面层铺设后随即进行。先用木抹子均匀搓打一遍，使面层材料均匀、紧密，抹压平整，以表面不出现水层为宜。第二遍压光应在水泥初凝后、终凝前完成（一般以上人时有轻微脚印但又不明显下陷为宜），将表面压实、压平整。第三遍压光主要是消除抹痕和闭塞细毛孔，进一步将表面压实、压光滑（时间应掌握在上人不出现脚印或有不明显的脚印为宜），但切忌在水泥终凝后压光。

（3）水泥地面压光后，应视气温情况，一般在一昼夜后进行洒水养护，或用草帘、锯末覆盖后洒水养护。有条件的可用黄泥或石灰膏在门口做坎后进行蓄水养护。使用普通硅酸盐水泥的水泥地面，连续养护的时间不应少于7个昼夜；用矿渣硅酸盐水泥的水泥地面，连续养护的时间不应少于10个昼夜。

（4）合理安排施工流向，避免上人过早。水泥地面应尽量安排在墙面、顶棚的粉刷等装饰工程完工后进行，避免对面层产生污染和损坏。如必须安排在其他装饰工程之前施工，应采取有效的保护措施，如铺设芦席、草帘、油毡等，并应确保7～10个昼夜的养护期。严禁在已做好的水泥地面上拌合砂浆，或倾倒砂浆于水泥地面上。

（5）在低温条件下抹水泥地面，应防止早期受冻。抹地面前，应将门窗玻璃安装好，或增加供暖设备，以保证施工环境温度在5℃以上。采用炉火烤火时，应设有烟囱，有组织地向室外排放烟气。温度不宜过高，并应保持室内有一定的湿度。

（6）水泥宜采用早期强度较高的硅酸盐水泥、普通硅酸盐水泥，强度等级不应低于32.5级，安定性要好。过期结块或受潮结块的水泥不得使用。砂子宜采用粗、中砂，含泥量不应大于3%。用于面层的细石和碎石粒径不应大于15mm，也不应大于面层厚度的2/3，含泥量不应大于2%。

（7）采用无砂水泥地面，面层拌合物内不用砂，用粒径为2～5mm的米石（有的地方称“瓜米石”）拌制，配合比宜采用水泥∶米石=1∶2（体积比），稠度亦应控制在35mm以内。这种地面压光后，一般不起砂，必要时还可以磨光。

4、治理方法

（1）小面积起砂且不严重时，可用磨石将起砂部分水磨，直至露出坚硬的表面。也可以用纯水泥浆罩面的方法进行修补。如表面不光滑，还可水磨一遍。

（2）大面积起砂，可用108胶水泥浆修补，具体操作方法和注意事项如下：

1）用钢丝刷将起砂部分的浮砂清除掉，并用清水冲洗干净。地面如有裂缝或明显的凹痕时，先用水泥拌合少量的108胶制成的腻子嵌补。

2）用108胶加水（约一倍水）搅拌均匀后，涂刷地面表面，以增强108胶水泥浆与面层的粘结力。

3）108胶水泥浆应分层涂抹，每层涂抹约0.5mm厚为宜，一般应涂抹3～4遍，总厚度为2mm左右。底层胶浆的配合比可用水泥∶108胶∶水=1∶0.25∶0.35（如掺入水泥用量的3%～4%的矿物颜料，则可做成彩色108胶水泥浆地面），搅拌均匀后涂抹于经过处理的地面上。操作时可用刮板刮平，底层一般涂抹1～2遍。面层胶浆的配合比可用水泥∶108胶∶水=1∶0.2∶0.45（如做彩色108胶水泥浆地面时，颜色掺量同上），一般涂抹2～3遍。

4）当室内气温低于10℃时，108胶将变稠甚至会结冻。施工时应提高室温，使其自然融化后再行配制，不宜直接用火烤加温或加热水的方法解冻。108胶水泥浆不宜在低温下施工。

5）108胶掺入水泥（砂）浆后，有缓凝和降低强度的作用。试验证明，随着108胶掺量的增多，水泥（砂）浆的粘结力也增加，但强度则逐渐下降。108胶的合理掺量应控制在水泥重量的20%左右。另外，结块的水泥和颜料不得使用。

6）涂抹后按照水泥地面的养护方法进行养护，2～3d后，用细砂轮或油石轻轻将抹痕磨去，然后上蜡一遍，即可使用。

（3）对于严重起砂的水泥地面，应作翻修处理，将面层全部剔除掉，清除浮砂，用清水冲洗干净。铺设面层前，凿毛的表面应保持湿润，并刷一道水胶比为0.4～0.5的素水泥浆（可掺入适量的108胶），以增强其粘结力，然后用1∶2水泥砂浆另铺设一层面层，严格做到随刷浆随铺设面层。面层铺设后，应认真做好压光和养护工作。

二、地面空鼓

1、现象

地面空鼓多发生于面层和垫层之间，或垫层与基层之间，用小锤敲击有空敲声。使用一段时间后，容易开裂。严重时大片剥落，破坏地面使用功能。参见图1-45。

图 1-45　地面空鼓

2、原因分析

（1）垫层（或基层）表面清理不干净，有浮灰、浆膜或其他污物。特别是室内粉刷的白灰砂浆沾污在楼板上，极不容易清理干净，严重影响垫层与面层的结合。

（2）面层施工时，垫层（或基层）表面不浇水湿润或浇水不足，过于干燥。铺设砂浆后，由于垫层迅速吸收水分，致使砂浆失水过快而强度不高，面层与垫层粘结不牢；另外，干燥的垫层（或基层）未经冲洗，表面的粉尘难于扫除，对面层砂浆起到一定的隔离作用。

（3）垫层（或基层）表面有积水，在铺设面层后，积水部分水胶比突然增大，影响面层与垫层之间的粘结，易使面层空鼓。

（4）为了增强面层与垫层（或垫层与基层）之间的粘结力，需涂刷水泥浆结合层。操作中存在的问题是，如刷浆过早，铺设面层时，所刷的水泥浆已风干硬结，不但没有粘结力，反而起了隔离层的作用。或采用先撒干水泥面后浇水（或先浇水后撒干水泥面）的扫浆方法。由于干水泥面不易撒匀，浇水也有多有少，容易造成干灰层、积水坑，成为日后面层空鼓的潜在隐患。

（5）炉渣垫层质量不好。

1）使用未经过筛和未用水焖透的炉渣拌制水泥炉渣垫层（或水泥石灰炉渣垫层）。这种粉末过多的炉渣垫层，本身强度低，容易开裂，造成地面空鼓。另外，炉渣内常含有煅烧过的煤石，变成石灰，若未经水焖透，遇水后消解而体积膨胀，造成地面空鼓。

2）使用的石灰熟化不透，未过筛，含有未熟化的生石灰颗粒，拌合物铺设后，生石灰颗粒慢慢吸水熟化，体积膨胀，使水泥砂浆面层拱起，也将造成地面空鼓、裂缝等缺陷。

3）设置于炉渣垫层内的管道没有用细石混凝土固定牢，产生松动，致使面层开裂、空鼓。

（6）门口处砖层过高或砖层湿润不够，使面层砂浆过薄以及干燥过快，造成局部面层裂缝和空鼓。

（7）在高压缩性的软土地基上不经技术处理，直接施工地面，由于软土地基的缓慢沉降，造成地面整体下沉，并往往伴随整个地面层空鼓。

3、防治措施

（1）严格处理底层（垫层或基层）。

1）认真清理表面的浮灰、浆膜以及其他污物，并冲洗干净。如底层表面过于光滑，则应凿毛。门口处砖层过高时应予剔凿。

2）控制基层平整度，用2m直尺检查，其凹凸度不应大于10mm，以保证面层厚度均匀一致，防止厚薄悬殊过大，造成凝结硬化时收缩不均而产生裂缝、空鼓。

3）面层施工前1～2d，应对基层认真进行浇水湿润，使基层具有清洁、湿润、粗糙的表面。

（2）注意结合层施工质量。

1）素水泥浆结合层在调浆后应均匀涂刷，不宜采用先撒干水泥面后浇水的扫浆方法。素水泥浆水胶比以0.4～0.5为宜。

2）刷素水泥浆应与铺设面层紧密配合，严格做到随刷随铺。铺设面层时，如果素水泥浆已风干硬结，则应铲去后重新涂刷。

3）在水泥炉渣或水泥石灰炉渣垫层上涂刷结合层时，宜加砂子，其配合比可为水泥∶砂子=1∶1（体积比）。刷浆前，应将表面松动的颗粒扫除干净。

（3）保证炉渣垫层和混凝土垫层的施工质量。

1）拌制水泥炉渣或水泥石灰炉渣垫层应用“陈渣”，严禁用“新渣”。所谓“陈渣”，就是从锅炉排出后，在露天堆放，经雨水或清水、石灰浆焖透的炉渣。“陈渣”经水焖透，石灰质颗粒消解熟化，性能稳定，有利于地面质量。

2）炉渣使用前应过筛，其最大粒径不应大于40mm，且不得超过垫层厚度的1/2。粒径在5mm以下者，不得超过总体积的40%。炉渣内不应含有机物和未燃尽的煤块。炉渣采用“焖渣”时，其焖透时间不应少于5d。

3）石灰应在使用前3～4d用清水熟化，并加以过筛。其最大粒径不得大于5mm。

4）水泥炉渣配合比宜采用水泥∶炉渣=1∶6（体积比）；水泥石灰炉渣配合比宜采用水泥∶石灰∶炉渣=1∶1∶8（体积比），拌合应均匀，严格控制用水量。铺设后，宜用辊子辊压至表面泛浆，并用木抹子搓打平，表面不应有松动的颗粒。铺设厚度不应小于60mm。当铺设厚度超过120mm时，应分层进行铺设。

5）在炉渣垫层内埋设管道时，管道周围应用细石混凝土通长稳固好。

6）炉渣垫层铺设在混凝土基层上时，铺设前应先在基层上涂刷水胶比为0.4～0.5的素水泥浆一遍，随涂随铺，铺设后及时拍平压实。

7）炉渣垫层铺设后，应认真做好养护工作，养护期间应避免受水侵蚀，待其抗压强度达到 1.2MPa 后，方可进行下道工序的施工。

8）混凝土垫层应用平板振捣器振实，高低不平处，应用水泥砂浆或细石混凝土找平。

（4）冬期施工如使用火炉采暖养护时，炉子下面要架高，上面要吊铁板，避免局部温度过高而使砂浆或混凝土失水过快，造成空鼓。

（5）在高压缩性软土地基上施工地面前，应先进行地面加固处理。对局部设备荷载较大的部位，可采用桩基承台支承，以免除沉降后患。

4、治理方法

（1）对于房间的边、角处，以及空鼓面积不大于 0.1m² 且无裂缝者，一般可不作修补。

（2）对人员活动频繁的部位，如房间的门口、中部等处，以及空鼓面积大于 0.1m²，或虽面积不大，但裂缝显著者，应予返修。

（3）局部翻修应将空鼓部分凿去，四周宜凿成方块形或圆形，并凿进结合良好处 30～50mm，边缘应凿成斜坡形（见图 1-46）。底层表面应适当凿毛。凿好后，将修补周围 100mm 范围内清理干净。修补前 1～2d，用清水冲洗，使其充分湿润。修补时，先在底面及四周刷水胶比为 0.4～0.5 的素水泥浆一遍，然后用面层相同材料的拌合物填补。如原有面层较厚，修补时应分次进行，每次厚度不宜大于 20mm。终凝后，应立即用湿砂或湿草袋等覆盖养护，严防早期产生收缩裂缝。

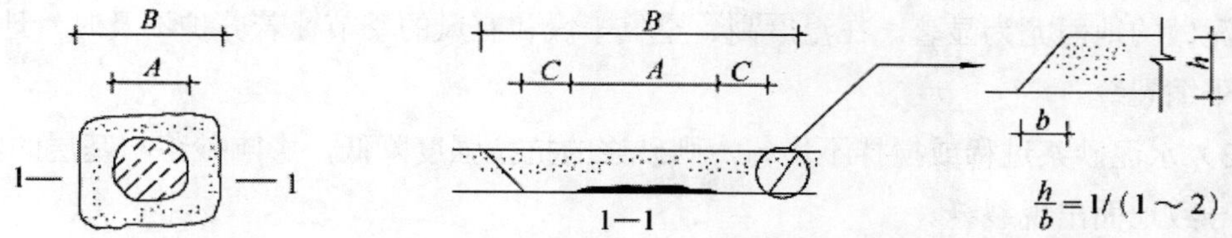

图 1-46　局部空鼓修补示意图

A—空鼓范围；*B*—凿除范围；*C*—30～50mm

（4）大面积空鼓，应将整个面层凿去，并将底面凿毛，重新铺设新面层。有关清理、冲洗、刷浆、铺设和养护等操作要求同上。

三、地面裂缝

1、现象

这种不规则裂缝部位不固定，形状也不一，预制板楼地面或现浇板楼地面上都会出现，有表面裂缝，也有连底裂缝。参见图 1-47。

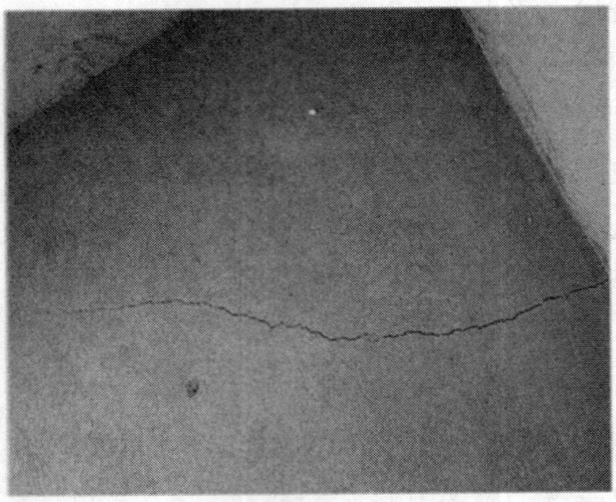

图 1-47　地面裂缝

2、原因分析

（1）水泥安定性差或用刚出窑的热水泥，凝结硬化时的收缩量大。或采用不同品种、或不同强度等级的水泥混杂使用，凝结硬化的时间以及凝结硬化时的收缩量不同而造成面层裂缝。

砂子粒径过细，或含泥量过大，使拌合物的强度低，也容易引起面层收缩裂缝。

（2）面层养护不及时或不养护，产生收缩裂缝。这对水泥用量大的地面，或用矿渣硅酸盐水泥做的地面尤为显著。在温度高、空气干燥和有风的季节，若养护不及时，地面更易产生干缩裂缝。

（3）水泥砂浆过稀或搅拌不均匀，则砂浆的抗拉强度降低，影响砂浆与基层的粘结，也容易导致地面出现裂缝。

（4）首层地面填土质量差。

1）回填土的土质差或夯填不实，地面完成以后回填土沉陷，使地面产生裂缝，甚至空鼓脱壳。

2）回填土中夹有冻土块或冰块，当气温回升后，冻土融化，回填土沉陷，使地面面层裂缝、空鼓。

（5）配合比不准确，垫层质量差；混凝土振捣不实，接槎不严；地面填土局部标高不够或是过高，这些都将削弱垫层的承载力而引起面层裂缝。

（6）面层因收缩不均匀产生裂缝，如底层不平整，或预制楼板未找平，使面层厚薄不匀；埋设管道、预埋件或地沟盖板偏高偏低等，也会使面层厚薄不匀；新旧混凝土交接处因吸水率及垫层用料不同，也将造成面层收缩不匀；面层压光时撒干水泥面撒不均匀，会使面层产生不等量的收缩。

（7）面积较大的楼地面未留伸缩缝，因温度变化而产生较大的胀缩变形，使地面产生裂缝。

（8）结构变形，如因局部地面堆荷过大而造成地基土下沉或构件挠度过大，使构件下沉、错位、变形，导致地面产生不规则裂缝。这些裂缝一般是底、面裂通的。

（9）使用外加剂过量而造成面层较大的收缩值。各种减水剂、防水剂等掺入水泥砂浆或混凝土中后，有增大其收缩值的不良影响，如果掺量不正确，面层完工后又不注意养护，则极易造成面层裂缝。

3、防治措施

（1）重视原材料质量。

（2）保证垫层厚度和配合比的准确性，振捣要密实，表面要平整，接槎要严密。混凝土垫层和水泥炉渣（或水泥石灰炉渣）垫层的最小厚度不应小于60mm；三合土垫层和灰土垫层的最小厚度不应小于100mm。

（3）面层的水泥拌合物应严格控制用水量，水泥砂浆的稠度不应大于35mm；混凝土坍落度不应大于30mm。表面压光时，不宜撒干水泥面。如因水分大难以压光，可适量撒一些1∶1干拌水泥砂拌合物，撒布应均匀，待吸水后，先用木抹均匀搓打一遍，然后再用铁抹压光。

水泥砂浆终凝后，应及时用湿砂或湿草袋覆盖养护，防止产生早期收缩裂缝。刮风天施工水泥地面时，应遮挡门窗，避免直接受风吹，防止因表面水分迅速蒸发而产生收缩裂缝。

（4）回填土应夯填密实，如地面以下回填土较深时，还应注意做好房屋四周的地面排水，以免雨水灌入造成室内回填土沉陷。

（5）水泥砂浆面层铺设前，应认真检查基层表面的平整度，尽量使面层的铺设厚度厚薄一致，垫层或预制楼板表面高低不平时，应用水泥砂浆或细石混凝土先找平。松动的地沟盖板应垫实，预制楼板板缝嵌得不实的应作翻修处理。如因局部需要埋设管道或铁件而影响面层厚度时，则管道或铁件顶面至地面上表面的最小距离一般不小于10mm，并须设防裂钢丝网片，当L大于400时，宜用钢丝（板）网（见图1-48）。

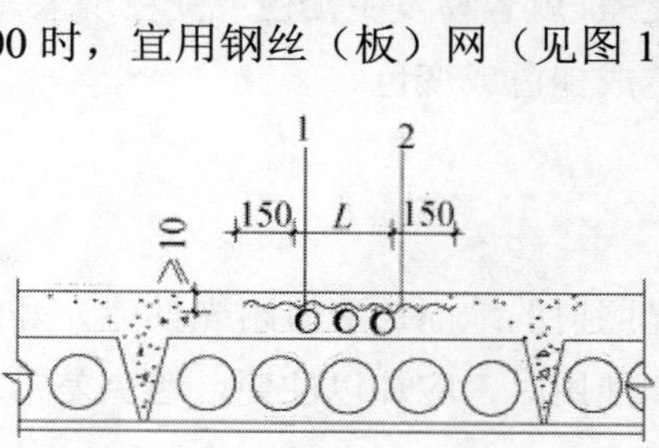

图1-48　管道顶面设置防裂钢丝（板）网片（单位：mm）

1—管道；2—钢丝（板）网

（6）面积较大的水泥砂浆（或混凝土）楼地面，应从垫层开始设置变形缝。室内一般设置纵、横向缩缝，其间距和形式应符合设计要求。

（7）结构设计上应尽量避免基础沉降量过大，特别要避免不均匀沉降。预制构件应有足够的刚度，避免挠度过大。

（8）使用上应防止局部地面集中堆荷过大。

（9）水泥砂浆（或混凝土）面层中掺用外加剂时，严格按规定控制掺用量，并加强养护。

4、治理方法

对楼地面产生的不规则裂缝，由于造成原因比较复杂，所以在修补前，应先进行调查研究，分析产生裂缝的原因，然后再进行处理。

对于尚在继续开展的“活裂缝”，如为了避免水或其他液体渗过楼板而造成危害，可采用柔性材料（如沥青胶泥、嵌缝油膏等）作裂缝封闭处理。对于已经稳定的裂缝，则应根据裂缝的严重程度作如下处理：

（1）裂缝细微，无空鼓现象，且地面无液体流淌时，一般可不作处理。

（2）裂缝宽度在 0. 5mm 以上时，可作水泥浆封闭处理，先将裂缝内的灰尘冲洗干净，晾干后，用纯水泥浆（可适量掺些 108 胶）嵌缝。嵌缝后加强养护，常温下养护 3d，然后用细砂轮在裂缝处轻轻磨平。

（3）裂缝涉及结构受力时，则应根据使用情况，结合结构加固一并进行处理。

四、地面褪色

1、现象

面层刚做好时，色泽较鲜艳，但时间不长就逐步褪色，室外地面褪色更快，影响美观。

2、原因分析

（1）水泥在水化过程中会析出氢氧化钙［$Ca(OH)_2$］，它是一种碱性物质。因此如果掺入面层中颜料的耐碱性能差，就容易发生褪色或变色现象。如果地面经常受阳光照射，就会因颜料的耐光性能差而造成褪色或变色。

（2）颜料本身质量差。

3、防治措施

采用耐碱性能（有太阳光照射的地面还应有耐光性能）好的矿物颜料。由于颜料的品种、名称较多，因此在采购和使用时，应加以注明，避免差错。如氧化铁黄（又名铁黄，学名叫含水三氧化二铁，分子式为 $Fe_2O_3 \cdot xH_2O$）的耐碱、耐光性能都非常强，是比较理想的黄色系颜料。而铬黄（又名铅铬黄、黄粉等，学名叫铬酸铅，分子式为 $PbCrO_4$）耐碱和耐光性能都较差，因此在地面施工中不宜采用。

五、地面返潮

1、现象

地面返潮主要发生在房屋的底层地面。有的是季节性潮湿，如我国南方在梅雨季节时，很多房屋的底层地面出现返潮现象，严重时表面结露；有的是常年性潮湿。地面返潮使居住环境变坏，物品易发生霉烂变质，并影响人体健康。

2、原因分析

（1）地面季节潮湿一般发生在我国南方的梅雨季节，雨水多，温度高，湿度大。温度较高的潮湿空气（相对湿度在90%左右）遇到温度较低的地面时，易在地表面产生冷凝水。地面表面温度越低（一般温差在2℃左右时即会发生）、地面越光滑，返潮现象越严重。有时除了地面返潮外，光滑的墙面也会结露淌水。这种返潮现象带有明显的季节性，一旦气候转晴，返潮现象即可消除。

（2）地面常年潮湿主要是地面的垫层、面层不密实，又未设置防水层，地面下地基土中的水通过毛细管作用上升以及汽态水向上渗透，使地面面层材料受潮所致。毛细水在各种不同土层中的上升高度极限差别较大：粗、中砂为0.3m；细砂为0.5m；粉土为0.8m，粉质黏土为1.3m；黏土为2m。此种地面返潮与土层中地下水位的高低有密切关系，夏（雨）季由于地下水位上升，返潮现象比较严重，冬期地下水位下降时有所好转。

3、防治措施

（1）季节性潮湿地面可采取以下措施。

1）在梅雨季节来临时，应尽可能隔绝潮湿的热空气与室内地面的接触，如尽量少开门窗，门口设置门廊、门套及门帘等。

2）室内准备适量的吸湿剂或吸湿机，将进入室内的潮湿空气中的水分吸收掉。

3）用不太光滑的地面材料（如地面砖、缸砖等）铺设地面面层。面层表面的毛细的吸湿作用，可减轻地面表面的返潮现象。

（2）常年性潮湿地面，主要应从增强面层（包括垫层）的密实性，切断毛细水上升和汽态水渗透方面采取有效措施。根据地面不同的防潮要求，通常可采用以下几种措施：

1）设置碎石或煤渣、道渣垫层，对阻止地下毛细水的向上渗透有一定的作用，但对阻止汽态水的向上渗透作用较小。

2）设置防潮隔离层。常用的防潮隔离层有热沥青涂刷层、沥青卷材防潮层、沥青砂浆和沥青混凝土防潮层等。这种防潮层对阻止地下毛细水的上升和汽态水的向上渗透有较好的作用，但造价较高。在农村建筑中，还有较简易的防潮层做法，即直接用沥青油毡（1～2层）或塑料薄膜（2～3层）铺设于夯实后的素土垫层上，在其上面再做细石混凝土面层，价格较低，操作简便，也有一定的防潮效果，但使用年限较短。夯实的素土垫层上表面应平整、干燥，并清扫干净。铺设油毡或塑料薄膜时，应注意搭接宽度不小于10cm，当采用双层时，应作纵横向铺设。浇筑混凝土面层时，应严防损坏防潮层。

3）采用架空式地面。即地面面层为各种预制板块或各种陶土板、方砖等，面层与地基土层脱离，架设在砖墩或地垄墙上。为了增加防潮效果，常在面层板底（铺设前）涂刷一层热沥青，这对阻止汽态水的渗透有较好的作用。架空板下的地基土应认真夯实，尽量减少土层中的潮湿气向板下空间渗透。架空空间一般不小于30cm。砖墩或地垄墙顶面应抹一层20mm厚的防水砂浆层，认真重视板缝的填嵌质量，使之密实。

4、治理方法

对于常年性返潮地面，如室内空间高度许可，可在原有地面上加做一层防潮层后，再做地面面层，以隔绝地下毛细水的上升和汽态水的渗透。如室内空间高度不许可，则应将地面面层凿掉后重新铺设面层，面层下设置相应的防潮层，面层浇筑应密实。

对于常年返潮地面，还应检查四周墙身的防潮情况，若四周墙身没有设置防潮层或防潮效果较差时，在进行地面防潮治理时，应一并对四周墙身进行防潮处理，以求得防潮的整体效果。

六、地面积水

1、现象

地漏处地面偏高，地面倒泛水、积水。

2、原因分析

没有按规定的坡度与坡向施工；地面标高水准和弹线不标准；地漏面安装时高于地面而积水；土建施工与管道安装不协调，造成标高误差；外走廊、阳台的排水孔的内径小，容易堵塞而积水等。

3、防治措施

（1）外走廊、阳台的排水孔高于排水面而积水，排水管内径小易堵塞。可凿除原排水管，扩孔或降低标高，换内径大于50mm的排水管，排水管安装要略向外倾斜5mm，最好要接入雨水管的水斗。

（2）厨房、厕浴间的地面倒泛水时，必须凿除原有地面面层，检查地漏面的标高和周围的防水，清扫洗刷干净基层，从地漏面高出5mm拉坡度线，找规矩出坍饼，确保地面水都流向地漏。基层面刷一遍聚合物水泥浆，约隔1h后，一次铺足搅拌均匀的1∶2.5的水泥砂浆，按标准刮平拍实。砂浆收水后，再拍实抹平整；初凝后第三次抹压光，用木抹子拉成小毛。隔24h浇水养护。在浇水的同时，检查找平层面不得有积水的洼坑，也不得有壳裂、起砂等弊端，施工中必须保护好一切排水孔，不准建筑垃圾、水泥浆液等流入孔中堵塞。然后按规定铺设地面面层。

七、现制水磨石地面裂缝

1、现象

现制水磨石地面出现裂缝。

2、原因分析

（1）施工工艺的原因

此工艺为手工操作，工艺质量不可能始终保持最理想的状态，手工操作质量差异是客观存在的现实。

（2）材料的原因

目前，水泥产品提供了水泥的细度，提高了水泥强度，但同时提高了水泥的水化热及收缩率，易产生温度和收缩裂缝。

（3）结构的原因

1）混凝土结构改变

目前预制结构较少，现浇结构大量使用，变形全部在现场完成，产生裂缝难以避免。随着高层建筑和大型设施的出现，更多地使用超长、超厚及超静定结构，而且随混凝土强度等级的提高，结构体积加大，刚度大大增加。有资料表明，现在的结构比20世纪60年代结构更易发生裂缝。

2）混凝土强度等级的提高，虽减小了构件断面，但水泥量提高，脆性增强，增加了开裂的可能。

3）楼板不同部位的刚度不一致，楼板的跨中、柱旁和梁下在人员、物资运输等动载的变化中产生不同的挠度变化，对水磨石装饰层产生一定的影响。

（4）结构施工工艺的原因

矿物掺料和外加剂的广泛应用以及用大流动性混凝土以加快施工进度、减少劳动强度，使用水量、凝胶材料用量和砂率随之提高，增加了开裂机会。

（5）物理原因

1）楼体结构的物理性胀缩变形无法彻底消除，变形量将分布于各结构部位。微量变形是影响地面微小裂缝形成的因素之一。

2）装饰面层、基层和楼板的收缩系数不同，故主体结构与装饰层的收缩差是造成开裂的可能性因素之一。

3）后续工作的振动性作业将对尚未成熟的基层粘结力产生消极影响。

3、防治措施

（1）水泥的选择

1）装饰水泥应优先选择低强度等级的水泥，相对于高强度等级的水泥制品，低强度等级水泥制品收缩较少。

2）选择水泥时，应向供应商索要水泥的干缩性能值，或对各品牌水泥按规范要求进行干缩试验并对比，选择收缩性小的品种使用。

（2）施工工艺的控制

1）加强楼板的流水段施工缝的接槎处理，装饰层为刚层材料的结构施工缝应加设附加构造筋，对薄弱环节进行补强。

2）对局部基底断面突变部位、基底垫层内设有管线部位、结构底层有不同材质变化和预计将发生沉降部位，增设钢板网或附加筋。

3）做好各结合层的基底处理工作，防止因空鼓造成的裂缝。

4）石渣混凝土应随拌随用，使各部位面层的石渣混凝土水化反应时间尽量相同。

5）面层施工应待基层收缩完成，并应加强养护工作。

6）安装分格条前，应按分格条位置对基层进行适度切割，人为创造薄弱点，使裂缝能按人为的设想在分格条部位开裂。

（3）掺加外加剂

试验表明，掺 1.2%～1.8%的减缩剂后，混凝土 14d 收缩率下降 40%～50%，收缩率减少 200μm/m 左右，对减少混凝土收缩裂缝十分有效。

4、治理方法

当裂缝形成后，最彻底的治理方法是局部区域的返工，但由于水磨石地面施工周期长，又是湿作业，噪声大，会对环境造成影响。如某工程 90%的裂缝为“裂而不空”，对缝宽大于 0.2mm、所处明显部位的裂缝进行了处理。

可见裂缝之所以可见，是因为可见光照射到地面后，地面的反射光和裂缝内的反射光的反射程度不同。裂缝的边缘形状为沿石渣边缘开裂的啮合状，见图 1-49。

图 1-49　裂缝的啮合状边缘示意

若想修补后的裂缝不易被肉眼发现，首先要在缝内填充与地面反射程度接近或相同的材质。由于开裂边缘呈啮合状，缝内填充物与裂缝边缘在处理后由于材质的颜色、质感、密实度、接合的平整度的微小差异，仍然易被肉眼察觉。通过试验得出结论：缝内填充物应具备高强、快硬、颜色可调、在研磨后与地面质感相接近的特性。后补缝要打乱现有裂缝宽度相同的缝体形状，并且要使缝内有一定的石子，只要满足以上条件，无痕化补缝即可实现。

在裂缝内填充石子时，将原有啮合状裂缝破坏，并按地面石渣的分布扩大缝隙，保留地面原石子的啮合状结构，这样就破坏了原裂缝相同宽度的结构，使新石子能植入新开的缝隙内，并与原地面无规则的石渣分布形状互相啮合，保持新旧石子的结合和分布密度能与原结构趋于一致，见图 1-50。

图 1-50　无痕化补缝示意

5、注意事项

（1）植入缝隙的石渣应与原地面石渣的品种和粒径一致。

（2）石渣应清洁。

（3）开缝应使用尖锐凿子施工，将石渣间的水泥剔掉，保留原石渣，深度要能满足石渣粒径植入要求，使石渣仅露出地面 1～2mm。

（4）开凿后的缝隙应清理干净残渣及浮土。

（5）开凿的缝隙不得过宽，以能植入一个石渣的粒径为好。

（6）调和胶的颜色是最重要最复杂的工作，微小的掺量可造成颜色的较大变化，胶内可掺入少量的水泥。一个房间的缝隙要一次调和，以保证颜色的统一。

（7）地面研磨不应使用角向磨光机，磨石将产生较小的凹凸变化，在打蜡后极为明显。研磨时应扩大研磨范围，可在缝隙左右各 50cm 较好。若有可能，范围越大效果会越好。研磨应使用原地面施工时的大圆盘磨机，最后一遍细磨时，磨石料的选择应与原地面施工时的磨石料相同。所有这些考虑，都是尽量缩小前后期施工的差异。

经处理后的效果十分理想，不贴近地面仔细观察，将无法发现补缝。为加快进度，可将开缝工具改为电钻，即沿缝隙处钻出一个个圆孔，再植入石渣，做出的补缝同样不易发现，虽然效果较剔凿略差，但可大大提高工效。

八、现制水磨石地面周边磨不到位

1、现象

现制水磨石地面工程中，一直存在墙根、屋角、门边、管道四周磨不到位的通病。

2、原因分析

（1）水磨石机外缘与油石块外缘有几十毫米的距离，即使将磨石机顶到墙面或管道上，油石块也磨不到最边缘的部位。

（2）一些工程中虽然采用了先做地面后做踢脚板的做法，使病态在墙根部位有所减轻，但在屋角、管道周围，磨石机仍磨不到最边缘的部位。

（3）在这些部位，人们不得不先用钢錾铲平残留的石子浆，然后再以人工或用手提磨石机磨光。这种办法既不能彻底解决问题，产品也十分粗糙，达不到质量要求。

3、防治措施

采用四周墙边铺装预制水磨石块材、中央现制的办法，可取得理想效果。

例如，某工程地面做法，按设计为在混凝土垫层上依次做 20mm 厚 1∶3 水泥砂浆找平层、10mm 厚水泥石子浆（见图 1-51）。经征得设计部门同意，在房间地面四周铺装 25mm 厚、150mm 宽的预制水磨石板、房间中央部位仍采用原设计做法。改后的做法比原设计做法厚 25mm，也就是说，预制板块下的垫层底标高比房间中央垫层底标高低 25mm。以两种面层的界面线为起点，由四周的垫层底向中央部位做了一个向上的 45° 斜坡，将两种做法下的垫层联系起来。现制磨石部分在分格时，靠预制磨石板内缘也镶上玻璃条，其高度要与预制磨石板顶面平齐或高出 1mm，待打磨中央部位时磨平；打磨时，尽量减少对预制磨石块的磨损，以避免前述通病人为地重现。

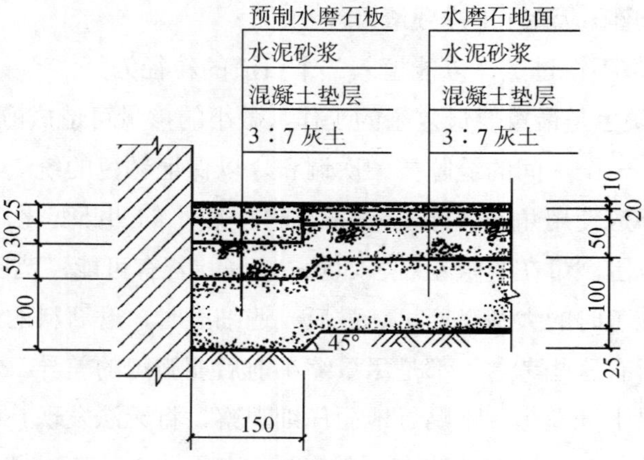

图 1-51　地面水磨石现制和预制混合做法断面示意图

经过这种改进，磨石机根本用不着靠墙打磨面层。墙边、屋角再不会有磨不到的地方；穿越地面的管根、门边等部位，以预制磨石块材实施套割铺装，所以也显得非常平整、干净和美观。

4、优质工程示例

参见图 1–52。

图 1–52　水磨石优质工程

九、预制水磨石块地面不平

1、现象

预制水磨石地面在办公楼、商店、宿舍等都被广泛地采用。从造价、工期上考虑，预制水磨石块很受欢迎。但在施工中容易出现一些问题，如部分制块之间相临高差 2～3mm 和表面光洁度差等。

2、原因分析

施工中，由于预制块本身的厚度误差、基层找平不好等原因，就会出现 2～3mm 的高差。如果返工，不仅造成经济损失而且浪费时间。如用磨石机磨又易使板块损坏。再者，预制块在出厂时已打过蜡，铺贴中如果保护不好，或乱踩乱踏等都会造成光洁度差，观感不理想。

3、治理方法

首先把磨石机的砂轮拆下来，把旧棉织品或麻袋之类的东西卷成筒，用钢丝扎紧，安上代替砂轮。再在水磨石预制块地面上撒一薄层锯木屑，然后用改装的磨石机打磨地面。

这样不仅能避免板块损坏，使高出的 2～3mm 棱角变得光圆，还能磨去原打上的蜡。磨好清洗干净后重新上一道蜡，光洁度等问题就会得以解决。

这种治理方法既简便又经济，在部分施工单位的实践中取得了显著效果。

十、彩色水磨石地面颜色不匀

1、现象

色泽深浅不一，石子混合和显露不匀，外观质量差。

2、原因分析

（1）施工准备不充分，材料使用不严格，进多少，用多少，或是进什么材料，用什么材料。由于不同厂、不同批号的材料性能有差异，结果就出现颜色深浅不同的现象。

（2）每天所用的面层材料没有专人负责配置，往往随用随拌，随拌随配。操作马虎，检查不严，造成配合比不正确。

3、防治措施

（1）严格用料要求。对同一部位、同一类型的地面所需的材料（如水泥、石子、颜料等），应使用同一厂、同一批号的材料，一次进场，以确保面层色泽一致。

（2）认真做好配料工作。施工前，应根据整个地面所需的用量，事先一次配足。配料时应注意计量正确，拌合均匀，不能只用铁铲拌合，还要用筛子筛匀。水泥和颜料拌合均匀后，仍用水泥袋每包按一定重量装起来，待日后使用，以免水泥暴露在空气中受潮变质。石子拌合筛匀后，应集中贮存待用。这样在施工时，不仅速度快，也容易保证地面颜色深浅一致，彩色石子分布均匀。

如果面层材料用量较少，采用现配现用时，则应注意加料顺序。人工拌料时，应先将颜料加于水泥上，拌均匀后再加石子拌合均匀；用机械搅拌时，则应先把石子倒在料斗内，然后再加水泥和颜料，防止石子直接着色，产生色泽不匀的现象。

（3）固定专人配料，加强岗位责任制，认真操作，严格检查。

（4）外观质量要求较高的彩色水磨石地面，施工前应先做若干小样，经建设单位、设计单位、监理单位和施工单位等商定其最佳的式样后再行施工。

第三节　板块面层铺设

一、板块面层地面空鼓

1、大理石、花岗石地面空鼓

安装大理石、花岗石地面时，由于操作和技术等问题，地面有可能出现空鼓。空鼓过多，将给使用带来很大的不便。现介绍一种简便易行的治理方法。

空鼓一般发生在每块板的边角处。首先要判断空鼓的位置，然后在空鼓部位用橡胶锤轻击，逐渐加重力度，并用两点吸盘对空鼓部位吸提，边吸边提，重复多次，直至吸出缝内水泥干粉浆等游离杂物。然后用一注射器，将水泥浆液慢慢注入（其配合比为水：水泥=1：0.8）。水泥浆液沿通道流入空鼓部位，沉淀后，用海绵吸干水，然后再注。重复多次，直至空鼓部位不空为止。

这种方法适用于大理石、花岗石等地面空鼓的治理，对釉面砖地面不适用。

实践证明，用这种方法处理空鼓大理石、花岗石地面，具有用料省、效率高、节省资金、操作方便等优点。

2、地面砖空鼓

（1）现象

地面砖空鼓已成为地面砖铺贴的一项质量常见问题。

（2）原因分析

1）基层清理不干净，砂浆水胶比过大。

2）面砖浸泡时间不够或不浸泡。

3）底灰铺得不均匀，用木抹子搓不平。

4）面砖背面四周抹浆过多，中间抹浆过少，用橡胶锤敲不实等。

（3）预防措施

1）基层必须认真清扫干净，并洒水充分湿润，湿润时间一般为24h，且无积水现象，以保证垫层与基层结合良好。

2）选好的面砖应用清水浸泡2h以上，泡至釉面砖吸足水分和不冒气泡为止，待表面晾干后方可使用，以保证其与砂浆有良好的粘结。

3）在湿润的基层上刷素水泥浆，素水泥浆应搅拌均匀，涂刷均匀。严禁用撒干水泥后再洒水扫浆的做法，因为使用这种方法水泥拌合不均匀，不能控制水胶比，会影响粘结效果。

4）用1：2干硬性水泥砂浆做垫层时，应与刷素水泥浆一起随刷随铺，并用木抹子搓平，厚度均匀一致，其厚度为15mm，砂浆不宜一次铺得过厚，以防面砖放上后，砂浆底部不易压实，引起局部空鼓。

5）试铺面砖过程中，如发现垫层厚薄不一或有不平处，应揭开面砖，添加或去掉多余的砂浆，再用橡胶锤敲实面砖，使面砖表面低于设计标高5mm左右。

6）揭开干铺的面砖，将其背面均匀抹一层用强度等级32.5级普通水泥配制的砂浆，厚度为5mm左右。抹浆时，面砖中心部位略厚于四周，边缘的水泥砂浆应抹成约10mm宽的坡面。

7）将抹浆后的面砖平放于垫层上，双手稍用力按压，随即用橡胶锤轻轻敲击，使之与基层粘结牢固。用橡胶锤敲击时，如听声音发现有缺浆处，应揭下面砖，添抹水泥砂浆重贴。

8）面砖铺完24h后，应洒水养护1～2次，以补充水泥砂浆在硬化过程中所需的水分，保证面砖与砂浆粘结牢固。

9）灌缝前应将面砖清扫干净，把面砖上和缝内松散砂浆用开刀清除掉。灌缝应分几次进行，用长把刮板往缝内刮浆，务必使水泥浆填满缝和部分边角不实的空隙。灌缝后24h，用潮湿的草袋或锯末覆盖养护。

3、塑料板面层空鼓

（1）现象

面层起鼓，手掀有气泡或边角起翘。

（2）原因分析

1）基层表面粗糙，或有凹陷孔隙。粗糙的表面形成很多细孔隙，涂刷胶粘剂时，不但增加胶粘剂的用量，而且厚薄不均匀。粘贴后，由于细孔隙内胶粘剂多，其中的挥发性气体将继续挥发，当积聚到一定程度后，就会在粘贴的薄弱部位形成板面起鼓或板边起翘现象。涂刷胶粘剂的齿形刮板见图1-53。

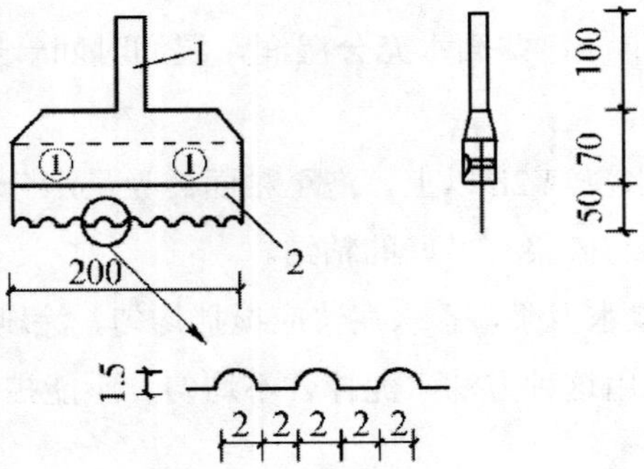

图1-53 齿形刮板

1—木把；2—钢皮板或塑料板

2）基层含水率大，面层粘贴后，基层内的水分继续向外蒸发，在粘贴的薄弱部位积聚鼓起，当基层表面粗糙时尤为显著。

3）基层表面不清洁，有浮尘、油脂等，降低了胶粘剂的胶结效果。

4）涂刷胶粘剂后，面层粘贴过早或过迟。为了便于胶粘剂涂刷，需掺一定量的稀释剂，如丙酮、甲苯、汽油等，当涂刷到基层表面和塑料板粘贴面后，应稍等片刻，待稀释剂挥发后，用手摸胶层表面感到不粘手时再行粘贴。如果粘贴过早，稀释剂闷于其中，当积聚到一定程度后，就会在面层粘贴的薄弱部位起鼓；面层粘贴过迟，则黏性减弱，最后也易造成面层起鼓。

5）塑料板在工厂生产成型时，表面涂有一层极薄的蜡膜，粘贴前，未作除蜡处理，影响粘贴效果，也会造成面层起鼓。

6）面层粘贴好后就进行拼缝焊接施工，胶粘剂尚未充分凝固硬化，受热膨胀，致使焊缝两侧的塑料板空鼓。

7）粘贴方法不当，粘贴时整块下贴，使面层板块与基层间存有空气，影响粘贴效果，也易使面层空鼓。

8）施工环境温度过低，粘结层厚度增加，既浪费胶粘剂，又降低粘结效果，有时会冻结，引起面层空鼓。

9）胶粘剂质量差或已变质，影响粘结效果。

（3）预防措施

1）基层表面应坚硬、平整、光滑、无油脂及其他杂物，不得有起砂、起壳现象。水泥砂浆找平层宜用 1∶1.5～1∶2 配合比，并用铁抹子压光，尽量减少表面细孔隙。如有麻面或凹陷孔隙，应用乳液腻子修补平整后再行粘贴面层塑料板。

2）除用 108 胶粘剂外，当使用其他胶粘剂时，基层含水率应控制在 6%～8%范围内，也可视地面发白色为宜。

3）涂刷胶粘剂，应待稀释剂挥发后（即用手摸不粘手时）再进行粘贴。由于胶粘剂的硬化速度与施工环境温度的高低有关，所以当施工温度不同时，粘贴时间也不同，施工前应作小量试贴，待取得经验后再行铺贴。

铺贴中还应注意涂刷胶粘剂的先后顺序。基层含水率虽小，但毕竟是多孔材料，吸湿性强，因而涂刷在基层上的胶粘剂比涂刷在塑料板上的胶粘剂容易干燥，故施工中一般应先涂刷塑料板粘贴面，后涂刷基层表面，这样两方面的干燥程度容易协调一致，否则会影响粘贴效果，造成面层空鼓。

塑料板粘贴面上胶粘剂应满涂，四边不漏涂，确保边角粘贴密实。

4）塑料板在粘贴前应作除蜡处理，一般将塑料板放进 75℃左右的热水中浸泡 10～20min，然后取出晾干。胶粘面可用棉丝蘸上丙酮∶汽油=1∶8 的混合溶液擦洗，以除去表面蜡膜。

5）施工环境温度应控制在 15～30℃，相对湿度应不高于 70%（保持至施工后 10d 内）。温度过低，影响胶粘剂的粘贴效果；温度过高，则胶粘剂干燥、硬化过快，也会影响粘贴效果。

6）拼缝焊接应待胶粘剂完全干燥硬化后进行。施工前可由小样试验确定。一般应在粘贴 1～2d 后进行焊接。

7）粘贴方法应从一角或一边开始，边粘贴，边用手抹压，将粘结层中的空气全部挤出。板边挤溢出的胶粘剂应随即用棉丝擦掉。粘贴过程中，切忌用力拉伸或揪扯塑料板，当粘贴好一块后，还应用橡皮锤自中心向四周轻轻拍打，排除气泡，以增加粘贴效果。

8）粘结层厚度应控制在 1mm 左右为宜，可用图 1–53 所示带齿的钢皮刮板或塑料刮板进行涂刮。

9）严禁使用变质的胶粘剂。

（4）治理方法

起鼓的面层应沿四周焊缝切开后予以更换，基层应作认真清理，用铲子铲平，四边缝应切割整齐。新贴的塑料板在材质、厚薄、色彩等方面应与原来的塑料板一致。待胶粘剂干燥硬化后再行切割拼缝，并进行拼缝焊接施工。

局部小块空鼓处，可用医用针头注入胶粘剂，最后用重物压平压实。

二、板块地面接缝不规整

1、现象

铺好的板块地面往往会在门口与楼道相接处出现接缝不平，或纵横方向接缝不均情况，观感质量差。参见图 1–54。

图 1–54　地板接缝不严

2、防治措施

（1）必须由专人负责从楼道统一往各房间内引进标高线，房间内应四边取中，在地面上弹出十字线（或在地面标高处拉好十字线）。分格弹线应正确。铺设时，应先安好十字线交叉处最中间的1块，作为标准块；如以十字线为中缝时，可在十字线交叉点对角安设2块标准块。标准块为整个房间的水平标准及经纬标准，应用90°角尺及水平尺细致校正。

（2）安设标准块后应向两侧和后退方向顺序铺设，粘结层砂浆稠度不应过大，宜采用干硬性砂浆。铺贴操作宜二次成活，随时用水平尺和直尺找准，接缝必须通长拉线，不能有偏差。铺设时分段分块尺寸要事先排好定死，以免产生游缝、接缝不匀和最后一块铺不上或接缝过大的现象。

（3）板块本身几何尺寸应符合规范要求，凡有翘曲、拱背、宽窄不方正等缺陷时，应事先套尺检查，挑出不用，或分档次后分别使用。尺寸误差较大的，裁割后可用在边角等适当部位。

（4）地面铺设后，在养护期内禁止上人活动，做好成品保护工作。

3、治理方法

（1）对明显大小不一的接缝，可在砂浆达到一定强度后，用手提切割机对接缝进行切割处理。切割时，手提切割机应用靠尺顺直，切割动作要轻细，防止动作过程造成掉角、裂缝和豁口等弊病。切割后，接缝应达到宽窄均匀，平直美观。

（2）根据板块颜色，勾缝材料中可掺入适当颜料，使接缝与板块的颜色基本一致。

三、板块地面接缝不平不均

1、现象

相邻板块接缝高差大，板块缝口宽度不一。

2、原因分析

（1）板块质量低劣，尺寸偏差大、翘曲不平，事先没有挑选，铺贴时难以调整。

（2）没有预排，不拉通线，铺贴时不用靠尺检查平整度。

（3）各房间以及走廊水平标高不统一，造成门口处接缝出现高差。

（4）地面铺好后，过早上人走动或堆放重物，引起接缝高低差。

3、防治措施

（1）施工前要认真检查板块材料质量是否符合有关标准的规定，不符合标准要求的不能使用。

（2）从走廊统一往房间引测标高，并按操作规程进行预排，弹控制线等，铺贴时纵、横接缝宽度应一致，经常用靠尺检查表面平整度。

（3）铺贴大理石、花岗岩时，应在房内四边取中，在地面上弹出十字线，先铺设十字线交叉处一块为标准块，用角尺和水平尺仔细校正。然后由房间中间向两侧和后退方向顺序铺设，随时用水平尺和直尺找准。缝口必须拉通长线，板缝宽度一般不大于1mm。

（4）地面铺贴好后，注意成品保护，在养护期内禁止人员通行。

（5）对接缝高差过大或接缝宽度严重不一致的地方，应返工重新铺贴。

四、相邻两块板高低不平

1、现象

相邻的地砖间不平，出现高差。

2、原因分析

（1）地砖材料厚度不一致，没有按规范要求选砖。

（2）地面不平或铺砖未拍平、敲实。

（3）结合层水泥砂浆未达到强度，上人过早。

3、防治措施

（1）严格按规范标准选砖，剔除不合格产品。

（2）铺贴时要拍平、拍实。

（3）铺好地砖后，应拦、围出入口，加强保护，防止上人过早。常温下48h用锯末养护。

五、供暖期砖地面起拱

1、现象

每年供暖期开始后，砖地面常常出现拱起的问题。这种现象往往发生在工程交付使用后3～4年内。拱起的部位通常为室内中心，而且，拱起的面积大，拱起高度一般在1～2cm，个别地方甚至达到4cm。由于质量问题暴露时间与施工期间隔时间过长，在市场上很难找到同花色品种地砖，给修复工作带来很大困难。参见图1-55。

图1-55　地面砖拱起

2、原因分析

出现以上质量问题的工程普遍存在一个问题，就是施工人员在铺设结合层砂浆时，违反施工工艺，使用普通水泥砂浆，砂浆中含水率过高，瓷砖铺完后，水分上浮泌出，在砂浆与瓷砖间形成隔离层。待水分蒸发后，被一个个相互隔离气泡所填充。气泡所占面积不大，一般不会出现大范围空鼓。但到了供暖期，室内外温差变化较大时，气泡遇热膨胀，气体的膨胀性远远大于固体瓷砖的膨胀性，气泡膨胀，相互贯通，致使瓷砖大面积拱起。

3、防治措施

（1）严格按施工工艺操作，在铺设水泥砂浆结合层时，应使用干硬性砂浆。

（2）在铺贴前，把基层（找平层）清理干净，将表面凿毛。在铺贴时，满刷一遍加108胶的素水泥浆，要随铺随刷胶浆。

（3）在铺贴时，用1∶2水泥砂浆作结合层，并要求饱满。块与块之间留设2mm宽的板缝。在铺贴完，水泥砂浆初凝后，用铲刀把板缝内的水泥砂浆清除干净，并把块料表面擦洗干净。

（4）考虑气体及瓷砖膨胀，应当为其释放应力留有余地，具体措施如下。

1）在地面与墙体交接处加设聚苯板膨胀条（见图1-56）。

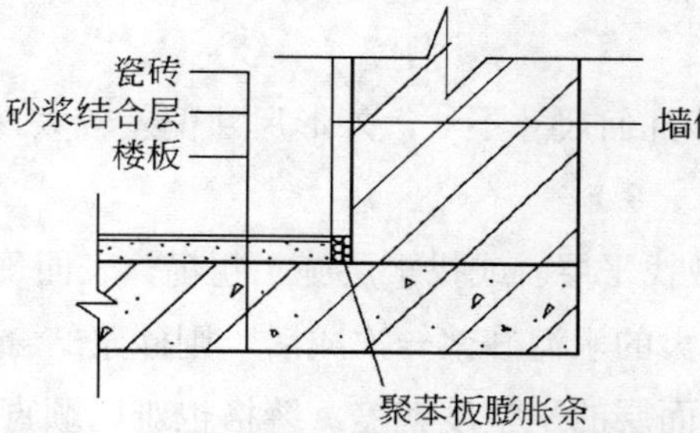

图1-56　地面与墙体交接处加设聚苯板膨胀条

2）大开间、大跨度房间如会议室、多功能厅等铺地砖时，取不大于6m留设分格缝。缝宽取1cm，缝底部加设聚苯板膨胀条，上部用水泥砂浆勾缝（见图1-57）。

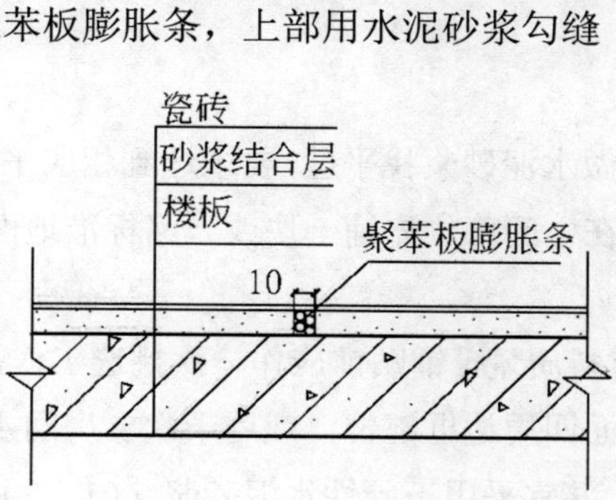

图1-57　大开间砖地面留设分格缝示意

3）采取不勾缝或先用风化粗砂扫缝、面层水泥砂浆勾缝的技术措施。

（5）对已拱起的地面，可采取以下措施进行修复：先用云石锯沿瓷砖缝割开，将瓷砖起下。起砖时，一定要小心仔细，防止瓷砖损坏；然后在水泥砂浆结合层上凿毛（剔凿深度在2mm以上），用1∶1水泥砂浆加水重20%的建筑胶铺贴瓷砖，养护至要求强度。

（6）待养护3d（冬施期间7d）后，用白水泥干粉填满缝隙，再用湿拖把拖一遍，使缝隙表面水泥干粉变成一层水泥浆，待第二天再把块料表面用湿布擦干净，等待使用。

4、施工注意事项

（1）凡是靠近墙边、柱边的部位，均应留5mm的缝隙，此缝能够被踢脚线掩盖，不影响美观和使用。

（2）宜在夏季铺贴块料，有利于水分的蒸发和块料本身的膨胀。

（3）块料铺贴后5d内，禁止在上面行走或堆放物件。

六、砖面层表面平整度差

1、现象

地面砖铺设后，表面平整度差，缝格顺直差，虽不超过规范允许偏差值，但观感效果较差。

2、原因分析

（1）地面砖本身质量差，几何尺寸不一，外形尺寸偏差较大，存在厚薄、宽狭、翘曲等缺陷。

（2）地面砖铺设前，不做找平层。或找平层施工粗糙，表面平整度偏差较大。如果铺贴地砖面层时，又采用稠度较大的水泥砂浆一次成活，则砂浆结合层厚薄不匀，凝结硬化时，收缩值也不同，最终造成面层的平整度就差，缝格也难以顺直。

（3）铺贴地面砖，带线操作马虎，几行砖一带，又不注意及时自查、校正。

（4）地面砖铺贴完成后，成品保护不好，在结合砂浆凝结硬化期间就过早上人踩踏或进行下道工序操作。

3、防治措施

（1）地砖地面基层上应做水泥砂浆找平层，要求达到相应平整度，并认真作好分格（块）弹线。面积较大的房间，应在中间部位先铺一块或一路标准地面砖，作为平面标高和缝格走向的铺贴依据。

（2）重视地面砖的原材料质量，铺贴前应作一次挑选工作，凡平面翘曲、尺寸误差较大的应剔出，裁割后用于地面四周边框部位，或用于次要房间及次要部位。

（3）铺贴时认真带线，并宜采用干硬性水泥砂浆［（1∶3）～（1∶4），体积比］。砂浆抹平后，用木锤或橡皮锤将地面砖轻击砸平，然后掀起浇一薄层纯水泥浆，并检查有无空隙部位，如有局部空隙，应及时补足砂浆。再次轻击砸平地面砖，及时用靠尺在纵横两个方向找准，同时注意缝格顺直，发现误差及时拨正。

（4）铺贴地面砖，应从房间里面向外面进行，操作人员不应站在已铺贴好的地面砖上进行操作活动。

（5）面层铺贴完成后，应认真做好养护工作，在结合砂浆凝结硬化期间，禁止行人上前踩踏，也不应过早安排下道工序进行施工操作。

4、治理方法

（1）对表面平整度差，又伴有空鼓的地面砖，应予以返工换掉。

（2）对明显大小不一的或明显不直的接缝，可在结合层砂浆达到一定强度后，用手提切割机对接缝进行切割处理，使接缝尽量大小一致，并顺直。切割操作时，手提切割机应用靠尺顺直，切割动作要轻细，防止动作过猛造成掉角、裂缝和豁口等弊病。

切割后，勾缝材料中可适当掺入颜料，使接缝颜色与地面砖颜色基本一致。

七、塑料板面层拼缝焊接未焊透

1、现象

焊缝两边有焊瘤，焊条熔化物与塑料板粘结不牢，有裂缝、脱落等现象。

2、原因分析

（1）焊枪出口气流温度过低。

（2）焊枪出口气流速度过小，空气压力过低。

（3）焊枪喷嘴离焊条和板缝距离较远。

（4）焊枪移动速度过快。

以上四种情况中的任何一种情况，都会使焊条与板缝不能充分熔化，焊条与塑料板难为一体，因而结合不好。

（5）焊枪喷嘴与焊条、焊缝三者不成一直线，或喷嘴与地面的夹角太小，使焊条熔化物不能正确落入缝中，致使结合不牢。

（6）压缩空气不纯，有油质或水分混入熔化物内，影响相互粘结质量。

（7）焊缝坡口切割过早，被脏物玷污，影响粘结质量。

（8）焊缝两边塑料板质量不同，熔化程度不一样，影响粘结质量。

（9）焊条选用不当，或因焊条本身质量差（或不洁净）而影响焊接质量。

3、防治措施

（1）采用同一品种、同一批号的塑料板铺贴面层，防止不同品种、不同批号的塑料板混杂使用。

（2）拼缝的坡口切割时间不宜过早，切割后应严格防止脏物玷污。

（3）焊接施工前，应先检查压缩空气是否纯洁。可将压缩空气向白纸上喷射 20～30s（此时不接通电路），若纸上无任何痕迹，即可认为压缩空气是纯洁的。

（4）掌握好焊枪气流温度和空气压力值，一般温度控制在 180～250℃为宜；空气压力值控制在 80～100kPa 为宜。

（5）掌握好焊枪喷嘴的角度和距离，喷嘴与地面夹角不应小于 25°，以 25°～30°为宜；距离焊条与板缝以 5～6mm 为宜。

（6）控制焊枪的移动速度，一般控制在 30～50cm/min 为宜。

（7）正式焊接前，应先做试验，掌握其温度、速度、角度、气压、距离等最佳参数后，再行正式施焊。施焊时，应使喷嘴、焊条、焊缝三者保持一直线。若发现焊接质量不符合要求时，应立即停止施焊，查找原因，作出改进措施后再行施焊。

4、治理方法

对焊接不牢（或不透）的焊缝应返工，并按上述各条要求重新施焊。

八、地面花岗岩、地砖工程石材泛碱污染

1、现象

板材铺贴完一段时间后，出现大面积的返碱、腐蚀的现象，多见于花岗岩地面。

参见图 1-58。

图 1-58　石材泛碱

2、原因分析

（1）泛碱污染的主要成分为碳酸钙，目前一般镶贴面砖的材料为水泥砂浆，水泥砂浆在水化硬化过程中，反应生成的氢氧化钙以及其他碱性水溶液，从贴缝或密度低的石材析出表面，在空气中的二氧化碳作用下，变成不溶于水的碳酸钙。即形成非常难看的泛碱（泛

白）现象。

（2）低密度的石材吸水率高，石灰水不仅要从贴缝处析出，而且会通过面砖孔隙析出表面，变成不溶解物质，出现整个表面泛碱。由于是通过面砖孔隙中析出的泛白，其泛白物质很难除掉（表面除掉后又会析出）。

3、防治措施

（1）板块进场应按规范要求进行外观缺陷检查和物理性能检验。

（2）施工用水要用清洁的自来水，水泥采用普通水泥（P·O32.5级或以上），加快硬化速度，减轻反应生成的氢氧化钙及其他碱性水溶液。中等密度的石材基本达到要求。

（3）在安装前，对石材进行防水处理，为减小石材的透水性，使泛白污染物不容易吸附在石材表面上。

（4）石材安装前涂抹专用防护剂，以有效防止污渍渗透和腐蚀。

（5）重视成品保护，室内大理石必须定期打蜡。

未进行弹线和试铺贴即施工

1、现象

塑料地板铺贴之前如果不在房间地面进行弹线、分格，就进行铺贴，会造成接缝不平直，板块不对称，达不到质量标准要求。试铺的目的是根据房间内弹线，预先干铺（不刷胶）确定板排列缝隙及四周镶边的宽度是否符合要求，如果不进行试排就进行大面积操作铺贴，发现板排列不符要求时再返工不仅浪费工料，返工修理后仍然达不到一次成活的质量效果。

2、原因分析

大面积铺贴之前不进行弹线和试铺贴。

3、防治措施

（1）地面基层处理后，将表面清理干净，在房间长、宽方向弹十字线，按设计要求进行分格定位，根据塑料板规格尺寸弹出板块分格线。如房内长、宽尺寸不符合板块尺寸倍数时，沿地面四周弹出加条镶边线，一般距墙面200～300mm为宜。板块定位方法一般有对角定位法和直角定位法（见图1-59）。

（2）在铺贴塑料板块前，按定位图及弹线应先试铺，并进行编号，然后将板块掀起按编号码放好，将基层清理干净，在大面积铺贴时，按试铺的编号顺序进行操作。

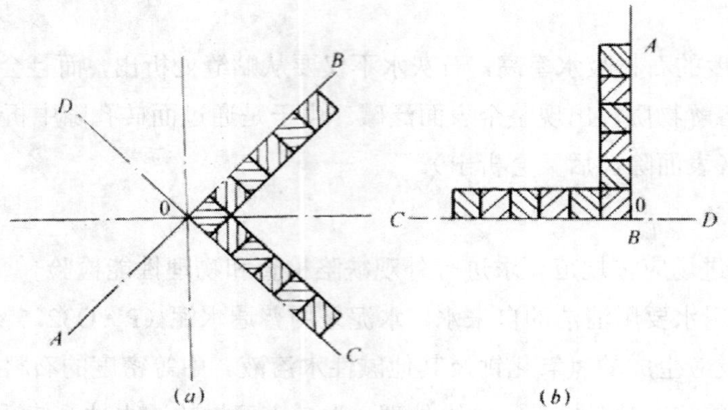

图 1-59　定位方法

（a）对角定位法；（b）直角定位法

九、板块地面接缝不平，缝口不均

1、现象

相邻板块接缝高差大，板块缝口宽度不一。

2、原因分析

（1）板块质量低劣，尺寸偏差大、翘曲不平，事先没有挑选，铺贴时难以调整。

（2）没有预排，不拉通线，铺贴时不用靠尺检查平整度。

（3）各房间以及走廊水平标高不统一，造成门口处接缝出现高差。

（4）地面铺好后，过早上人走动或堆放重物，引起接缝高低差。

3、防治措施

（1）施工前要认真检查板块材料质量是否符合有关标准的规定，不符合标准要求的不能使用。

（2）从走廊统一往房间引测标高，并按操作规程进行预排，弹控制线等，铺贴时纵、横接缝宽度应一致，经常用靠尺检查表面平整度。

（3）铺贴大理石、花岗岩时，应在房内四边取中，在地面上弹出十字线，先铺设十字线交叉处一块为标准块，用角尺和水平尺仔细校正。然后由房间中间向两侧和后退方向顺序铺设，随时用水平尺和直尺找准。缝口必须拉通长线，板缝宽度一般不大于 1mm。

（4）地面铺贴好后，注意成品保护，在养护期内禁止人员通行。

（5）对接缝高差过大或接缝宽度严重不一致的地方，应返工重新铺贴。

十、实木地板松动起拱

1、现象

实木地板具有色泽宜人的生态效果，脚感好，故适用于家居地面面层。条形实木地板常因选材不当或施工不规范而产生局部松动或起拱，脚踩上去有响声，有回弹，影响使用功能和装饰效果。

2、原因分析

（1）木材含水率超标：地板木材含水率一般控制在12%左右。因木板在干燥时收缩变形会产生翘曲和增大板缝等弊端。

（2）没有按规定做防潮层：底层地面直接在水泥混凝土基层上铺设木地板，木材吸收基层的水分，其体积膨胀引起松动和起拱。

（3）盲目使用湿拌的石灰炉渣或水泥炉渣填入木搁栅间作为隔声、保温材料，使木地板受潮后变形和起拱，还会造成木搁栅、木地板腐朽。

（4）施工方法不规范：木地板铺设时四周紧靠墙面，容易吸收墙体内的水分，使木地板下的空气不流通，受热、受潮的木地板无伸缩余地而向上拱起。

3、防治措施

（1）选材：木搁栅以红松为宜，搁栅长度应比房间的宽度短40～50mm。企口条形地板宽度不宜大于100mm。长度一般为450～1500mm，要按房间的实际长度配制，其厚度应符合设计要求。木地板材料应采用具有商品检验合格证的产品，其类别、型号、适用树种、检验规则以及技术条件等均应符合现行国家标准实木地板的相关规定。

（2）防潮：木质地板面层不宜用于长期潮湿的地面上，如用于底层地面，对基层和墙身应做防潮处理。

（3）四周靠墙留缝：铺钉企口实木地板的端头必须在搁栅的中心，用专用地板钉，钉的长度不得小于40mm，从企口凸出的阴角斜钉入木搁栅中（见图1-60）。先从一面靠墙边开始铺第一块板，离墙空出10mm缝隙，靠墙用木楔打紧（见图1-61）。靠墙缝隙的作用有三：一是将墙体与木地板隔开，防止墙上的潮气进入木地板而使木地板变形；二是给木地板伸胀留有余地；三是使木地板底的空气流通。

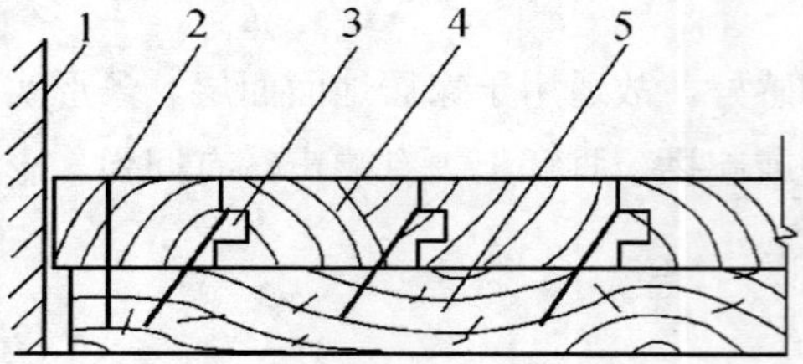

图 1-60　企口实木地板铺钉方法示意

1—内墙面；2—直钉；3—斜钉；4—企口实木地板；5—木搁栅

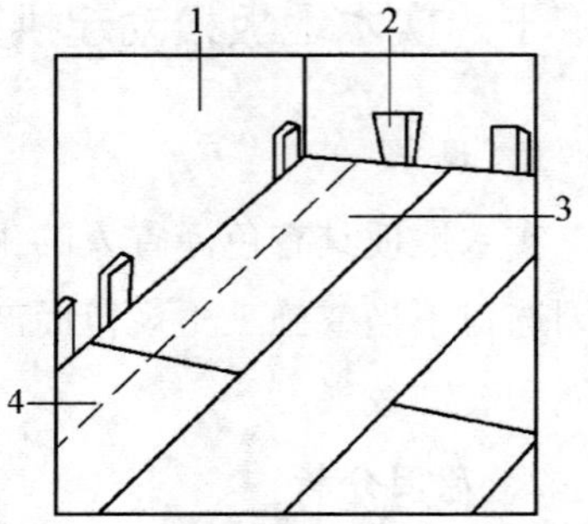

图 1-61　实木地板沿墙面留缝示意

1—内墙面；2—木楔；3—木地板；4—标准线

企口实木地板铺钉就位后，先在搁栅面上涂刷胶粘剂，随即将地板钉牢，使地板与搁栅之间粘合牢固，确保相邻两块板的高度差不得大于 0. 5mm，板与板的缝隙不应大于 0. 5mm。

4、治理方法

（1）查明起拱原因：如果确属木搁栅材质松软、含水率高、地板钉的抗拔力低而导致起拱时，必须加强室内的通风，保持室内干燥，然后用长度为 40mm 以上的地板专用钉，将钉帽打扁补钉平整，将钉帽冲入木地板面 0. 5～1mm，钉帽涂防腐剂，钉帽孔用同地板面涂膜相同颜色的腻子嵌补平整。待固化后磨平，用同颜色同品种涂料修补到无色差为好。

（2）因湿拌松散隔声材料的水分渗透入木材产生起鼓、腐朽时，必须全部拆除，打开门窗通风，使基层保持干燥，按要求全部木材先做防潮处理后方可使用，换用干燥型隔声材料施工。

（3）底层水泥地面上的木地板受潮起拱时，要拆除后先铺防潮层，木材应先做防潮、防腐处理。地板下搁栅间要设对流通风孔。搁栅两端要离墙 30mm，楼板要离墙 10～15mm。

十一、实木地板面层起鼓

1、现象

地板局部隆起，轻则影响美观，重则影响使用。参见图 1-62。

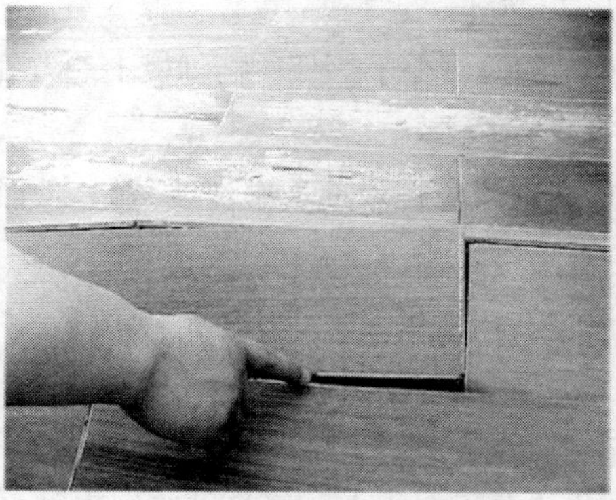

图 1-62　实木地板起鼓

2、原因分析

（1）室内湿作业刚完，或在交叉作业的情况下铺设木地板，湿度太大；空心楼板孔内积水（雨水或冬期施工时积水），保温隔音材料（焦渣、泡沫混凝土块、珍珠岩等）含水率大等，均可使木地板受潮而起鼓。

（2）未铺防潮层或地板未开通气孔，铺设面层后内部潮气不能及时排出。

（3）毛地板未拉开缝隙或拉的缝隙太小，受潮后鼓胀严重，引起面层起鼓。

（4）房间内上水、暖气试水时漏水泡湿木地板。

（5）门厅或设有阳台房间的木地板雨天进水，使木地板受潮起鼓。

（6）木地板条过宽，铺钉时仅两侧边钉钉，时间一长，中间易起鼓。

3、防治措施

（1）木地板施工必须合理安排工序，首先应将外窗玻璃安好，然后按先施工湿作业后施工木地板的顺序进行，湿作业完成后至少隔 7～10d，待室内基本干燥后进行作业，雨期更应适当延长。

（2）门厅或带阳台房间的木地板，门口处可采取图 1-63 作法，以免雨水倒流。

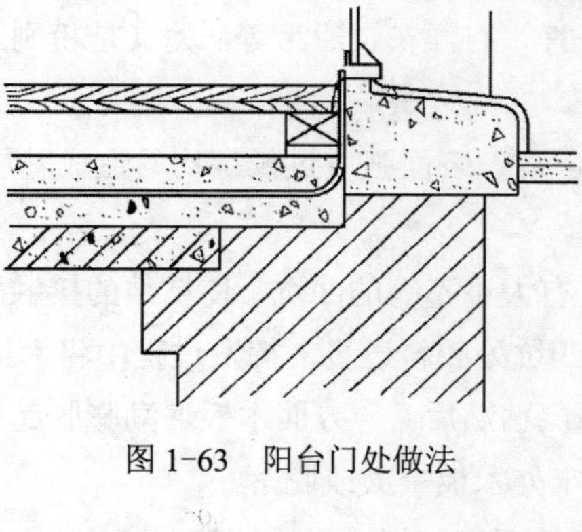

图 1-63　阳台门处做法

（3）毛地板条之间拉开 3～5mm 的缝。

（4）地板面层留通气孔，每间不少于 2 处，踢脚板上通气孔每边不少于 2 处，通气孔一般为Φ12×3 或设通风箅子。

（5）室内上水或暖气片试水，应在木地板刷油或烫蜡后进行。试水时要有专人看管，采取有效措施，使木地板免遭浸泡。

（6）当采用长条木地板时，宽度不应大于 12cm。

4、治理方法

将起鼓的木地板面层拆开，在毛地板上钻若干通气孔，晾一周左右，待木搁栅、毛地板干燥后再重新封上面层。此法返工面积大，修复席纹地板铺至最后两档时，要两档同时交叉向前铺钉，顺序见图 1-64。最后收尾的一方块地板，一头有榫另一头无榫，应互相交叉并用胶粘牢。

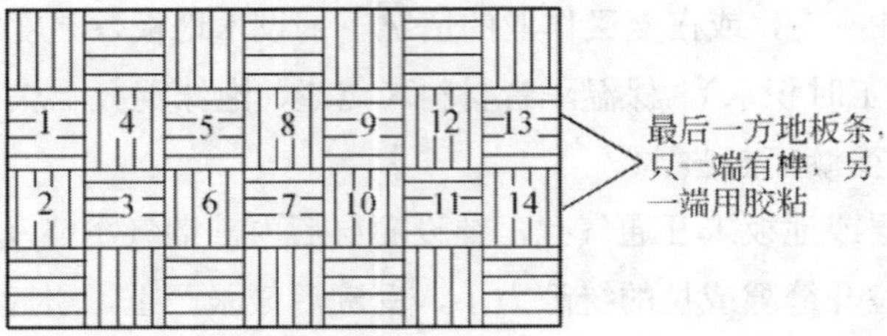

图 1-64　两档地板条交叉钉

十二、粘贴的实木拼花地板空鼓脱落

1、现象

拼花木板与基层（水泥类基层或其他硬质块材基层上）局部未粘牢或脱离，小锤敲击有空鼓声，脚踩有变形感，严重的则整条（方）木板脱落。

2、原因分析

（1）基层表面清理不干净，有浮灰、油污等，尤其是粉刷工程污染的基层，不认真清理，危害更大。

另外水泥类基层起砂、起皮、表面强度过低等均易造成基层与粘结胶隔离，严重影响粘结效果。

（2）基层表面不平整、有大小不等的凹坑，使粘结的接触面减少，或使胶结料分布不匀，造成粘结牢固度差。或凹坑处胶料过多，挥发过程中将木板拱起。

（3）基层含水率大，面层粘贴后，一方面木板遇潮膨胀起鼓，一方面基层水分蒸发时拱顶面层，造成局部粘结不牢处木板空鼓或脱落。

（4）胶粘剂质量差或保管不当、超过保质期等。

（5）操作不当，如沥青粘结料熬制和铺贴的温度不符合要求，基层未涂刷底子油；涂刷胶粘剂后木板条粘贴过早或过迟，影响粘结效果。

（6）施工环境温度过高或过低，造成胶粘剂过快干硬或受冻，降低粘结力。

（7）木板粘贴后上人或上刨刨光等工序过早，扰动粘结层，致使粘结失效。

（8）木板粘结后遭雨水或施工用水浸泡，破坏了粘结效果。

3、防治措施

（1）基层必须清理干净，必要时用水冲洗（冲洗后应充分晾干），如有油污应用10%火碱水刷净。对起砂起皮或空裂的基层应采用乳胶腻子处理。处理时每次涂刷的厚度不大于0.8mm。

（2）基层表面平整度用2m直尺检查，超过2mm时，应采取措施剔凿或修补（方法同上）。

（3）铺贴木板面层时，基层含水率不大于8%。

（4）胶粘剂可采用乙烯类、氯丁橡胶型、聚氨酯、环氧树脂、合成橡胶溶液型、沥青类和926多功能建筑胶等。胶粘剂应存放在阴凉通风、干燥的室内，超过生产期3个月的产品，应取样检验，合格后方可使用，超过保质期的产品，不得使用。

（5）沥青粘结料铺设时的温度应不小于160℃，采用胶粘剂粘贴时，应待胶干至不粘手（约10～20min）后进行（或按胶粘剂产品说明书操作）。贴实后的木板不要来回移动。

（6）施工时的环境温度宜控制在15～32℃，相对湿度不高于80%。

（7）地板条粘贴后应硬结2～4d以后才能上人或进行刨光等其他工序，气温低时则应适当延长。

（8）粘贴木地板前应先安好外门窗玻璃并根据天气情况及时开关，防止雨水侵入，且保持通风。水暖管线打压试水时应设专人看管，防止漏水浸泡木地板。

4、治理方法

粘贴的木板空鼓面积不大于单块板块面积的1/8，且每间不超过抽查总数的5%者，可不进行处理。对超过验收标准的，应拆除重铺。拆除时应细心，不得损坏相邻板块；基层应认真清理，用小铲刀铲平。新粘结的木板条应与原有面层板树种、色泽、厚度一致，按工艺要求重新铺贴。

十三、实木地板面层不平

1、现象

走廊与房间、相邻两房间或两种不同材料的地面相交处高低不平，以及整个房间不水平等。

2、原因分析

（1）房间内水平线弹得不准，如抄平时线杆不直、画点不准、墨线太粗等因素，造成累积误差大，使每一房间实际标高不一；或者木搁栅不平、粘贴的水泥类楼地面基层不平等。

（2）先后施工的地面，或不同房间同时施工的地面，操作时互不照应，结果面层不交圈。如施工中先做水磨石、大理石地面，后铺木地板，而后施工的木地板标高未按先做的地面找齐，造成交接处高低不平。

（3）房间中间部分的木板面层一般用电刨刨光，周边用手工找刨，由于电刨吃刀深，故房间中间刨得较深，周边手工找刨处刨得较浅，使整个房间地面不平。另外，由于操作电刨不稳，行走速度快慢不均，或有时停顿，也会使面层刨成高低不平。在电刨换刀片的交接处，因刀片的利钝变化使刨削的深度不一，也能使房间地面不平。

3、防治措施

（1）木搁栅铺设后，应经隐蔽验收合格后，方可铺设毛地板或面层。粘贴拼花地板的基层平整度应符合要求。

（2）施工前校正水平线（室内+500mm），有误差要先调整。

（3）地面与墙面的施工顺序除了遵守先湿作业后干作业的原则外，最好先施工走廊的地面。如走廊不能先施工时，应先将走廊面层标高线弹好，各房间由走廊的面层标高往里找（即木搁栅从门口开始往里铺），以达到里外交圈一致。相邻房间的地面标高应以先施工的为准。

（4）使用电刨刨地板时，刨刀要细要快，转速不宜过低（最好在 5000r/min 以上），行走速度要均匀，中途不要停顿。

（5）人工修边要尽量找平。

4、治理方法

（1）两种不同材料的地面如高差在 3mm 以内，可将高处刨平或磨平，但必须在一定范围内顺平，不得有明显痕迹。拼花木地板面层刨去的厚度不宜大于 1. 5mm。

（2）门口处高差较大时，可加过门石处理（见图 1-65）。

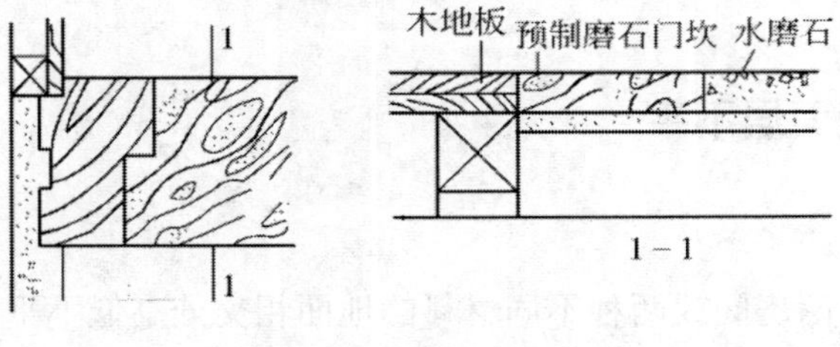

图 1-65　过门石示意图

（3）木地板表层高差在 5mm 以上，须将木地板拆开调整木搁栅高度（砍或垫），并在 2m 以内顺平。

十四、实木地板面层的拼花不规整

1、现象

拼花地板对角不方、错牙、端头不齐、圈边宽窄不对称。

2、原因分析

（1）有的地板条规格不合要求，宽窄长短不一，施工前又未严格挑选，安装时没有套方，致使拼花犬牙交错。

（2）铺设时没有弹设施工线或弹线不准，排档不匀；操作人员互不照应，造成混乱，以致不能保证拼花图案匀称、角度一致。

3、防治措施

（1）拼花地板条应经挑选，规格整齐一致。经挑选的地板条应分规格、颜色装箱编号，同一规格、颜色铺设在同一房间，铺设时也要逐一套方。不符合要求的地板要经修理后再用。

（2）房间应先弹线后施工，席纹地板弹十字线，人字地板弹分档线。各对称边留空一致，以便圈边。但圈边的宽度最多不大于 10 块地板条。

（3）铺设拼花地板时，宜从中间开始，每一房间的操作人员不要过多，以免头多不交圈。铺设第一趟或第一方后应经检查，合格后方可继续从中央向四周铺钉，以后每铺一趟或一方，均须及时修整，保证其规格符合要求。

4、治理方法

（1）局部错牙：端头不齐在 2mm 以内者，用小刀锯将该处锯一小缝，按“地板缝不严”的治理方法补好。

（2）一块或一方地板条偏差过大时，应将此方（块）挖掉，换上合格的地板条并胶结牢固。

（3）错牙不齐面积较大不易修补的，可以加深地板油漆的颜色进行处理。

（4）纵横方向圈边宽窄相差小于一块、大于半块时，按图 1-66 的方法处理。

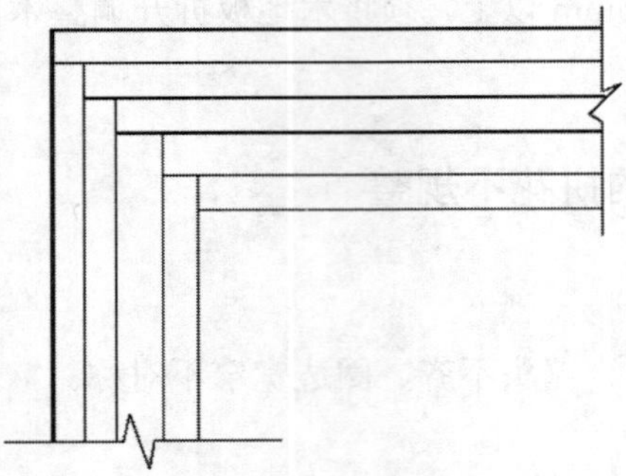

图 1-66　圈边不对称治理方法

（5）对称的两边圈边宽窄不一致，可将圈边加宽或作横圈边处理（见图 1-67）。

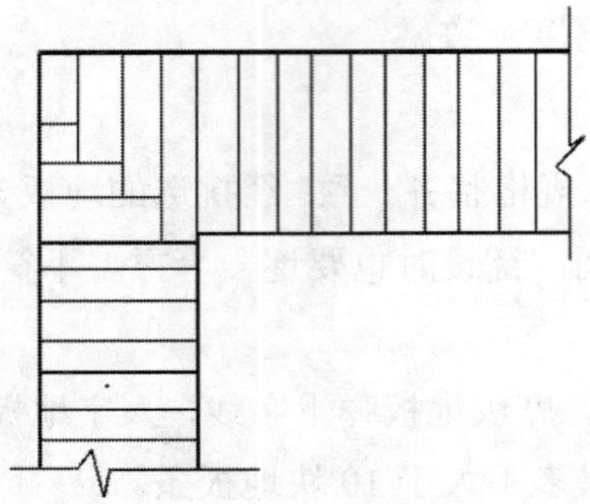

图 1-67　纵横圈边不一治理方法

十五、木地板踩踏时异响

1、现象

人行走时，地板发出响声。轻度的响声只在较安静的情况才能发现，施工中往往被忽略。

2、原因分析

（1）木搁栅采用预埋铁丝法锚固时，施工过程中铁丝容易被踩断或清理基层时铲断，造成木搁栅固定不牢。

（2）木搁栅本身含水率大或施工时周围环境湿度大（室内湿作业刚完或仍在交叉进行的情况下铺设木搁栅），填充的保温隔声材料（如焦渣、泡沫混凝土碎块）潮湿等原因，使木搁栅受潮膨胀，导致在施工过程中以及完工后各结合部分因木搁栅干缩而产生松动，受荷时滑动变形发出响声。

（3）采用预埋“几”形铁件锚固木搁栅时，如锚固铁顶部呈弧形，木搁栅锚固不稳［见

图 1-68（a)]；或锚固铁间距过大，木搁栅受力后弯曲变形；或木垫块不平有坡度［见图1-68（b)]，木搁栅容易滑动；或铁丝绑扎不紧、结合不牢等，木搁栅也会松动。

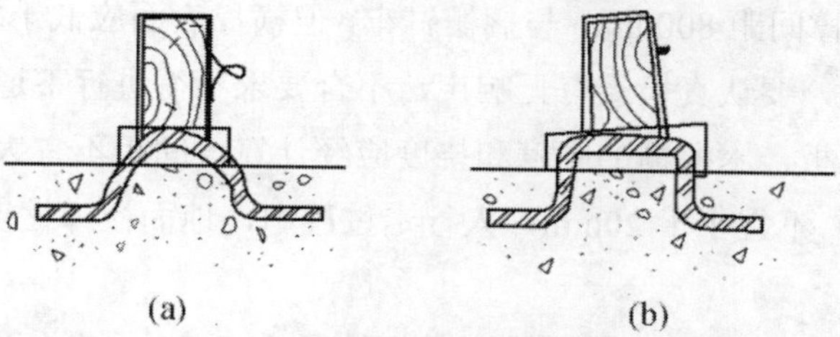

图 1-68 木搁栅不正确的锚固方法

（a）锚固铁顶部呈弧形；（b）木垫块不平

(4)对空铺木地板，当木搁栅设计断面偏小，间距偏大时，面层木板条的跨度就增大，人行走时因地板的弹性变形而出现响声。

3、防治措施

（1）采用预埋铁丝法锚固木搁栅，施工时要注意保护铁丝，不要将铁丝弄断。

（2）木搁栅及毛地板必须用干燥料。毛地板的含水率不大于 15%，木搁栅的含水率不大于 20%。材料进场后最好入库保存，如码放在室外，底部应架空，并铺一层油毡，上面再用苫布加以覆盖，避免日晒雨淋。

（3）木搁栅应在室内环境比较干燥的情况下铺设。室内湿作业完成后，应将地面清理干净，晾放 7～10d，雨期晾放 10～15d。保温隔音材料如焦渣、泡沫混凝土块等要晾干或烘干。

（4）锚固铁的间距顺搁栅一般不大于 800mm，锚固铁顶面宽度不小于 100mm，而且要弯成直角（见图 1-69），用双股 14 号铁丝与木搁栅绑扎牢固，搁栅上要刻 3mm 左右的槽，铁丝要形成两个固定点。然后用撬棍将木搁栅撬起，垫好木垫块。木垫块的表面要平，宽度不小于 40mm，两头伸出木搁栅不小于 20mm，并用钉子与木搁栅钉牢。

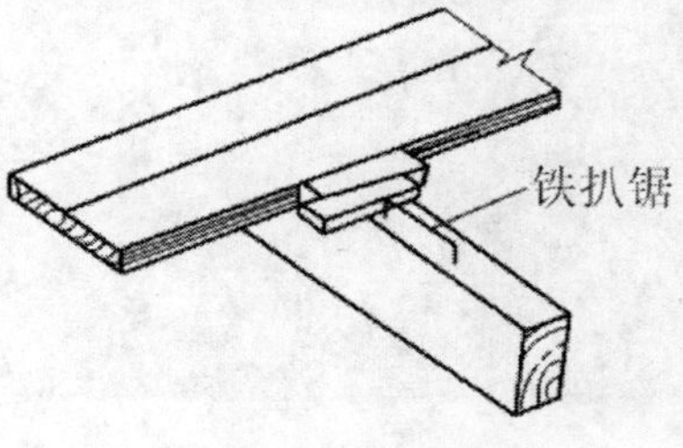

图 1-69 地板木楔

（5）楼层为预制楼板的，其锚固铁应设于叠合层。如无叠合层时，可设于板缝内，埋铁中距 400mm。如板宽超过 900mm 时，应在板中间增加锚固点。增加锚固点的方法：在楼板面（不要在肋上）凿一小孔，用 14 号铁丝绑扎Φ6×100 的钢筋棍，伸入孔内别住，再与木搁栅绑牢，垫好木垫块。

（6）横撑或剪刀撑间距 800mm，与搁栅钉牢，但横撑表面应低于搁栅面 10mm 左右。

（7）搁栅铺钉完，要认真检查有无响声，不合要求不得进行下道工序。

（8）对空铺木地板，木搁栅的强度和挠度应经计算，间距不宜大于 400mm，面板厚度（刨光后的净尺寸）不宜小于 20mm，人行走过程中，地面板弹性变形不应过大。

4、治理方法

检查木地板响声，最好在木搁栅铺钉后先检查一次，铺钉毛地板后再检查一次，如有响声，针对产生响声的原因进行修理。

（1）垫木不实或有斜面，可在原垫木附近增加一、二块厚度适当的木垫块，用钉子在侧面钉牢。

（2）铁丝松动时，应重新绑紧或加绑一道铁丝。

（3）锚固铁顶部呈弧形造成木搁栅不稳定时，可在该处用混凝土将其固定。

（4）锚固铁间距过大时，应增加锚固点。方法是凿眼绑钢筋棍或用射钉枪在木搁栅两边射入螺栓，再加铁板将木搁栅固定。

十六、地板缝不严

1、现象

木地板面层板缝不严，板缝宽度大于 0. 3mm。参见图 1-70。

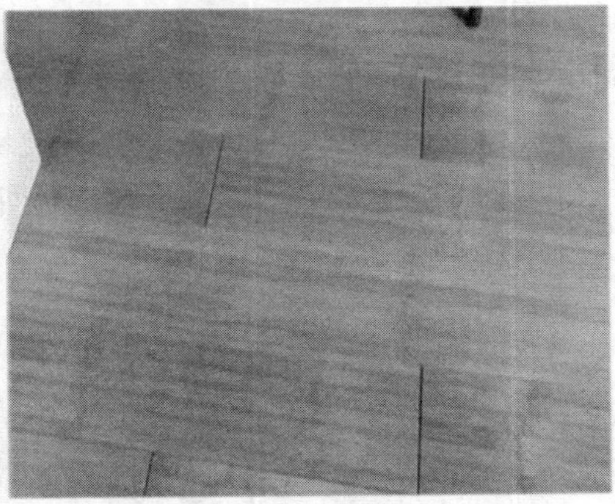

图 1-70　地板拼缝不严

2、原因分析

（1）地板条规格不合要求：地板条不直（尤其是长条地板条有顺弯或死弯）、宽窄不一、企口榫太松等。

（2）拼装企口地板条时缝太虚，表面上看结合严密，经刨平后即显出缝隙，或拼装时敲打过猛，地板条回弹，钉粘后造成缝隙。

（3）面层板铺设至接近收尾时，剩余的宽度与地板条的宽度不成倍数，为了凑整块，加大板缝；或者将一部分地板条宽度加以调整，经手工加工后地板条不很规矩，即产生缝隙。

（4）地板条受潮，在铺设阶段含水率过大，铺设后经风干收缩而产生大面积“拔缝”。

（5）木地板铺钉完毕后（上油前），由于门窗未安装玻璃，地板又未及时苫盖，受风吹后“拔缝”。

（6）用硬杂木作长条地板，硬杂木的横向变形值较大，易造成横向变形而稀缝。

3、防治措施

（1）制造地板条的木材应经过蒸煮和脱脂处理，含水率限值应符合规范要求，一般北方不大于10%，南方不大于15%，其他地区不大于12%。材料进场后必须存放在干燥通风的室内。

（2）地板条拼装前，须经严格挑选，有腐朽、疖疤、劈裂、翘曲等疵病者应剔除，宽窄不一、企口不合要求的应经修理后再用。长条地板条有顺弯者应刨直，有死弯者应从死弯处截断，适当修整后使用。

（3）为使地板面层铺设严密，铺设前房间应弹线找方，并弹出地板周边线。踢脚板根部有凹形槽的，周围先钉凹形槽。

（4）长条地板与木搁栅垂直铺钉，当地板条为松木或为宽度大于70mm的硬木条时，其接头必须在搁栅上。接头应互相错开，并在接头的两端各钉一枚钉子。为使拼缝严密，钉长条地板时要用扒锯加木楔楔紧。

（5）长条地板铺至接近收尾时，要先计算一下差几块到边，以便将该部分地板条修成合适的宽度。严禁用加大缝隙来调整剩余宽度。装最后一块地板条不容易严密，可将地板条刨成略有斜度的大小头，以小头插入并楔紧。

（6）先完成室内湿作业并安装好门窗玻璃后再铺设木地板。木地板铺完应及时苫盖，刨平磨光后立即上油或烫蜡，以免“拔缝”。

（7）慎用硬杂木材种作长条木地板的面层板条。

（8）对用于高级建筑的木地板面层板条，制作好后六面应涂上清漆，使之免受温度变化的影响。

4、治理方法

缝隙小于1mm时，用同种木料的锯末加树脂胶和腻子嵌缝。缝隙大于1mm时，用相同材料刨成薄片（成刀背形），蘸胶后嵌入缝内刨平。如修补的面积较大，影响美观，可将烫蜡改为油漆，并加深地板的颜色。

十七、地板颜色不一致

1、现象

木地板所用材料树种不完全相同，即使树种相同颜色也不尽一致，如将不同颜色的地板条混用，势必影响木地板的美观。

2、原因分析

（1）树种颜色的差异是客观现象，而施工时不重视视觉效果，是主观原因。

（2）粘贴地板条时，胶粘剂溢出地板表面造成污染。

3、防治措施

（1）施工前对地板条应先挑选，按规格、颜色分类编号，一个房间最好用一个号。

（2）如一个号的地板条不足一个房间时，可调配使用，颜色由浅入深或由深入浅逐渐过渡，并注意将颜色深的用在光线强的部位，颜色浅的用于光线弱的部位，使色调得到调整。

（3）对颜色过分混杂的，应适当加深木地板的油漆颜色予以掩盖。

（4）采用沥青胶结料或其他胶粘剂粘贴地板条时，涂胶不宜过厚，溢出表面的胶结料应随即刮去擦净。

十八、地板表面粗糙有毛刺

1、现象

木地板戗槎，出现成片的毛刺，或呈现异常粗糙的表面。尤其在地板上油烫蜡后更为明显。

2、原因分析

（1）电刨刨刃太粗，吃刀太深，刨刃太钝，或电刨转速太慢，都容易将地板啃成戗槎。

（2）电刨的刨刃宽，能同时刨几根地板条，而地板条的木纹有顺有倒，倒纹就容易戗槎。

（3）机械磨光时砂纸太粗，或砂纸绷得不紧有皱褶，就会将地板打出沟槽。

3、防治措施

（1）使用电刨时刨口要细，吃刀要浅，要分层刨平，先横纹粗刨，再顺纹细刨。

（2）电刨的转速应不少于 5000r/min，行走时速度要均匀。

（3）机器磨光时砂纸要先粗后细，要绷紧绷平，顺序进行，不要乱磨，不要随意停留，必须停留时先要停转。

（4）人工净面要用细刨认真刨平，再用砂纸打光。

4、治理方法

（1）有戗槎的部位应仔细用细刨手工刨平。

（2）如局部戗槎较深，细刨也不能刨平时，可用扁铲将该处剔掉，再用相同的材料涂胶镶补。

十九、木踢脚板安装缺陷

1、现象

木踢脚板表面不平，与地面不垂直，接槎高低不平、不严密。参见图 1-71。

图 1-71　踢脚线缝隙过大

2、原因分析

（1）木砖间距过大，垫木表面不在同一平面上，踢脚板钉完后呈波浪形。

（2）踢脚板变形翘曲，与墙面接触不严。

（3）踢脚板与地面不垂直，垫木不平或铺钉时未经套方。

（4）踢脚板上边不水平，铺钉时未拉通线。

3、防治措施

（1）墙体内应预留木砖，中距不得大于 400mm，木砖要上下错位设置或立放，转角处或最端头必须设木砖。

（2）加气混凝土墙或其他轻质隔墙，踢脚板范围内要砌普通黏土砖墙，以便埋设木砖。

（3）钉木踢脚板前先在木砖上钉垫木，垫木要平整，并拉通线找平，然后再钉踢脚板。

（4）为防止木踢脚板翘曲，应在其靠墙的一面设两道变形槽，槽深 3～5mm，宽度不少于 10mm。

（5）木踢脚板上口的平线要从基本平线（+500mm 线）往下量，而且要拉通线。

（6）墙面抹灰要用大杠横向刮平，特别是墙面下部与踢脚板结合处。安装踢脚板时要贴严，踢脚板上边压抹灰墙不小于 10mm，钉子尽量靠上部钉。

（7）踢脚板与木地板交接处有缝隙时，可加钉三角形或半圆形木压条。

（8）踢脚板应在木地板面层刨平磨光后再安装。

二十、搁栅、地板条易腐烂

1、现象

木地板使用年限不长，地板条就因腐烂而损坏，特别是四周墙角处。如撬开观察，地板条背面往往有凝结水和长有白色的霉菇物，此种现象大多发生在空铺木地板工程。

2、原因分析

（1）铺设木地板时，板下填土层的含水量偏大，铺设木地板后，土层中的水分逐渐蒸发积聚于板下空间，板底因长期吸收水分而产生腐烂。

（2）四周墙上通风洞数量太少或设置不合理，使板下空间的空气难于形成对流，见图 1-72，造成通风不良，水分难以向外排出，当板下空间高度较低时，尤为突出。

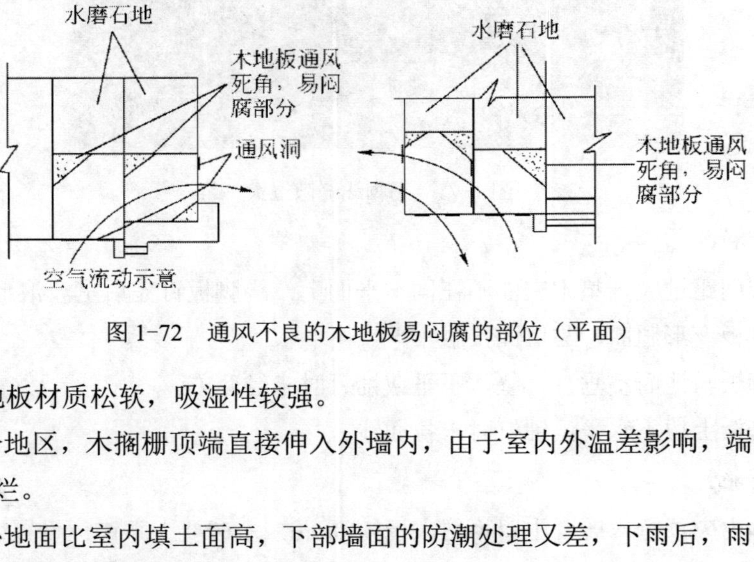

图 1-72　通风不良的木地板易闷腐的部位（平面）

（3）木地板材质松软，吸湿性较强。

（4）寒冷地区，木搁栅顶端直接伸入外墙内，由于室内外温差影响，端部容易产生凝结水而引起腐烂。

（5）室外地面比室内填土面高，下部墙面的防潮处理又差，下雨后，雨水渗透到地板下的填土层中，增大填土层的含水量。

3、防治措施

（1）空铺木地板下的地面填土应予夯实，达到平整干燥。铺钉面层地板条时，板下杂物应清理干净。

（2）板下应留有一定空间，高度视房间大小而定，但最小不少于 5cm。

（3）四周墙上应留有通风洞。通风洞应前后、左右对齐，使空气形成良好的对流条件。外墙上通风洞应设有搁栅，防止老鼠等小动物钻入其内。寒冷地区的通风洞，应设置能关闭的小门，冬期时关闭，避免寒冷空气进入板下空间，造成上下温差过大对地板不利。

（4）木搁栅和木地板的背面，铺钉前应刷一道水柏油或清漆，以减少日后的吸湿量。木搁栅与墙之间应留出 30mm 缝隙，地面面板与墙之间应留出 8～12mm 缝隙。

（5）室外地面应做好散水或明沟，进行有组织排水，墙脚处应做好防潮层处理，避免室外雨水、潮湿气渗透到板下空间中去。

4、治理方法

如腐烂现象不严重，不会造成塌落事故时，可采用改进通风条件，进行局部修理等办法。

如腐烂现象严重，有塌落可能时，则应进行彻底更换，并应采取改进通风、防潮、更换面层木板材种等综合措施，进行彻底治理。

二十一、地毯的花纹、条格错缝

1、现象

有花纹、条格的地毯，接缝处花纹、条格错缝，外观质量较差。

2、原因分析

（1）地毯铺设前裁剪工作粗糙，首先顶端处花纹、条格不甚吻合，铺设后影响到中间部位的花纹、条格出现错缝。

（2）铺设地毯时，张拉地毯用力松紧不一，铺设后，易使花纹、条格造成错缝。

3、防治措施

（1）应重视地毯铺设前的裁剪工作，从顶端处开始，使花纹、条格吻合一致。

（2）铺设时的张拉用力应一致，在接缝粘合时，应使花纹、条格严密合缝。

4、治理方法

当花纹、条格错缝不明显，或处于地面的次要部位，外观质量影响较小时，可不作处理。当花纹、条格错缝明显，对外观质量影响较大时，应作翻修处理，使花纹、条格达到严密合缝。

二十二、地毯表面出现霉点、霉斑

1、现象

地毯表面出现霉点、霉斑。参见图 1-73。

图 1-73 地毯表面发霉

2、原因分析

（1）首层地面未做防潮处理。

（2）铺设时，基层表面含水率过大。

3、防治措施

（1）首层地面必须做防潮层，进行防潮处理。

（2）地毯铺设时地面的含水率不得大于 8%。

第二章　抹灰工程

第一节　一般抹灰质量常见问题

在工程质量检查与验收中，常可以看到一些工程的室内一般抹灰在细部存在着一些问题，主要表现在以下方面。

1、墙面与顶棚交接处的水平线不顺直、不水平。从交圈整体看，顶棚面四角标高不一致，导致门窗口两端至顶棚面距离不等。

（1）原因分析

楼板自身缺陷；模板安装不水平，或虽水平但在混凝土浇筑时受振变形；上底灰前，缺乏通盘检查，交底无针对性，未对原缺陷处采取修补措施。

（2）防治措施

上底灰前，操作人员应掌握必须修补处理部位，并先期修补处理完毕，后弹出水平线，按线上底灰。

2、门窗框安装不方正，框两侧立边墙宽窄不一，有的同一个门窗口墙膀上下宽窄不一；抹灰吃口不均匀，框显露部分明显宽窄有别。

（1）原因分析

上底灰前缺少对门窗框是否方正的检查校正。

（2）防治措施

先检查门窗框是否方正，如有问题，应及时调整直至无误后再抹底灰。随时专检，发现问题及时纠正。

3、爆灰、裂纹、斑点

（1）原因分析

底灰混合砂浆中的白灰颗粒没有完全熟化，或将回收落地灰直接掺入新砂浆中，没有二次筛选搅拌。未熟化白灰颗粒上墙吸水后膨胀形成爆灰；基层湿润不够或底灰未达到一定干度而上面灰，底灰、面灰层同时干缩也会造成墙面裂纹；基层未处理干净，白灰膏污染，和灰不均匀，造成墙面斑点。

（2）防治措施

严把材料关，白灰浸闷不少于两周；落地灰利用必须二次筛选并搅拌，上面灰前墙面提前充分湿润，上灰均匀、压实，完成后注意封闭保护。

4、上下水、暖气管背后墙面与其根部抹灰粗糙、甚至漏抹。

（1）原因分析

安装管线前，未能安排人员将管背后墙面预先抹出，直到管线安装后造成抹灰操作困难。

（2）防治措施

工种交接要规定质量标准，达不到标准的，下道工序不予接收，在进行转工种作业或进行下道工序时，应认真检查，不具备下道工序作业条件时，不安排下道工序人员上岗。

5、预制窗台板底面与墙立面接触处，抹灰不到位、粗糙。

（1）原因分析

操作者不重视。

（2）防治措施

加强对操作人员的教育，明确交底，认真严格检查。

6、梁、柱与顶棚接触周边阴角不方正，梁侧膀（面）不垂直，底面不平，底面与墙交接处阴角线不水平。

（1）原因分析

梁、柱浇筑混凝土时改变了其本身的几何尺寸，上底灰前，对改变几何尺寸明显处没做处理。

（2）防治措施

梁、柱混凝土浇筑时要振捣适中，保证梁、柱成形后的混凝土几何尺寸正确。

一、砂浆用外加剂使用不规范

1、现象

砂浆拌合无计量，未用砂浆拌合机，随意添加外加剂。参见图2-1。

图2-1　室内墙体抹灰无计量及配合比挂牌

2、原因分析

（1）抹灰未作施工配合比（配合比由试验室出具），拌合时无磅秤计量。

（2）施工人员质量意识差，施工现场管理混乱，未按配合比添加外加剂。

3、防治措施

（1）按设计配合比配置施工配合比，严格计量（重量比）。

（2）砂浆拌合应采用立式砂浆拌合机，不允许使用卧式搅拌机，严禁在楼层内搅拌。

（3）现场配制的砂浆，如要添加外加剂等，应按设计要求请试验室出具配合比，施工中严格挂牌执行。

二、墙面、顶棚抹灰局部缺陷及防治

1、现象

工程施工中，常需要留设一些架眼和水、电、暖设备管线等预留孔洞，在大面积抹灰时，无法同时操作；另外，还有一些因施工操作不当引起的空鼓、裂纹以及平整、光滑度不够影响观感等，从而造成二次抹灰。这些情况都有可能使墙面、顶棚抹灰产生局部缺陷。

2、原因分析

（1）第一次抹灰时砂浆已凝固定形，二次抹灰时，由于水泥的收缩性及操作不当等原因易造成平整度差，特别是边缘处，往往有明显的接槎，影响观感。

（2）施工中遇到上述情况常采用剔凿后修补的方法，从而形成再次抹灰的恶性循环。

3、防治措施

在施工中可使用工地常备的DMJ-100手提式水磨石机或ZIM-100水磨石机打磨处理的方法。

（1）遇二次抹灰墙面、顶棚面凸出部分、边缘接槎明显部位及冲筋时的爆筋现象，直接磨平即可。

（2）对于墙面、顶棚面凹入的，采取凿毛、润滑，再用与原砌体灰同强度等级的砂浆抹灰，可以抹得稍微凸出一些，若水泥收缩凝固后仍凸出墙面、顶棚面，可轻微打磨，使之与墙面、顶棚面保持一个平面即可。

这样处理后的基层，再做任何面层都不会有二次抹灰的痕迹，也不会出现结合不牢的问题。采用这种治理方法，省工省时，有效地降低了工人的劳动强度，一般技术工人即可操作，且轻便灵活，效率非常高；同时，在许多情况下只需磨平，节约了再返工时的用料并避免了严重污染墙面的现象。

三、墙面抹灰空鼓

1、现象

墙面抹灰工程质量的好坏，主要是从外表看其表面是不是洁净，颜色是不是均匀，有无痕迹和有无掉皮等现象。从内部衡量抹灰层与基层的粘结程度，有无空鼓等现象。而空鼓是无法从外表看出来的，但抹灰层空鼓又是抹灰施工中普遍存在的现象。

2、原因分析

墙面抹灰层出现空鼓，主要是抹灰层与基层的粘结强度不够所引起的。而粘结强度不够主要是由墙面结构面的平整度不够、清理不干净、干燥、无糙面、抹灰层一次抹得太厚、脚手架洞堵塞不严，或施工时操作抹子用力不够等造成。这就决定了空鼓现象产生的位置多数在墙角、窗框附近，以及混凝土梁和柱面上等。大面积的墙面、地面施工，由于场地大，便于工人操作，空鼓现象相对来说要少一些。即使出现空鼓，多数出在脚手架洞眼处。

3、防治措施

检查方法是在有可能产生空鼓现象的位置用 100g 左右的小锤轻敲，传出实在单一的纯音，就证明抹灰层粘结牢固。发出似击鼓一样的空鼓复音，就证明抹灰层与基层分离，有空鼓现象。在空鼓的分图抹灰质量声波检查法界处，用颜色笔标出分界点，并连线成图（见图 2-2）。

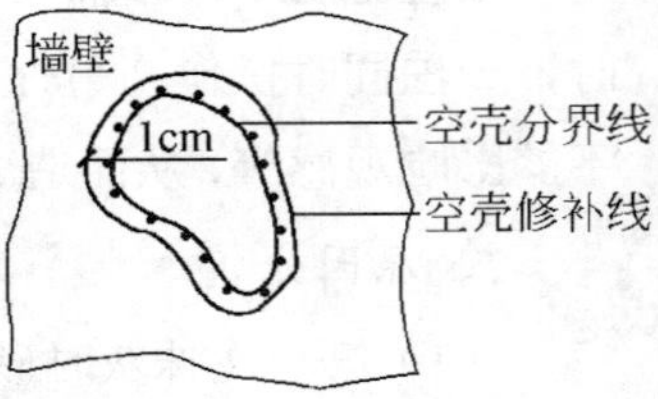

图 2-2　抹灰质量声波检查法

修补抹灰空鼓，应在未上白灰之前进行。其方法和步骤如下：

（1）在空鼓分界点处向外量出 1cm，然后标点连线，即为空鼓修补线。

（2）按修补线用铁錾子凿开空鼓抹灰层，并清刷干净。如遇混凝土墙面，表面光滑，应用铁錾子凿毛。

（3）修补前，基层用水刷子湿水，渗水深度均在 6～8mm 之间，修补时，再略渍水，并刷 108 胶一层，然后刷一层薄薄的纯水泥浆。水胶比控制在 0.4 左右，随刷随抹。

（4）修补用砂浆与原抹灰砂浆相同，糙层和面层的粉刷时间应隔夜进行，并应在糙层上湿水后再粉面层，不得在底糙层粉后即上面层。

用声波原理检查抹灰工程质量，不仅在抹灰施工中可以采用，在房屋竣工验收时也可采用。具有方便、简单、实用等特点。

四、内墙抹灰裂纹

1、现象

有些室内抹灰出现裂纹，个别墙面裂纹还比较严重，这些裂纹影响了工程的观感效果。参见图 2-3、图 2-4。

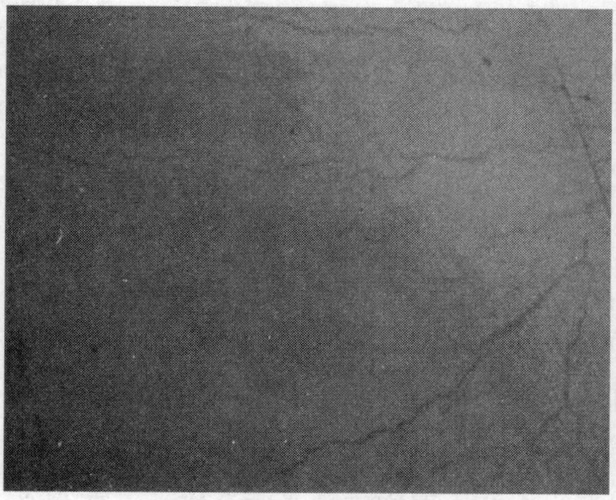

图 2-3　内墙抹灰裂纹

图 2-4　内墙抹灰裂纹

2、原因分析

内墙抹灰裂纹的主要原因是施工人员未按有关规定、规程进行操作造成的。主要包括：

（1）抹灰前的基层处理不彻底。

（2）基层未提前洒水润透。

（3）混凝土表面未做凿毛处理或凿毛不规范。

（4）炉渣砌块及轻质板墙表面处理不规范。

（5）砂浆配合比控制不严。

（6）脚手架眼、接线盒、电线管处灰浆不饱满。

（7）底层找平层一次成活，抹灰太厚或过薄。

（8）抹灰后没有跟上洒水养护。

（9）使用隔夜灰等。

3、防治措施

严格按施工规范及操作规程进行施工是防止内墙抹灰裂纹的根本措施。针对以上分析，应严格按以下几个方面的要求进行施工。

（1）基层处理

抹灰前应认真清除基层上的油污、灰渣、浮尘，油污可用 10%的烧碱溶液清洗，清除后用清水冲刷干净，松动的灰渣及浮尘应用硬笤帚清扫干净。

（2）基层砖墙应提前润透

准备抹灰的墙面，应提前 2d 洒水湿润，湿润深度不小于 50mm，杜绝随湿润随抹灰或完全不湿润就抹灰的现象。

（3）混凝土表面的处理

混凝土表面在抹灰前应做好凿毛处理，使其表面粗糙，抹灰时刷一层 108 胶水泥浆，水泥胶浆要随刷随抹。凿毛：将混凝土表面的油污、浮尘清除冲刷干净后，用 1∶1 的水泥细砂浆，内掺水泥用量 15%～20%的 108 胶拌合成糨糊状，用笤帚蘸胶浆均匀地刷在混凝土墙表面上，厚度控制在 2～4mm，表面成麻点、密实，无气孔，待收水后即可进行洒水养护，保持潮湿 4～5d 后方可进行抹灰。

（4）炉渣砌块及轻质板墙的处理

炉渣砌块墙要求满钉 8000～10000 目 0. 8mm 厚的钢板网，轻质板墙接缝钉钢板网。每边不少于 100mm。炉渣砌块抹灰时，应在其表面涂刷一层水泥浆，内掺水泥用量 15%～20%的 108 胶，框架柱、框架梁与墙体接缝处也应钉钢板网，搭缝宽度每边不少于 100mm。

（5）砂浆

所用水泥以普通硅酸盐水泥或矿渣硅酸盐水泥为宜，水泥安定性必须合格；石灰膏必须淋化熟透，淋化时用筛孔 3mm 以下的筛子过滤，并储存在沉淀池中，熟化时间不少于 30d。石灰膏应细腻洁白，不得含有未熟化颗粒，已冻结、干裂风化的石灰膏不能使用；砂子必须用洁净的中砂，砂在使用时应过筛，泥土粉末含量不得超过 3%。底层、中层抹灰砂浆配合比为水泥∶石灰膏∶砂子=1∶1∶6，面层砂浆配合比为水泥∶石灰∶砂子=1∶0. 3∶3，内掺水泥用量 1%的麻刀，麻刀应弹松、剪短，长度 20～30mm，底层灰浆稠度为 100～120mm，中层灰浆稠度 70～80mm，面层灰浆稠度 100mm。

（6）脚手架眼、接线盒、电线管等部位的处理

在基层处理时，必须将脚手架眼堵塞严实，砖缝内砂浆饱满；接线盒必须在抹灰前安装，安装时必须坐浆，四周用砂浆嵌填饱满；电线管开槽宽度应大于或等于 20mm+D（D 为电线管外径），深度应大于或等于 25mm+D，布管时应先将槽内湿润，清除浮渣，槽内垫 1∶3 水泥砂浆，电线管居中，底部及两侧均有 10mm 厚的砂浆，电线管用钢钉固定，钉距不大于 500mm，管顶用 1∶3 水泥砂浆抹平，厚 15mm；门窗框与墙交接处也应用 1∶3 水泥砂浆嵌填密实。以上处理均应及时养护，防止干燥产生空鼓裂纹。

（7）抹灰操作

抹灰前必须先找好规矩，即四角找方，顶棚找平线，并在四角及顶棚抹灰饼。抹灰时必须按三遍成活的要求施工。

1）抹底灰：抹灰厚度约 7～9mm，要求与基层粘结牢固，赶压密实，表面呈鱼鳞状，大体找平。

2）抹找平层；待底层灰浆已收水，即指压不变样，约 2～3h 后抹找平层灰。找平层灰厚度为 7～8mm，要求与底层灰粘结牢固，赶压密实，表面用木搓板搓平，无砂眼孔隙，线角顺直。

3）抹面层：待找平层灰已收水，即 3～5h 后抹面层，抹面层灰压光不少于 2 遍，要求平整、光滑，线角顺直清晰。

4）总抹灰厚度控制在 18～20mm。

（8）养护

抹灰完成后，应加强养护，防止抹灰层干燥过快产生龟裂，养护应在抹灰层表面已完全硬化时开始，一般在抹完 2～3d 后进行，养护时间不少于 5d，尤其应重视门窗洞口周围、顶棚及阳光直射部位的养护。

（9）隔夜灰

隔夜灰包括已硬结的灰浆，不论抹什么墙都严禁使用。对打扫下来的灰渣严禁过筛后代砂使用。

五、外墙抹灰裂纹、起鼓等质量常见问题

1、现象

砂浆抹面的一般外墙装饰做法，如水泥搓毛、水刷石、干粘石等，在工程中普遍存在裂纹、起鼓及脱落等现象，留下不少后患，影响了建筑场的使用。

2、原因分析

（1）基底处理不当

1）墙体在装饰施工前，所挂灰尘没有清除干净就进行底灰施工，而混凝土工程大多采用钢模，所以其表面比较光滑，抹底灰前又不做凿毛处理，因此粘结不牢，引起空鼓、裂纹。

2）墙面凹凸不平的部位没有分层提前处理，从而造成有的部位灰层太厚产生坠裂；或者个别部位抹灰太薄，提前出现干缩裂纹。

3）墙面在面层抹灰前没有浇水湿润，或者浇水不透，使底层抹灰水分过早散失，形成墙体面层干裂。

（2）抹灰面层选用材料不当

1）外墙面抹面砂浆中水泥采用火山灰水泥，收缩性大，早期强度低，易使墙面干缩裂纹。

2）所用砂子偏细，含泥量过大，超过规范规定的 3%，有的甚至大于 7%。

3）砂浆水胶比不当，施工中没有严格按规定的水胶比拌制砂浆。

（3）施工操作方法不当

1）底子灰抹好后，没有充分压实，拉毛墙面罩面灰抹压不适时，造成在赶压时产生空鼓。

2）分格条粘贴时采用纯水泥浆，往往因选用纯水泥浆扩散面大而造成分格处产生裂缝、空鼓。

3）抹灰面未及时养护。

3、防治措施

（1）基底处理

1）首先要将墙面上的灰浆、尘土清理干净，混凝土表面要仔细凿毛，浮渣要用钢丝刷刷掉。

2）墙面要提前浇水浸透，而且在抹灰前墙面没有明水，这就要求墙面在抹灰前二三天内反复浇水。

3）墙面浇水湿润后，对于凹洼过大的部位，应提前用 1∶3 水泥砂浆找补，不能一次找补成活，以防止坠裂或找补层太厚造成收缩大而产生裂缝；对于凸出墙面的部位要先凿掉，这样，就保证了底子灰厚薄均匀，从而防止裂缝的产生。

（2）抹面砂浆所用材料的选择

1）使用收缩性小的普通硅酸盐水泥来配制抹面砂浆。

2）底子灰要用粗砂，面层用中砂；并且要严格控制砂的含泥量在 2%以内。

3）抹面砂浆应严格按照配合比设计值配制；所用水必须是洁净的自来水或地下水，不可用含有腐蚀性物质的水或工业污水。

（3）抹灰操作要得当

1）底子灰抹好后，要在砂浆收水后反复压实，以防坠裂或空鼓，然后在水泥砂浆初凝后凿毛；拉毛灰的罩面灰抹压要适时，要在水泥砂浆初凝前压实、压平，并用木抹子拉出毛来，抹压不能过迟，因为过迟会造成赶压，易形成空鼓、裂纹。

2）镶贴分格条要用扎子扎灰浆，禁用铁抹子抹，以防纯水泥浆扩散太大。

3）墙面抹灰结束，待水泥砂浆初凝后，要进行养护，天气干燥、气温高时，墙面应挂草袋或覆盖塑料薄膜进行养护。

六、抹灰接槎抹纹明显

1、现象

外墙面抹水泥砂浆后，留有明显的抹纹和接槎或颜色不同。参见图 2-5。

图 2-5　墙面抹灰色泽不均匀等

2、原因分析

（1）墙面没有设置分隔缝。

（2）抹灰接槎位置不正确。

（3）基层或底层浇水不均匀。

（4）采用了不同品种的水泥。

（5）水泥或其他原材料不合格等。

3、防治措施

（1）严把材料的进货关，使用前，进行试验。

（2）合理留置分隔缝。

（3）讲究抹灰的顺序与工艺。

（4）不同材料严禁混用。

七、混凝土顶板抹灰空鼓及开裂

1、现象

混凝土顶板抹灰空鼓、裂缝。参见图 2-6、图 2-7。

图 2-6 顶棚抹灰空鼓、剥落

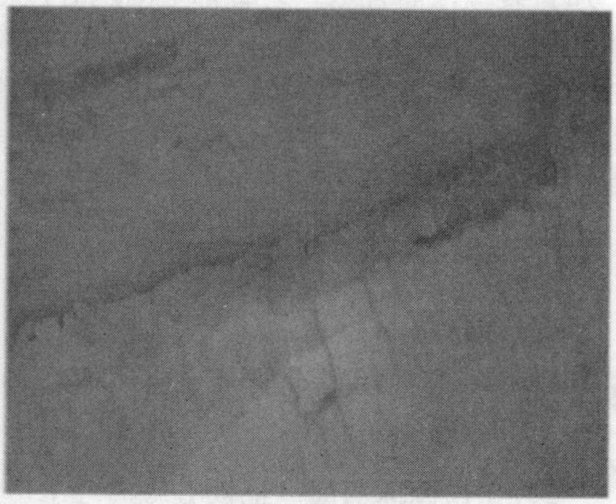

图 2-7 顶棚抹灰开裂

2、原因分析

没有按照下列质量标准作业：

（1）抹灰工程应对水泥的凝结时间和安定性进行复验，砂浆的配合比应符合设计要求。

（2）抹灰应分层进行，当总厚度大于或等于 35mm 时应采取加强措施。

（3）各种砂浆抹灰层在凝结前应防止干燥过快、水冲、撞击和振动；在凝固后应采取措施防止玷污和损坏。

（4）水泥砂浆抹灰层应在湿润条件下养护。

（5）顶棚的抹灰层与基层之间及各抹灰层之间必须粘结牢固，抹灰层应无脱层、空鼓，面层应无爆灰和裂缝。

（6）抹灰前基层表面的尘土、污垢、油渍等应清除干净，然后甩浆，并应洒水润湿。

3、防治措施

（1）混凝土模板安装时应提前考虑抹灰，混凝土表面不用太光平，或拆模后立即在其表面喷射水泥砂浆或甩浆拉毛，并进行养护。

（2）抹灰前应将板底表面杂物清理干净。

（3）顶棚的混凝土蜂窝麻面应提早用1∶2水泥砂浆修补抹平，凸出部分混凝土剔凿平整。

（4）抹灰前一天顶棚应喷水湿润。

（5）顶棚抹灰，一般应在上层地面做完后再施工。

八、预制板顶板抹灰裂缝

1、现象

预应力混凝土空心板的顶棚，抹灰后时间一长，局部房间顶棚容易出现0.1～1.0mm宽的通长裂缝，而且这些裂缝都是沿空心板缝出现。

2、原因分析

（1）施工单位在安装空心板时，坐浆不饱满。

（2）灌板缝时，板缝清洗不干净，有砖屑、泥砂等杂物。

（3）灌缝细石混凝土强度达不到设计要求，振捣不密实等。

以上原因造成空心板不能形成一个整体，振动后就容易产生裂缝，影响房间的美观。

3、防治措施

（1）按施工规范标准要求安装预应力空心板，并用高强度等级细石混凝土把板缝填嵌捣固密实。

（2）在顶棚抹灰前，把板缝底清理干净。

（3）用刷子在板缝上刷一遍108胶水。再薄薄刮一层108胶水泥浆，然后用玻璃纤维网格布贴在板缝上。要求戴橡胶手套操作，把玻璃纤维网格布贴平、粘实，不得有空隙。然后再用108胶水泥浆把网格布的网眼内满刮水泥浆，要刮密实。最后用清水顺刷一遍。

（4）保养24h后，就可以进行1∶1∶4混合砂浆抹灰作业。

4、治理方法

在装修中遇到预制板顶棚抹灰出现裂缝的情况，可直接将白的确良布裁成约25mm宽的布条，用环氧树脂平整地将裂缝粘贴住；处理好后再刮腻子、罩面，完工后看不出丝毫痕迹。

采用这种办法，简便易行，省工省料；原裂缝也不再出现，效果很好。

九、阴阳角不顺直、过梁不水平

1、现象

阴阳角不顺直，过梁不水平。参见图2-8。

图2-8 门过梁大小头

2、原因分析

（1）抹阴阳角时，操作不正确。

（2）过梁下口未找水平线。

3、防治措施

（1）抹阴角贴垂直靠尺时，抹完一面起尺后，抹另一面时应靠尺垂直，用线坠复检垂直度，阴角交接处的水泥砂浆分两次完成罩面操作，在靠近阴角处在底子灰上弹垂直线作为抹直的依据，然后抹另一面灰，分两次抹灰解决阴角不垂直、顺直的问题。

（2）抹过梁下横边水泥砂浆时应按房间墙面水平线找过梁下口的水平，然后依照此水平线靠尺抹灰，而不应该从板底向下量。

4、优质工程示例

参见图2-9。

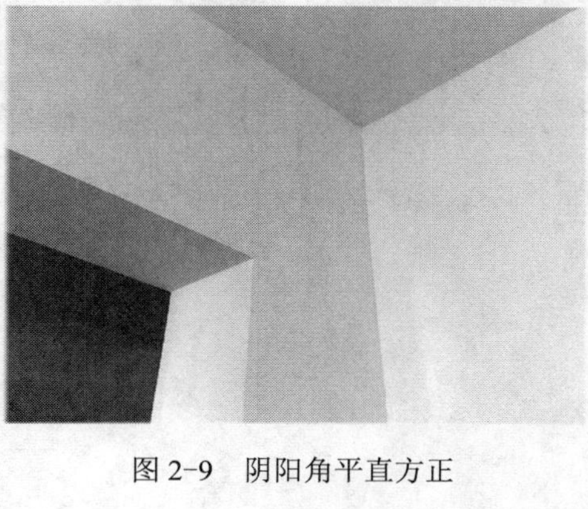

图2-9 阴阳角平直方正

十、基层抹灰空鼓裂缝

1、现象

砖墙、混凝土基层抹灰空鼓、裂缝。参见图 2-10。

（1）墙面抹灰面层空鼓。参见图 2-11。

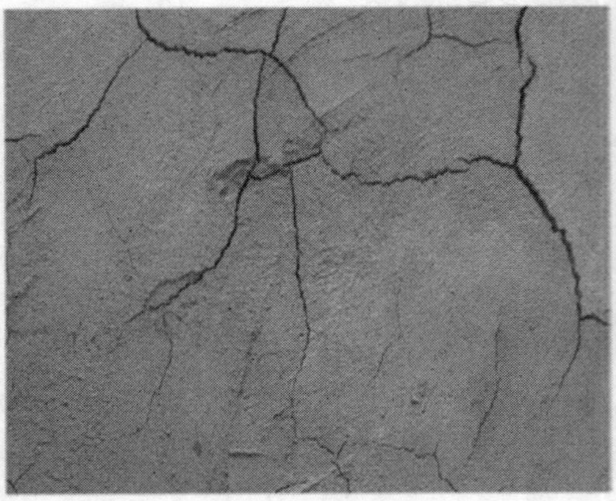

图 2-10　混凝土基础空鼓

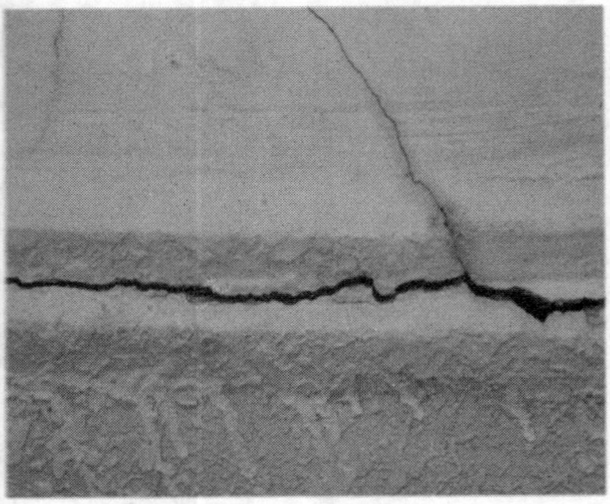

图 2-11　墙面抹灰面层空鼓

（2）墙面抹灰面层及基层空鼓。参见图 2-12、图 2-13、图 2-14、图 2-15。

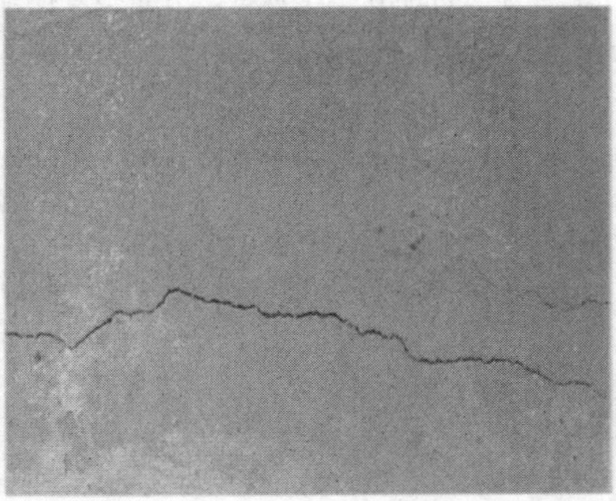

图 2-12　墙面抹灰面层开裂

图 2-13　梁-墙，柱-墙相交处裂缝

图 2-14 线管预埋处裂缝

图 2-15 墙面表面及基层裂缝

2、原因分析

没有按照下列质量标准作业：

（1）抹灰工程应对水泥的凝结时间和安定性进行复验，砂浆的配合比应符合设计要求。

（2）抹灰前基层表面的尘土、污垢、油渍等应清除干净，洒水湿润。

（3）抹灰用的石灰膏的熟化期不应少于 15d。

（4）各种砂浆抹灰层在凝结前应防止干燥过快、水冲、撞击和振动；在凝固后应采取措施防止玷污和损坏；水泥砂浆抹灰层应在湿润条件下养护。

（5）抹灰层与基层之间及各抹灰层之间必须粘结牢固，抹灰层应无脱层、空鼓，面层应无爆灰和裂缝。

（6）抹灰应分层进行，当抹灰总厚度≥35mm 时，应采取加强措施。不同材料基体交接处表面的抹灰应采取防止开裂的加强措施。

3、防治措施

（1）混凝土结构在找平层施工前应凿毛或甩浆，混凝土结构及砌体结构在抹灰前基层表面的尘土、污垢、油渍应清除干净并洒水湿润。

（2）抹灰前墙面应浇水：砖墙表面一般浇水 2 遍，砖面渗水深度约 8～10mm；加气混凝土砖应提前 3 天浇水，每天 2 遍以上，使其渗水深度达到 8～10mm（混凝土表面可少一些）。

（3）不同基层材料相接处应铺钉金属网或纤维网，搭接宽度应从相接处起两边均不少于 150mm，并用钉子钉固。

（4）找平层每层抹灰厚度不大于 10mm，抹灰厚度≥35mm 时应有挂网等防裂防空鼓措施。

（5）抹灰砂浆必须具有良好的和易性和一定的粘结强度，抹灰砂浆稠度一般控制为：底层砂浆为 100～120mm；中层砂浆为 70～80mm，面层砂浆为 100mm。

（6）抹灰用的水泥砂浆和混合砂浆应分别在拌合后 3h 和 4h 内使用完毕；当气温高于

30℃时，必须在2h和3h内使用完毕。

（7）墙面抹灰的底层砂浆与中层砂浆的配合比应基本相同。

（8）预埋管线的埋置深度一定要符合设计要求，安装牢固，用水泥砂浆封堵，并进行养护。

十一、基层抹灰“挂网”质量不符合要求

1、现象

基层抹灰面“挂网”质量不符合要求。参见图2-16、图2-17。

图2-16　基层挂网不规范

图2-17　基础挂网不规范

2、原因分析

没有按照下列质量标准作业：

（1）当采用耐碱玻璃纤维布挂网防裂时，其质量标准为：

1）耐碱玻纤布的面密度应≥180/m^2，孔间距为4×4，断裂强度不少于1250N/50mm。

2）在墙面涂刷完界面处理剂后，抹2～3mm水泥砂浆（具体配比按设计要求），随即压入耐碱玻纤网格布。界面处理剂按设计要求，如设计无明确要求，可用水泥净浆，加入水重20%的108胶。

3）耐碱玻纤网格布的做法：要求绷平，不得有折皱，压入深度以见网不见色为宜（即在表面能隐约见到网布，但见不到涂塑的网布颜色），然后再做抹灰层。

4）贴网抹灰后的表面不能出现空鼓、裂缝现象。

（2）当采用钢丝网挂网防裂时，其质量标准为：

1）先打底10mm厚，再将钢丝网挂上，用钢钉固定（如果是挂在槽边，则每边搭接应不少于200mm），然后抹面层砂浆。

2）钢丝网常用焊接钢网、编织网或钢板网等几种，钢丝直径应≥1mm，网孔直径为20×20（mm）。

3）钢丝网上用 1∶3～1∶4 的水泥砂浆进行抹平压实。

4）“挂网”处理的防裂表面，不能出现空鼓、裂缝现象。

3、防治措施

（1）所用“贴网”材料必须是“耐碱玻璃纤维布”。其材料的密度、孔间距和网的断裂强度必须符合要求。

（2）所有“挂网”材料的钢丝直径和网孔尺寸一定要符合要求。

（3）在贴“耐碱玻纤维网”之前，基层一定要处理好。

（4）在挂“钢丝网”之前，基层一定要先打底 10mm 厚左右，然后挂网使“钢丝网”处于基层抹灰的厚度中间，并且必须把灰抹平，网要钉牢。

（5）当将“玻纤网”和“钢丝网”贴（挂）于槽上用于防裂时，则每边的搭接宽度应不少于 200mm，并按上述（1）～（4）条的要求进行施工。

（6）要做好施工过程中的养护和成品的保护工作。

4、优质工程示例

参见图 2-18、图 2-19。

图 2-18　墙面抹灰层贴“耐碱玻璃纤维布”防裂

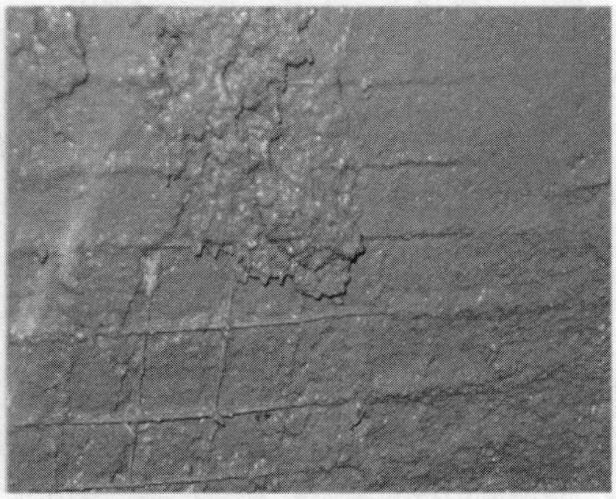

图 2-19　墙面抹灰面挂“钢丝网”防裂

十二、窗台抹灰裂缝

1、现象

窗台水泥砂浆抹灰层大多会出现裂缝，有结构上的原因也有抹灰操作上的原因。

参见图 2-20。

图 2-20　窗台抹灰层裂缝

2、原因分析

（1）窗间墙垛处重量大而窗口处重量小，两处的地基受力相差悬殊，是造成窗台抹灰产生裂缝的结构原因。

由于两处重量不同，导致墙体和基础产生沉降变形的不同。从力学上分析，由于受地基的托垫，窗间墙处向下的作用力较大，会使窗口处的窗台墙产生向上变形的负弯矩，因而使窗台表面产生拉力，致使抗拉强度极为有限的水泥砂浆抹灰层出现裂缝。裂缝大多从窗台中间出现。窗台长度小于 1.5m 者裂缝从中间出现一道；大于 1.5m 者往往出现 2～3 道裂缝。

解决结构原因造成窗台抹灰层裂缝的措施有二，其一是适当加大基础宽度和刚度，逐层设置圈梁，以减小或避免不同荷载作用下产生的沉降差；其二是窗台处铺设配筋窗台板，或在抹灰层加设钢筋 Φ36。

（2）窗台抹灰前不认真清扫基层，甚至不清扫不浇水便直接摊铺水泥砂浆，致使窗台抹灰出现空鼓、脱层或裂缝。

正确的做法是抹灰前认真清扫砖墙上的砂尘杂物后，充分浇水湿润基层，再刷一道稠如糊状的素水泥浆，最后抹水泥砂浆。

（3）砂浆配合比不当、不抹垫层、一次摊抹砂浆过厚，致使抹灰层出现干缩或凝缩裂缝。

常见的错误做法是一次摊抹 1∶2 甚至 1∶1.5 的水泥砂浆完事，认为水泥用量越大，抹灰层越结实。殊不知水泥用量越多，砂的用量越少，内聚力就越大，因而使整个抹灰层产生的干缩和凝缩率就越大，必然发生裂缝。

正确的做法是先用 1∶5 的粗砂砂浆（或在普通中砂中掺入 5‰的绿豆砂）作垫层，再用 1∶2 或 1∶1.5 的砂浆罩面。垫层厚度要大，并用木抹子充分压实搓平；罩面细砂浆厚度要小，控制在3～5mm之间，以能抹出光面为宜。这样，窗台抹灰层的主要成分是灰量少、砂粒大而多的垫层，由于黏聚性小，干缩凝缩率就小，因而不易发生裂缝。而面层的细砂浆又能确保抹灰层表面光洁坚硬。

（4）养护不善也是窗台抹灰裂缝的常见原因。

常见窗台抹灰后既不覆盖也不浇水养护。其实覆盖浇水是促使一切水泥砂浆抹灰避免干缩凝缩裂缝的关键性措施。因为水泥在潮湿条件下凝固，体积略有膨胀；而在空气中凝固，体积要产生较大的收缩。窗台抹灰面窄而长，体积的收缩必然从垂直于狭长方向的横断面上造成裂缝。

正确的做法是抹灰后立即覆盖，第二天浇水养护。

（5）抹灰前在窗台两端靠墙处预先贴上纸条，再摊抹砂浆。

这样做的目的是使抹灰层与窗台两边的墙垛隔离开，日后窗台抹灰产生裂缝时必然从两端出现。边缝不易被人察觉，无碍观瞻，且很快会被砂尘封堵。

十三、抹灰不平、阴阳角不方正

1、现象

抹灰面不平，阴阳角不垂直、不方正。参见图2-21、图2-22、图2-23、图2-24。

图2-21 抹灰面不平整

图2-22 抹灰面不平整

图 2-23　抹灰面阴角不方正

图 2-24　抹灰面阳角不方正

2、原因分析

没按照下列质量标准作业：

（1）一般抹灰工程的表面质量应符合下列规定：

1）普通抹灰表面应光滑、洁净、接槎平整，分格缝应清晰。

2）高级抹灰表面应光滑、洁净、颜色均匀、无抹纹，分格缝和灰线应清晰美观。

（2）护角、孔洞、槽、盒周围的抹灰表面应整齐、光滑；管道后面的抹灰表面应平整。

（3）一般抹灰工程质量的允许偏差和检验方法应符合表 2-1 的规定。

表 2-1　一般抹灰工程质量的允许偏差和检验方法

项次	项目	允许偏差（mm）		检验方法
		普通抹灰	高级抹灰	
1	立面垂直度	4	3	用 2m 垂直检测尺检查
2	表面平整度	4	3	用 2mm 靠尺和塞尺检查
3	阴阳角方正	4	3	用直角检测尺检查
4	分格条（缝）直线度	4	3	拉 5m 线，不足 5m 拉通线，用钢直尺检查
5	墙裙、勒脚上口直线度	4	3	拉 5m 线，不足 5m 拉通线，用钢直尺检查

注：1. 普通抹灰，本表第 3 项阴角方正可不检查。

2. 顶棚抹灰，本表第 2 项表面平整度可不检查，但应平顺。

3、防治措施

（1）抹灰前按规矩找方，横线找平，立线吊直。

（2）先用托线板检查墙面平整度和垂直度，决定抹灰厚度，在墙面的两上角用 1∶3 砂浆（水泥或水泥混合砂浆墙面）或 1∶3∶9 混合砂浆（白灰砂浆墙面）各做一个灰饰，利用托线板在墙面的两下角做出灰饼，拉线，间隔 1. 2～1. 5m 做墙面灰饼，冲纵筋（宽 10cm）

同灰饼平，再次利用托线板和拉线检查，一切无误后方可抹灰。

(3)冲筋较软时抹灰易碰坏灰筋造成抹灰后墙面不平；但也不宜在冲筋过干后再抹灰，以免抹面干后灰筋高出墙面。

(4) 经常检查修正抹灰工具，尤其避免木杠变形后再使用。

(5) 抹阴阳角时应随时检查角的方正，及时修正。

(6) 罩面灰前应进行一次质检验收，验收标准同面层，不合格处必须修正后再进行面层施工。

4、优质工程示例

参见图 2-25、图 2-26、图 2-27。

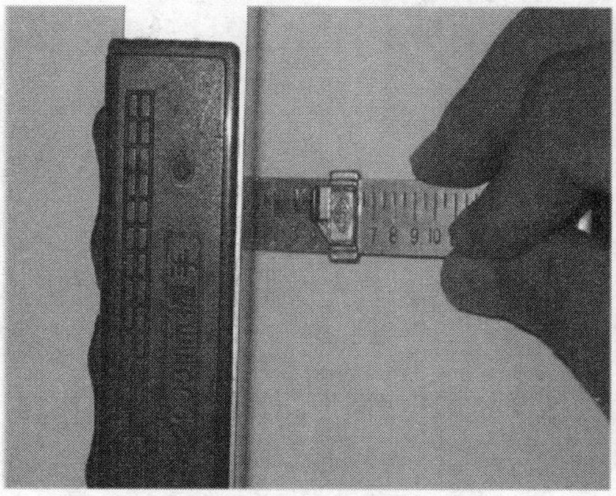

图 2-25　墙抹灰面表面平整

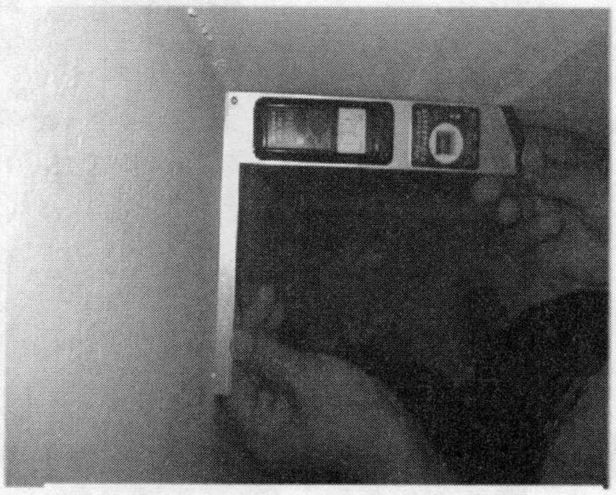

图 2-26　抹灰面阴角方正

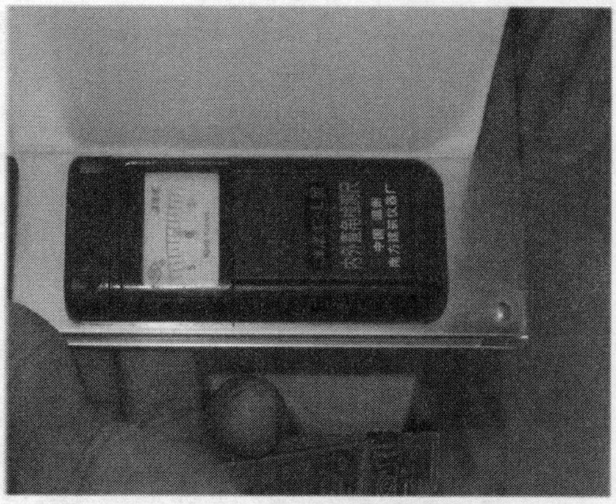

图 2-27　抹灰面阳角方正

十四、抹灰厚度影响开间尺寸

1、现象

开间尺寸过大，房间不方正。参见图 2-28。

图 2-28　开间尺寸不方正

2、原因分析

抹灰前未认真检查房间的对角线、开间、进深尺寸，不按规定打粑、冲柱、使房间不方正。

3、防治措施

（1）室内抹灰前，必须对混凝土、砌体墙面进行检测，在房间地面弹“十字线”找方、确定灰点厚度，保证房间的开间、进深等净空尺寸。

（2）室内墙面抹灰前应对房间方正尺寸进行检查，根据偏差值，在踢脚线（距楼地面 150mm）位置打粑间距 2000mm，再复查房间抹灰打粑的尺寸，无偏差后依据打粑的实际厚度冲墙面抹灰厚度的竖向柱。

4、优质工程示例

室内抹灰前，必须对混凝土、砌体墙面进行检测，在房间地面弹“十字线”找方、确定灰点厚度，保证房间的开间、进深等净空尺寸。参见图 2-29。

图 2-29　抹灰前确定厚度

十五、冬期室内抹灰空鼓、起皮

在严寒地区，每年有近六个月的冬施期，一些工程时常要在天气转凉的初冬进行室内抹灰施工。如何组织好这个季节的室内抹灰工作，对控制室内抹灰质量有着十分重要的意义。参见图 2-30。

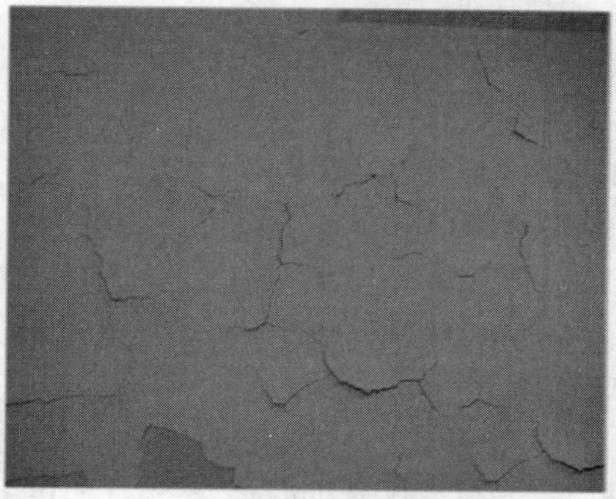

图 2-30 室内抹灰起皮

1、原因分析

冬期室内抹灰易产生的主要问题是，到开春时，抹灰层出现空鼓、起皮等现象。经分析，出现这些现象主要有以下几方面原因。

（1）在热作法施工中，由于火炉靠得太近，温度不均匀，抹灰层易快干，早期失水，影响砂浆强度及粘结。

（2）抹灰作业时，室内温度过低，砂浆无法及时收干，反复抹压，造成其与基层脱离。

（3）初冬时，由于气温低，抹灰不易收干，操作者往往减少对基层浇水湿润，有的甚至不浇水，因而影响抹灰层与基层的粘结，造成空鼓、开裂。

2、防治措施

（1）用火炉做热源时，个别部位要利用管式加热器进行加热。

门窗口与墙交接处应用砂浆密实嵌缝，所有门窗玻璃要在抹灰前安装完毕，以保证室内温度在抹灰后 4d 内不低于 5℃。

（2）在抹灰砂浆中掺适量 108 胶，可以减缓其经受轻微的早期受冻造成的损害，并促使其后期强度仍有增长，不会出现裂缝。原因是 108 胶在硬化前是一种胶体，水冻结时，体积膨胀，挤压 108 胶，108 胶就成为一种缓冲物质，使已凝结或正在凝结的水泥砂浆内部结构不被破坏，所以解冻后，水泥砂浆大多能发展其后期强度。

十六、保温层抹灰空鼓开裂

我国西北地区，冬季寒冷，地下室现浇楼板和通道现浇楼板等部位，通常采取在现浇混凝土楼板保温层下抹灰的方法。

这种常规做法的缺点是：

1、苯板面吸水性差，不便抹灰。

2、双面钢丝网苯板底悬空，在浇筑混凝土时苯板耐压性差，导致钢丝网及悬空物嵌入苯板，不便抹灰。

3、搭设脚手架仰头抹灰，费时费力，成本增加。

为克服常规做法的缺点采取如下做法：

1、按施工要求支设现浇混凝土模板。模板要有足够的刚度，宜采用 15mm 厚复合竹胶合板模板，板面接槎平顺，相邻板的高差不超过 2mm，复合竹胶合板缝隙用宽胶带纸粘贴封严，防止漏浆，保证阴阳角方正顺直。

2、将砂浆铺摊到模板上，厚度控制在 2cm。

3、将加工好的双面钢丝网苯板铺设在砂浆面上，苯板与苯板接缝处底面加设 300mm 宽钢丝网片（见图 2-31）。然后轻轻振动，使钢丝网嵌入砂浆内 1～1. 5cm。

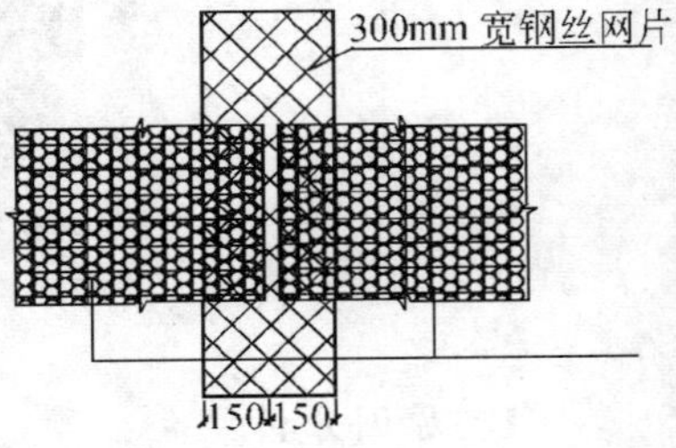

图 2-31　双面钢丝聚苯板

4、待砂浆强度达到要求强度 50%后，在苯板面上绑扎钢筋，钢筋与钢丝网连接为 4～5 点/m^2，最后浇筑混凝土（见图 2-32）。上面的钢丝网与现浇混凝土楼板粘结在一起，下面的钢丝网和砂浆粘结在一起，钢丝网把楼板和苯板及砂浆层紧密连接，防止了现浇楼板下保温层面抹灰层空鼓开裂，减少了抹灰工序，大大降低了成本。

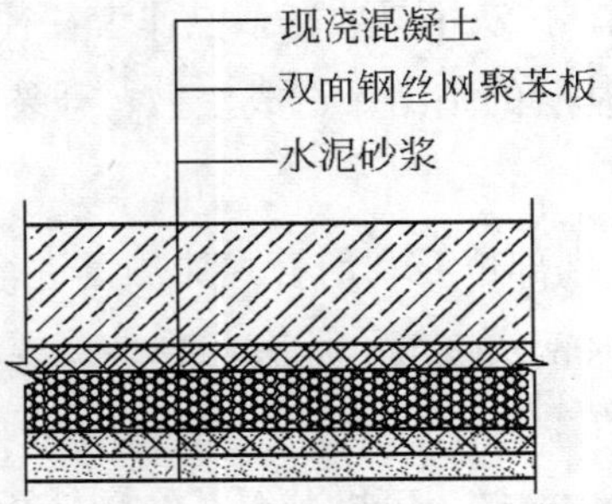

图 2-32　现浇楼板下保温层接头处示意面抹灰做法示意

十七、砌块抹灰面起壳开裂

粉煤灰加气混凝土砌块抹灰面起壳开裂的主要原因有三点：①设计交代不清；②施工操作不当；③砌块本身湿胀、干缩。

有些施工图纸一般只说明墙体采用加气混凝土砌块。对于砌筑砂浆、门窗洞框、电器、消防等及预埋木砖、暗管暗线、踢脚线等部位的构造要求和组砌方法未作详细交代。由于粉煤灰加气混凝土砌块是由粉煤灰、水泥、石灰经发泡处理、高压水热合成的多孔建筑材料，受到集中应力或反复冲击时容易开裂，从而会使其抹灰面起壳开裂。安装时裂缝常常是这样引起的。

粉煤灰加气混凝土砌块一般规格长600mm，宽300mm，厚150～200mm。干燥收缩规定小于0. 8mm/m，根据抽样检查，当含水率为53%～58%时，收缩变形值约为0. 4～0. 5mm/m，静力弹性模量1. 7×10^3MPa。以砌块60cm长计算，其可能产生的收缩变形引起的最大拉应力为$\sigma=\varepsilon E$=（0. 45×0. 6）×10^{-3}×1. 7×10^3=0. 459MPa，其中ε是砌块在墙内约束的变形值（取其平均），E是砌块的弹性模量。

现场常用的砌筑混合砂浆配合比为1∶1∶6或1∶0. 6∶5（水泥∶石灰膏∶砂子），工地测试砂浆强度为M5～M10，砂浆粘结面抗拉强度在0. 29～0. 32MPa左右。显然，常见的砌体抹灰面起壳、开裂，绝大部分是因砌块收缩产生的拉应力大于砌筑砂浆粘结面拉力引起砌体裂缝而出现的。消除这一缺陷的关键在于降低砌块本身的干缩率。试验证实，砌块含水率大，干缩率也大，反之，含水率低的砌块，其干缩率也小。根据现场堆放一个月的砌块抽样检验，其含水率可降至18%。含水率18%的砌块干缩变形值为0. 26mm/m，则其收缩变形引起的拉应力为：$\sigma=\varepsilon E$=（0. 26×0. 6）×10^{-3}×1. 7×10^3=0. 265MPa。

由此，砌筑砂浆粘结面的拉应力大于砌块干缩产生的拉应力，砌体和抹灰面就不会起壳开裂。此外，砌块砌筑后，砂浆要吸去砌块的部分水分，故施工中砌筑砂浆强度等级稍低一点或砌块含水率稍高一点，砌体和抹灰面还不至于开裂。因此进场的砌块，应堆放在棚内，严防雨淋。控制含水率在18%以下，是防止抹灰面开裂非常有效的措施。砌筑砂浆宜选用收缩小、粘结强度高的混合砂浆，其配合比以1∶1∶6或1∶0. 2∶3. 6较为适宜，不宜采用纯水泥砂浆或白灰砂浆砌筑砌块。

其次，砌筑时应清扫砌块表面灰尘，并提前2～3h缓慢湿水。灰缝应饱满、密实，内外墙必须同时砌筑，接槎不应留“马牙槎”，只允许踏步槎。砌块上下皮应相互错缝搭砌，搭接长度不小于砌块长度的30%，表面要平整。有纵横墙连接，应在转角或内外墙交接处设置26拉筋，各深入砌体内至少1m长。超过3m高的墙身，最好在砌体的门框上冒头浇筑圈梁。圈梁绑扎36钢筋与柱子的锚拉筋联结，以增加砌体的整体性。为防止外墙窗台板裂缝，在窗台下要铺放44或28的钢筋。对于踢脚线、厨房、厕所、浴室应改用砖砌体，做好防水。门窗固定部位不应使用破碎砌块，可改砌黏土砖固定木砖，或用钢筋混凝土边框，以改变集中受力性能，也可选用膨胀螺栓作为连接手段。

墙面抹底子灰时，须先清扫墙面浮物，在抹灰前一天浇水1～2次，操作前再浇水一次，浇水既清除了砌块上的浮灰，也增加砂浆与墙面的胶结性，砂浆中的水分也少被砌块所吸收。在墙立面浇水，湿在表面，并不会增加砌块内在的含水率。底子灰浆宜选用与砌筑同样比例的混合砂浆，使粘结面抗拉与砌块胀缩产生的拉应力基本相等，消除起壳的缺陷。如在砌块表面涂刷一层108胶溶液（胶∶水=1∶4），再抹底子灰，则效果更佳。底子灰宜薄不宜厚，一般以5mm左右为宜，超厚容易开裂。

抹灰中层或面层宜使用收缩小、粘结力好、抗剪强度比底子灰小的砂浆，提高附着性，使抹灰层不裂缝，并节省水泥用量。最佳配合比以水泥∶石灰膏∶砂=1∶1∶9或1∶2∶13较为合适。罩面灰的龟裂，也是常见的疵病，只要纸筋灰抹厚不超过1mm，并在纸筋灰中掺15%左右的水泥，可减少收缩，消除龟裂。每层抹灰的间隔时间，在常温环境下，以1d左右为宜，或以手指压底层砂浆无压痕，就可抹第二层砂浆。

十八、墙体与门窗框交接处抹灰空鼓、裂缝

1、现象

墙体与门窗框交接处抹灰层空鼓、裂缝、脱落。参见图2-33、图2-34。

图2-33　窗框内侧抹灰表面出现大量裂缝

图2-34　窗框下空鼓、脱落

2、原因分析

没有按照下列质量标准作业：

（1）外墙抹灰工程施工前应先安装好窗框，并用防水砂浆将框周边的缝隙堵塞密实。

（2）抹灰工程应对水泥的凝结时间和安定性进行复验。

（3）砂浆抹灰层在凝结前应防止干燥过快、水冲、撞击和振动；在凝固后应采取措施防止玷污和损坏；水泥砂浆抹灰层应在湿润条件下养护。

（4）抹灰层与基层之间及各抹灰层之间必须粘结牢固。

3、防治措施

（1）门、窗连墙件数量、质量要符合设计要求。当设计无要求时，应符合：

1）每条窗边框与墙体的连接固定点不得少于2处，间距不得＞0.4m，距离边框端部

的第一固定点应≤0.2m。

2）窗高≥2m或面积≥$6m^2$的窗框宜固定在混凝土或其他可靠构件上。

（2）铝合金门窗框安装前，应撕去水泥砂浆接触处的包装纸并涂刷聚胺酯清漆等保护剂。门窗框与墙体安装缝隙作为第二道工序应由专人负责，宜采用防水砂浆或聚合物水泥砂浆嵌填饱满，必要时可采用注浆工艺；禁止使用混合砂浆嵌缝。

（3）抹灰前应对基层淋水并刷界面剂，做好后要对其进行保湿养护。

（4）当抹灰厚度大于35mm时，应采取加强措施。

十九、外墙面水泥砂浆空鼓、裂缝

1、现象

外墙面水泥砂浆空鼓、裂缝。参见图2-35、图2-36、图2-37、图2-38。

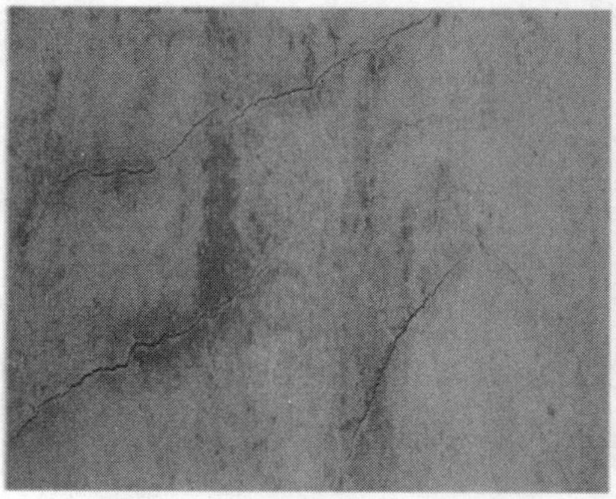

图2-35　外墙水泥砂浆抹灰面出现裂缝

图2-36　外墙抹灰面出现裂缝、空墙

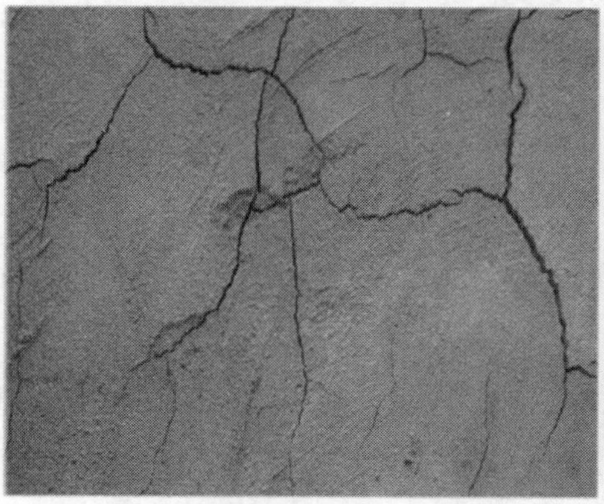

图2-37　外墙抹灰面出现裂缝

图2-38　外墙抹灰面出现空鼓

2、原因分析

没有按照下列质量标准作业：

（1）抹灰工程所用材料的品种和性能应符合设计要求，应对水泥的凝结时间和安定性进行复验，砂浆的配合比应符合设计要求。

（2）混凝土结构在找平层施工前应凿毛并将基层表面的尘土、污垢、油渍等清除干净，接着甩浆，然后充分洒水润湿。

（3）各种砂浆抹灰层在凝结前应防止干燥过快、水冲、撞击和振动；在凝固后应采取措施防止玷污和损坏；水泥砂浆抹灰层应在湿润条件下养护。

（4）抹灰工程应分层进行，当总厚度大于或等于 35mm 时应采取加强措施。不同材料基体交接处表面的抹灰应采取防止开裂的加强措施。当采用加强网时（指预埋管线处），加强网与各基体的搭接宽度每边不应小于 200mm。

（5）抹灰层与基层之间及各抹灰层之间必须粘结牢固，抹灰层应无脱层、空鼓，面层应无裂缝。

3、防治措施

（1）主体施工中严格控制其垂直度和平整度。

（2）水泥砂浆抹面宜选用较低强度等级的水泥，砂子宜采用中砂，含泥量不大于 5%。

（3）框架结构中梁与墙、柱与墙交接处的缝隙必须作为一道工序进行认真的技术交底，由专人负责施工和检查。

（4）抹灰前应将基层表面清扫干净，混凝土墙面凸出的地方要剔干刷净，蜂窝、凹洼、缺棱掉角处应先刷一道 1∶4（108 胶∶水）的胶水溶液，并用 1∶3 水泥砂浆分层补平。

（5）表面光滑的混凝土和加气混凝土墙面，抹灰前应先刷一道 108 胶素水泥砂浆粘结层，以增加砂浆与基层的粘结能力。

（6）基层抹灰前，应对其表面进行充分的淋水湿润。砖墙基层一般浇水二遍，砖面渗水深度约 8～10mm；加气混凝土砌体则应提早 2 天，每天浇水二遍以上，渗水深度约 8～10mm。

（7）找平层每层抹灰厚度不大于 10mm，当抹灰厚度≥35mm 厚时应有挂网等防裂、防空鼓措施。

（8）室外水泥砂浆抹灰一般长度较长，高度较高，为了不显接槎，防止抹灰砂浆收缩开裂，应设分格缝。

（9）炎热夏天应避免在日光暴晒下进行抹灰，砂浆应随拌随用，停放时间不应超过 3h（当气温高于 30℃时，不应超过 2h），抹灰 24h 后进行保湿养护，养护期应不少于 7d。

（10）当外墙采用空心砖或加气混凝土砌块等新型墙体材料时，应按要求全面挂金属网。

第二节　其他抹灰

一、聚苯乙烯夹心板墙体抹灰开裂

1、现象

钢丝网架聚苯乙烯夹心板（俗称利得板、泰柏板等，以下简称泰柏板）是一种性能优良的轻质墙体材料，具有质轻、防潮、防火、隔声和保温等特点。泰柏板在墙体抹灰后常出现裂缝，影响了建筑物的使用。

2、原因分析

（1）产品自身因素

泰柏板由14号钢丝焊接成网架，中间以聚苯板夹芯的板，一方面由于其规格（一般在3250×1220×76mm～3870×1220×76mm范围内）的局限，在安装时会出现较多的横竖拼缝。当抹灰完成后，由于干缩及其他外力作用，拼缝处极易出现与拼缝方向一致抹灰裂缝；另一方面，泰柏板在运输、堆放等环节中如防护不当，也会造成板面弯曲变形或夹芯偏心等现象，在墙体抹灰时，砂浆薄厚不均，导致其收缩不一，表面出现龟裂；另外，个别泰柏板网架焊点开焊，也是引起底灰空鼓、裂缝的一个因素。

（2）工程结构因素

在框架结构中，柱网间距大，空间开阔，使得隔墙长度和高度相对较大。面积过大的隔墙直接影响其整体稳定性，容易发生墙体变形，导致墙体抹灰开裂。

（3）操作因素

1）安装阶段。

泰柏板之间是通过短钢筋和之字形桁条绑扎连接的，这种方法虽简便易行，但如果桁条搭接宽度不足，绑扎点分布不均匀，或绑扎不牢固，就会出现泰柏板之间相互串动，抹灰裂缝容易在该处产生。泰柏板与墙体、柱、地面、顶棚等的联系是通过U型码固定的，如U型码设置数量不足、位置不合理或基层连接不牢固，也会引起墙体周边的抹灰裂缝。

2）抹灰阶段。

抹灰之前，抹灰层与泰柏板基层之间处理不当，会引起墙体抹灰的竖向裂缝和八字缝；抹灰薄厚不均会导致灰层的收缩不一，而产生裂缝。

（4）环境因素

墙体抹灰时的气候变化，抹灰后的养护环境、养护时间以及成品保护工作，对墙体产生裂缝也有一定的影响。

3、防治措施

针对产生裂缝的各种因素，主要从以下几个方面采取措施，防治泰柏板墙体抹灰裂缝。

（1）优化墙板拼装设计，减少拼缝数量

泰柏板墙体拼缝根据施工图排板放样，板块大小要均匀，搭配要合理。

1）订货时，泰柏板高度尺寸尽可能符合墙体实际净空高度尺寸。

2）墙板要按净空尺寸进行裁割，板面裁切应平直规方，以保证拼缝严密，同时也要考虑到预留门窗洞口位置。

（2）严格控制进货质量，使用合格材料

对进场的各种材料，包括泰柏板、U型码、桁条的产品质量进行认真检查、验收。对泰柏板网架焊点开焊的，进行补焊处理；对板面翘曲变形的，进行适当的裁剪或剔除。严禁不合格品安装上墙。

（3）增设墙体肋筋，提高整体稳定性

对大面积的墙体，通过增设纵横肋筋（如轻质型钢），可以达到提高墙体刚度的目的。例如采用在泰柏板墙中每隔6m设槽钢立柱的做法，可较好地解决过长墙体稳定性差的问题。另外从设计角度出发，在墙体上减少洞口数量，避免使用通长窗，也可有效提高墙体刚度。

（4）增补钢丝网片，加强板缝连接强度

拼装泰柏板时，除板缝由短钢筋和桁条连接外，在板间缝隙和门窗洞口四周均附加300mm宽的补强钢丝网片，连同钢筋、桁条与板网绑扎牢固。墙板与框架柱的接缝处也必须设补强网片。每边搭接不小于150mm。

（5）改进施工方法，防止空鼓裂缝

为处理抹灰层之间粘结力差而引起空鼓裂缝问题，一方面将找平层水泥砂浆改用水泥石屑砂浆（配合比为水泥∶砂∶石屑=1∶2.5∶3），以防止底层砂浆干缩开裂；另一方面在1∶3的水泥砂浆结合层中掺入占水泥用量25%的粉煤灰，以改善砂浆的和易性，从而达到防止空鼓裂缝的目的。

（6）采取有效措施，加强成品保护

1）为防止抹灰时墙体发生变形，应在后抹灰的一侧做好支顶。两侧底灰抹好后才能抹面层，以防止两侧板面受力不均。

2）常温下，各抹灰层要喷水养护5～10d方可进行下道工序。

3）在抹灰后3d内，应防止墙体受任何外力的撞击。

4、治理方法

（1）如裂缝较窄（1mm左右）且没有贯通，可将裂缝凿成深5～10mm的V形凹槽，扫净浮尘后洒水湿润，随即用108胶水泥浆嵌填凹槽，初凝后用108胶将宽为50～100mm的玻璃纤维布条粘贴在裂缝处；或用聚醋酸乙烯乳液（乳白胶）将宽50～100mm的医用绷带粘贴在裂缝处。最后再补刮腻子、补刷相应涂料。

(2)如缝宽大于1mm且又较长，则可将裂缝两侧60～80mm宽的面层用腻子刀刮去，扫净浮尘，洒水湿润，再用108胶水泥浆将宽60～80mm的玻璃纤维布带粘贴在裂缝处，八成干后用原面层砂浆抹面，干后补刷相应涂料即可。

二、PG板墙面抹灰开裂

1、现象

剪力墙结构高层住宅楼，外墙保温常采用墙体混凝土浇筑时外敷钢丝网面苯板即PG板。PG板面抹灰普遍存在不同程度的裂缝。对寒冷地区来说，外墙抹灰开裂将导致墙面渗水，抹灰层受冻胀而脱落，造成严重的质量及安全问题，因此解决墙面抹灰开裂成为外敷PG板保温材料外墙施工质量的关键。抹灰表面开裂多呈不规则分布，宽度为0.2～0.6mm；少数为水平或垂直分布，宽度为0.5～1.2mm。从抹灰层切割面来看，多数抹灰裂缝贯穿抹灰层，直缝位于PG板接缝处，少数属于表面龟裂。从砖或混凝土墙为基层的抹灰看，出现上述裂缝的现象极少，而PG板面抹灰操作与砖或混凝土墙面抹灰工艺流程相同，这说明由于钢丝网面PG板基层的特殊性，影响了底层抹灰的质量，使中层及面层抹灰出现开裂并随时间延长而发展，形成贯穿性裂缝。

2、原因分析

（1）首层抹灰与钢丝网粘结不牢，中层抹灰时的抹压力使首层抹灰与钢丝网的粘结松动造成开裂。

1）砂浆下坠脱落，使砂浆不能将钢丝网间隙填满填实，形成空隙。一是砂浆搅拌用水量控制不严，使砂浆流动性增大，黏性下降，难以与钢丝网相粘；二是首层抹灰过厚，因砂浆自重太大而下坠。

2）钢丝网面层间隙小，使首层抹灰与钢丝网粘结面减小，钢丝网被挤入PG板内区域因PG板憎水性使砂浆近乎处于无粘结状态，造成空鼓。

3）钢丝网中存在砂浆浮渣，当浇筑剪力墙混凝土时，在PC板拼接缝处产生漏浆。

4）首层抹灰与钢丝网粘结强度不够，即进行中层抹灰，势必造成首层抹灰与钢丝网粘结松动而开裂。

（2）砂浆收缩开裂。

1）抹灰砂浆所用砂的粗细、含泥量，对砂浆的收缩率影响较大，实际用砂可能出现偏细或含泥量偏高的情况。

2）受墙面平整度的影响，加上操作控制不严，出现首层抹灰厚薄不均，从而产生砂浆不均匀收缩裂缝。

3）PG 板面首层抹灰处于干燥的基层环境中，砂浆中水分蒸发后无自动补偿水分的来源，出现干燥收缩开裂的可能性大大高于砖或混凝土墙体基层。

4）钢丝网面层间隙为 5mm，首层抹灰一般与钢丝网赶平，抹灰厚度较薄，因此首层抹灰表面系数较大，砂浆内部水分消失的速度加快，引起干缩开裂。

5）北方气候干燥，易引起干缩裂缝，若遇炎热夏季，发生干裂的可能性更大。

（3）接缝漏挂附加平网。

PG 板接缝处抹灰因失去钢丝网作为基层的作用，砂浆产生收缩，形成沿接缝方向的垂直或水平直缝。

3、防治措施

（1）完善抹灰技术措施，保证首层抹灰与钢丝网具有足够的粘结力。

1）砂浆搅拌的用水量在保证砂浆具有一定和易性的同时应具有足够的黏性，以保证抹灰时不产生下坠。现场可采取操作试验来确定每次拌合时合理的用水量。对砂含水量变化较大的，搅拌用水量应及时做出调整。

2）控制首层抹灰厚度，防止首层抹灰过厚因自重过大而引起的下坠。首层抹灰以与钢丝网面赶平为宜，同时应使灰浆填满钢丝网间隙且抹压密实。

3）钢丝网面层间隙应保证在 3mm 以上，施工中为防止混凝土浇捣侧压力挤压使 PG 板面钢丝网间隙减小，可预先在 PG 板面钢丝网面间隙内，用与抹灰层同配合比的砂浆冲筋，冲筋厚度与钢丝网面赶平，宽度 50～80mm，每层剪力墙中部以下水平冲筋距离为 200mm，中部以上为 300mm，竖向冲筋距离为 400mm。另外，在抹灰前应对整个墙面进行检查，若发现钢丝网面层间隙过小或无间隙的，应采取二次挂网，绑扎点纵横间距各为 300mm，每个绑扎点处垫以直径 3. 5mm 冷拔钢丝头，以使两层钢丝网间形成间隙。

4）抹灰前，对存在于钢丝网中因混凝土浇筑漏浆形成的水泥浆体浮渣用铁钎等工具清理，并用清水加以冲刷。

5）一般墙体中层抹灰在首层抹灰隔夜后即可进行，考虑到砂浆与钢丝网粘结面小，为防止因粘结强度不够使首层抹灰受挤压松动，应适当延长两层抹灰的间隔时间，可由 1d 延长为 2d。

（2）严格管理，避免抹灰层收缩开裂。

1）抹灰前，质量管理人员对墙面进行全面检查，对出现抹灰过厚的部位先进行局部填抹，然后一次完成大面，以保证同层大面抹灰厚度的均匀，杜绝厚薄不均产生的不均匀收缩裂缝。

2）对抹灰用砂应加强现场监控。进场的砂必须进行二次复检，应符合中砂及含泥量不超过 3%的要求，同时对供应商货源进行考察，对货源稳定、质量可靠的供应商，可作为长期的合作伙伴。

3）加强养护，减少干缩裂缝。对由于 PG 板基层自身干燥、气候干燥及抹灰较薄产生的干裂，可采取洒水与挂草帘或塑料薄膜相结合的方法加以防治，在抹灰后 4h 内即应养护，针对水分散失快的特点，应适当增加洒水次数，在工期许可的情况下，应避免在炎热气候下抹灰。

（3）接缝加挂平网。

所有 PG 板接缝处均应绑扎宽 200mm 的附加连接平网，并在抹灰前进行全面检查，做到无一遗漏。

三、EPS 薄抹灰外保温脱落

1、现象

EPS 薄抹灰外墙外保温出现开裂、脱落等。

2、原因分析

（1）板的保温性能和强度不合格，用胀塞螺钉固定、用钢丝网固定、将板材做成鱼尾槽与混凝土挂住等方式固定保温板。

（2）基层处理过差。

（3）在聚合物砂浆抹面中，使用普通腻子找平。

3、预防措施

（1）使用胶粘剂粘结固定保温板。

（2）铺贴保温层的基层需平整无坑洼。

（3）找平抹面应先用耐水的弹性腻子找平，再用弹性涂料涂刷，使 EPS 板的外层形成具有弹性的保护体。

四、清水墙面游丁走缝

1、现象

大面积的清水墙面常出现丁砖竖缝歪斜、宽窄不匀，丁不压中（丁砖在下层顺砖上不居中）清水墙窗台部位与窗间墙部位的上下竖缝发生错位、变活等，直接影响到清水墙面的美观。参见图 2-39。

图 2-39　清水墙面走缝歪斜

2、原因分析

（1）砖的长、宽尺寸误差较大，如砖的长为正偏差，宽为负偏差，砌一顺一丁时，竖缝宽度不易掌握，稍不注意就会产生游丁走缝。

（2）开始砌墙摆砖时，未考虑窗口位置对砖竖缝的影响，当砌至窗台处分窗口尺寸时，窗的边线不在竖缝位置，使窗间墙的竖缝搬家，上下错位。

（3）使用里脚手砌外清水墙，需经常探身穿看外墙面的竖缝垂直度，砌至一定高度后，穿看墙缝不太方便，容易产生误差，稍有疏忽就会出现游丁走缝。

3、防治措施

（1）砌筑清水墙，应选取边角整齐、色泽均匀的砖。

（2）砌清水墙前应进行统一摆底，并先对现场砖的尺寸进行实测，以便确定组砌方法和调整竖缝宽度。

（3）摆底时应将窗口位置引出，使砖的竖缝尽量与窗口边线相齐，如安排不开，可适当移动窗口位置（一般不大于 20mm）。当窗口宽度不符合砖的模数（如 1. 8m 宽）时，应将七分头砖留在窗口下部的中央，以保持窗间墙处上下竖缝不错位（见图 2-40）。

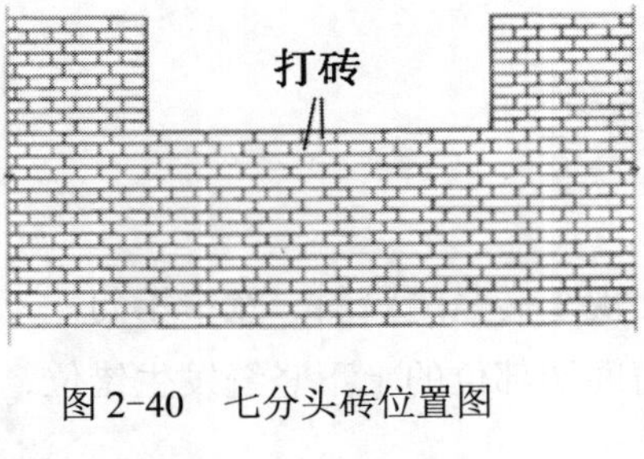

图 2-40　七分头砖位置图

（4）游丁走缝主要是丁砖游动所引起，因此在砌筑时，必须强调丁压中，即丁砖的中线与下层顺砖的中线重合。

（5）在砌大面积清水墙（如山墙）时，在开始砌的几层砖中，沿墙角 1m 处，用线坠吊一次竖缝的垂直度，至少保持一步架高度有准确的垂直度。

（6）沿墙面每隔一定间距，在竖缝处弹墨线，墨线用经纬仪或线坠引测。当砌至一定高度（一步架或一层墙）后，将墨线向上引伸，以作为控制游丁走缝的基准。

4、治理方法

（1）当砌完一步架高时，要用托线板进行全面检查。最好每隔 2m 水平间距，在丁砖立棱位置弹两道垂直线，可以分段控制游丁走缝。

（2）在砌筑过程中，要认真进行自检，如出现有偏差，应随时纠正。严禁事后砸墙。

（3）一般是“三层一吊，五层一靠”。

砌 3 皮砖用线锤吊一吊墙角的垂直度。

砌 5 皮砖用靠尺板靠一靠墙面的垂直，平整。

5、优质工程示例

参见图 2-41、图 2-42。

图 2-41　清水墙面优质工程

图 2-42　清水墙面优质工程

五、清水墙面勾缝不符合要求

1、现象

清水墙面勾缝深浅不一致，竖缝不实，十字缝搭接不平，墙缝内残浆未扫净，墙面被砂浆严重污染；脚手眼处堵塞不严、不平，留有永久痕迹（堵孔砖与原墙面色泽不一致）；勾缝砂浆开裂、脱落。

2、原因分析

清水墙面勾缝前未经开缝，刮缝深度不够或用大缩口缝砌砖，使勾缝砂浆不平，深浅不一致。竖缝挤浆不严，勾缝砂浆悬空未与缝内底灰接触，与平缝十字搭接不平，容易开裂、脱落。脚手眼堵塞不严，补缝砂浆不饱满。堵孔砖与原墙面的砖色色泽不一致，在脚手眼处留下永久痕迹。勾缝前对墙面浇水湿润程度不够，使勾缝砂浆早期脱水而收缩开裂。墙缝内浮灰未清理干净，影响勾缝砂浆与灰缝内砂浆的粘结，日久后脱落。采取加浆勾缝时，因托灰板接触墙面，使墙面被勾缝水泥砂浆弄脏，留下印痕。如墙面胶水过湿，扫缝时墙面也容易被砂浆污染。

3、防治措施

（1）清水墙面勾缝所用水泥的凝结时间和安定性复验应合格。砂浆的配合比应符合设计要求。

（2）勾缝前，必须对墙体砖缺棱掉角部位、瞎缝、刮缝深度不够的灰缝进行开凿。开缝深度为 10mm 左右，接缝上下切口应开凿整齐。

（3）砌墙时应保存一部分砖，供堵塞脚手眼用。脚手眼堵塞前，先将洞内的残余砂浆剔除干净，并浇水润湿（冲去浮灰），然后铺以砂浆用砖挤严。横、竖灰缝均应填实砂浆，顶砖缝采取喂灰方法塞严砂浆，以减少脚手眼对墙体强度的影响。

（4）勾缝前，应提前浇水冲刷墙面的浮灰（包括清除灰缝表层不实部分），待砖墙表皮略见风干时，再开始勾缝。

（5）勾缝用 1∶1.5 水泥细砂砂浆，细砂应过筛，砂浆稠度以勾缝镏子挑起不落为宜。

（6）外清水墙勾凹缝，凹缝深度为 4～5mm，为使凹缝切口整齐，宜将勾缝镏子做成倒梯形断面。操作时用镏子将勾缝砂浆压入缝内，并来回压实、上下口切齐。竖缝镏子断面构造相同，竖缝应与上下水平缝搭接平整，左右切口要齐。为防止托灰板对墙面的污染，将板端刨成尖角，以减少与墙面的接触。

（7）勾完缝后，待勾缝砂浆略被砖面吸水起干，即可进行扫缝。扫缝应顺缝扫，先水平缝，后竖缝，扫缝时应不断地抖掉扫帚中的砂浆粉粒，以减少对墙面的污染。

（8）干燥天气，勾缝后应喷水养护。

4、优质工程示例

参见图 2-43。

图 2-43 清水墙面勾缝优质工程

第三章　外墙防水工程

第一节　外墙砂浆防水

一、外墙面渗漏

1、现象

室外墙面渗漏。参见图 3-1、图 3-2。

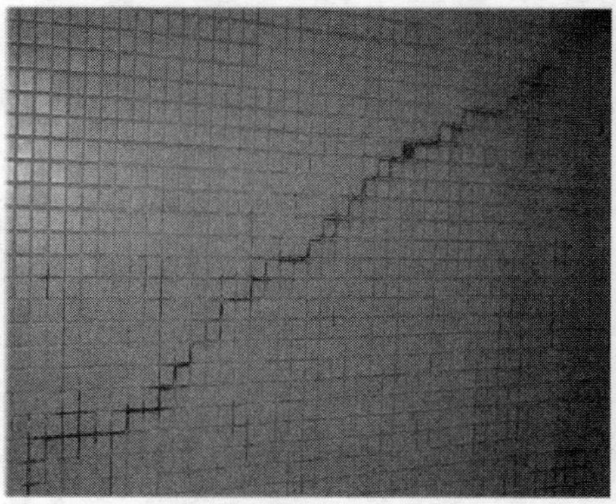

图 3-1　室外墙面开裂

图 3-2　室外墙面渗漏

2、原因分析

没有按照下列质量标准作业：

（1）粘贴所用水泥的凝结时间、安定性和抗压强度要进行复验，要求合格。

（2）要对外墙贴面砖范围内的预埋件的质量进行验收，要求合格。

（3）饰面砖粘贴前要对防水层进行隐蔽工程项目的验收，要求合格。

（4）饰面砖工程的抗震缝、伸缩缝、沉降缝等部位的处理应保证缝的使用功能和饰面的完整性。

（5）饰面砖粘贴工程的找平、防水、粘结和勾缝材料及施工方法应符合设计要求及国家现行产品标准和工程技术标准的规定。

（6）饰面砖粘贴必须牢固。

（7）满粘法施工的饰面砖工程应无空鼓、裂缝。

（8）饰面砖表面应无裂痕和缺损。

（9）饰面砖接缝应平直、光滑，填嵌应连续、密实。

（10）有排水要求的部位应做滴水线（槽），滴水线（槽）应顺直，流水坡向应正确，坡度应符合设计要求。

3、防治措施

（1）精心施工结构层和找平层，保证其表面平整度和填充墙紧密程度，使饰面层的平整度完全由基层控制，从而避免基层凹凸不平，并可避免粘结层局部过厚或饰面不平整带来的弊病。

（2）外墙饰面砖工程应有专项设计，并有节点大样图。对窗台、檐口、装饰线、雨蓬、阳台和落水口等墙面凹凸部位应采用防水和排水构造。

（3）当外墙采用空心砖或加气混凝土砌块等新型墙体材料时，应全面挂金属网。

（4）混凝土结构在找平层施工前应凿毛或甩浆，混凝土结构及砌体结构在找平层施工前应充分淋水湿润。

（5）找平层水泥砂浆宜掺防水剂、抗裂剂、减水剂等外加剂。

（6）找平层每层抹灰厚度不大于 10mm，当抹灰厚度≥35mm 厚时应有挂网等防裂、防空鼓措施。

（7）找平层应具有独立的防水功能，可在找平层上涂刷一层结合层，以提高界面间的粘结力，兼封闭找平层上的残余裂纹、砂眼和气孔。

（8）防水层宜用聚合物水泥砂浆。

（9）外墙砖按缝宽度不应小于 5mm，不得采用密缝粘贴。

二、外墙分隔缝渗水

1、现象

外墙分隔缝处发生渗漏水。参见图 3-3。

图 3-3 外墙分格缝

2、原因分析

外墙分格缝因后期开割或预留设，经常因缝内没做防水或填缝胶开裂、不饱满、漏填等现象，导致水经砌体或砖缝渗漏到室内。

3、防治措施

（1）外墙分格缝要在外墙混凝土梁位置上留设或开割，如特殊情况没法在外墙混凝土梁上需在外墙砌体上留设或开割，就必须要在缝内做好防水处理，填缝胶必须使用耐候胶，且灌缝时缝内必须干燥、干净，灌胶必须要饱满，不得出现漏灌现象。

（2）如果分格缝是用来装饰，不是用来控制抹灰层热胀冷缩作用，可采用外墙面砖专用填缝剂等装饰分格缝；如果是用来批灰层热胀冷缩作用，则要用耐候胶，不可使用外墙专用填缝剂；埋设成品塑料分隔条因考虑到与批灰层之间有缝并产生渗漏隐患，必须待批完灰后把分隔条取出，再对缝内作二道防水，然后再填耐候胶。

三、外墙防水找平层、粘结层剥离脱落

1、现象

找平层、粘结层剥离破坏。参见图 3-4、图 3-5、图 3-6。

图 3-4 贴面砖粘结层脱落

图 3-5 贴面砖粘结层脱落

图 3-6 贴面砖粘结层脱落

2、原因分析

没有按照下列质量标准作业：

（1）粘贴所用水泥的凝结时间、安定性和抗压强度要进行复验，要求合格。

（2）外墙陶瓷面砖的吸水率指标一定要符合设计要求，并进行复检。

（3）当外墙采用空心砖或加气混凝土等新型墙体材料时，应全面挂金属网。

（4）混凝土结构在找平层施工前应凿毛或甩浆，混凝土结构及砌体结构在找平层施工前应充分淋水湿润。

（5）当要求抹灰层具有防水功能时，应采用防水砂浆。

（6）找平层水泥砂浆宜掺抗裂剂。

（7）找平层砂浆在凝结前应防止干燥过快、水冲和撞击，在凝结后应采取措施防止玷污和损坏。

（8）找平层每层抹灰厚度不大于 10mm，抹灰厚度≥35mm 时应有挂网等防裂防空鼓措施。

（9）找平层与基层之间必须粘结牢固。

（10）饰面砖的品种和性能应符合设计要求。

（11）墙面砖铺贴前应浸水 2h 以上，然后晾干表面水分。

（12）结合层砂浆宜采用 1∶2 水泥砂浆，砂浆厚度宜为 6～10mm，水泥砂浆应满铺在墙砖背面，一面墙不宜一次铺贴到顶，以防塌落。

（13）饰面砖粘贴工程的找平、防水、粘结和勾缝材料及施工方法应符合设计要求及国家现行产品标准和工程技术标准的规定。

（14）饰面砖粘贴必须牢固。

3、防治措施

（1）基体处理是保证室外面砖墙面质量的重要工序，应针对不同的基体采取相应的处理措施。

（2）设置伸缩缝，竖直向伸缩缝可设在洞口两侧或横墙、柱轴线部位，相邻伸缩缝间距可根据各地区的气候条件确定。

（3）砖墙拉结筋间距沿墙高不得少于 0. 5m，填充墙与柱之间的缝必须填塞紧密。

（4）砌筑时，普通混凝土小型空心砖和轻集料空心砌块的龄期不得少于 28d，蒸压加气混凝土砌块的龄期不应少于 15d。

（5）非承重砌体顶部应预留空隙，再将其补砌顶紧。当墙高小于 3m 时，应待砌筑完毕至少间隔 3d 后补砌；当墙高大于 3m 时，应待砌筑完毕至少间隔 5d 后补砌。补砌顶紧可用配套砌块斜顶砌筑。

（6）找平层砂浆应养护，各种砂浆的找平层在凝结前应防止干燥过快、水冲、撞击和振动；凝结后，应采取措施防止玷污和破坏。

（7）找平层采用水泥的品种、强度要符合设计要求，并且其安定性和强度必须经复检合格。

（8）找平层的抗拉强度不应低于外墙饰面砖粘贴的粘结强度 0.4MPa。

（9）找平层严禁空鼓，找平层施工后一般应有 14d 的干缩期，在粘贴饰面砖之前应对找平层的质量进行检查，把空鼓、裂缝等问题处理好后再行粘贴。

（10）找平层表面必须干净、无灰尘、油污、脏迹，表面刮平搓毛，找平层的表面平整度允许偏差 4mm，立面垂直度允许偏差 3mm。

（11）预防板块背面出现水膜：

1）粘贴前找平层应先浇水湿润，粘贴时表面无水迹。

2）施工前应将板块背面清理干净，并浸水 2h 以上，待表面晾干后方可使用。

（12）保证粘结砂浆质量。

（13）饰面砖粘贴施工操作要求：

1）在外墙饰面砖工程施工前，应对找平层、结合层、粘结层及勾缝、嵌缝所用的材料进行试配，经检验合格后方可使用。

2）面砖接缝的宽度不应小于 5mm，不得采用密缝粘贴。缝深不宜小于 3mm，也可采用平缝。

3）面砖宜自上而下粘贴，粘贴层厚度宜为 4～8mm。

4)在粘贴层初凝前或允许的时间内，可调整面砖的位置和接缝宽度，使之附线并敲实；在初凝后或超过允许的时间后，严禁振动或移动面砖。

5）重视施工环境：施工应在日最低气温 0℃以上，当低于 0℃时，必须有可靠的防冻措施；当高于 35℃时，应有遮阳措施，并且避开中午施工。

6）每天对饰面砖背面粘结砂浆的饱满度进行检查。

（14）外墙饰面砖粘贴前和施工过程中，均应在相同基层上做样板件，并对样板件的饰面砖粘结强度进行检验。

（15）面砖墙面应设置伸缩缝，伸缩缝应采用柔性防水材料嵌缝。

四、外墙细部构造渗水

外墙细部渗水主要出现在外墙铁爬梯、女儿墙、脚手眼、分格缝、龟裂缝、阳台、窗台等部位。下面将各部位渗水的原因进行分析，并提出预防措施。参见图 3-7。

图 3-7 外墙阳台板渗漏

1、铁爬梯下渗水

（1）原因分析

1）铁爬梯使用的圆钢不符合砖的模数要求，砌筑时砍砖很容易使圆钢与砖之间形成缝隙和孔洞。抹灰时圆钢周围抹得不平、不严，压得不实。连雨天，雨水顺着山墙往下流淌，缝隙和孔洞很容易存水。

2）铁爬梯装得不平，有时铁爬梯外端比根部高，造成雨水沿着铁爬梯圆钢流进墙体内，砖吸水后造成墙里面泛潮，饱和后形成水珠。

（2）防治措施

1）铁爬梯和砖之间的缝隙及孔洞要用砂浆填平堵平，抹灰时沿圆钢周围抹平压实，以防雨水流进墙体内。

2）铁爬梯安装要平，铁爬梯外端最好比根部低 5～10mm，让雨水沿着铁爬梯圆钢向外流淌。

2、女儿墙处渗水

女儿墙外皮根部（女儿墙与外墙连接处）已经开裂，下雨时雨水从裂缝进入墙体，使墙里面泛潮。雨水通过板缝渗入板底，使顶棚出现水珠。

（1）原因分析

1）女儿墙整体刚度不好。冬天屋顶积雪，白天有时融化成水，夜间气温下降结冰。经过反复冻融，冰冻胀产生的水平推力大于女儿墙砌体的抗剪强度，使女儿墙产生微小侧向位移，从而造成女儿墙根部开裂。

2）女儿墙底部往往是钢筋混凝土半圈梁或钢筋混凝土满圈梁。混凝土和砖砌体两种材料的线膨胀系数不同，同一部位在较大温差情况下，出现不协调变形，从而产生了水平裂缝。

（2）防治措施

1)提高女儿墙砌体砂浆强度,加宽女儿墙墙体厚度(把120mm、240mm墙变为370mm),以提高女儿墙的抗剪强度。

2）在女儿墙中增设钢筋混凝土构造柱，构造柱间距以2～2.5m为宜，不宜过大。女儿墙上部设钢筋混凝土压顶，与女儿墙中构造柱连接，以增强女儿墙的整体刚度。

3）用钢筋混凝土栏板代替女儿墙。

3、脚手眼处渗水

（1）原因分析

1）脚手眼留得过大、过深，甚至形成透孔。

2）抹灰前脚手眼堵得不认真，不管孔洞大小，均放一块砖头，既不铺灰，也不掩灰，随后马上抹灰，造成里面存在孔洞。

（2）防治措施

1）脚手眼的留置大小、深浅应规范化。

2）抹灰前应认真堵好脚手眼。堵脚手眼时应用细石混凝土塞实抹平。

4、分格缝处渗水

（1）原因分析

1）做分格缝的木分格条直接粘在砖基层上，或由于木分格条过干，起条时易把底部素灰粘下，使分格缝砖基层外露，砖吸水后造成墙里面泛潮或出现水珠。

2）横分格缝处阻水、积水，分格缝处底灰不饱满。连续雨天时，雨水顺墙面流淌，横分格缝处如长时间积水，雨水沿着不饱满的砖丁头缝或孔隙渗入墙内。

（2）防治措施

1）木分格条不应直接粘在砖基层上。抹灰前要把木分格条用水浸泡好，避免起条时由于分格条过干而粘下底灰。

2）分格条起出后应用与分格条等宽的工具，在分格缝处全部勾一遍素灰。

3）用玻璃条代替木分格条，抹完灰不起下来，既美观又防水。

4）如果发现已完工的分格缝处渗水，可在该分格缝处进行防水处理：清理基层，洒水，用掺10%的108胶的素灰浆认真勾一遍缝即可。

5、外墙龟裂处渗水

外墙龟裂处渗水，造成内墙泛潮，甚至在壁灯、插座周围出现水珠。查其原因，该部位的外墙面已经出现了空鼓裂缝。下雨时，雨水进入龟裂缝中，使墙里面泛潮；有时雨水沿着山墙里面埋设的电线管流到壁灯或插座处，造成壁灯、插座周围出现水珠。

（1）原因分析

1）抹灰前对砖墙浇水，水浇得不匀不透，致使墙面含水量不一致；或抹灰赶压时干基层处浆干得过快，使面层与墙体粘结不牢，容易出现空鼓和裂缝。

2）墙面不平整，垂直偏差过大。抹灰时抹得过厚；或两遍做法之间后一遍操作跟得太紧，使砂浆内部产生松动；或几遍湿砂浆合在一起，造成抹灰层收缩率过大，从而产生空鼓裂缝。

3）水泥的安定性不良，砂粒过细，容易产生龟裂。

4）面层抹灰砂浆的强度比基层、底层、中层砂浆的强度过大，水泥在凝结过程中产生较强的收缩应力，破坏了面层与强度较低的基层、底层和中层的粘结，因而产生空鼓裂缝。

5）秋末冬初或早春季节，雨水或雪水流入外墙的缝隙中，夜间气温下降结冰，冰的冻胀力使外墙面开裂或离皮起鼓。反复冻融，空鼓面和缝隙越来越大，甚至造成外墙皮脱落。下雨时砖墙吸水，造成墙里皮泛潮或出现水珠。

（2）防治措施

1）抹灰前应将基层表面清扫干净，脚手眼等孔洞填实堵平。凸出墙面的混凝土要事先剔平刮净；蜂窝、凹洼、缺棱掉角处，应先刷一道107胶∶水为1∶4的胶水溶液，再用1∶3水泥砂浆分层修补。加气混凝土墙面缺棱掉角处和灰缝处，宜先刷一道掺10%107胶的素水泥浆，再用1∶1∶6的混合砂浆修补找平。

2）抹灰前应浇水，水要浇匀浇透，砖面渗水深度为8～10mm。加气混凝土墙面孔隙率大，但毛细管为封闭型和半封闭型，水渗透得慢，因此应提前两天浇水，每天浇两遍以上，使渗水深度达到8～10mm。普通混凝土吸水率低，所以，普通混凝土墙面抹灰前浇水可少一些。

3）抹灰用的原材料应符合质量要求。抹灰用的砂浆必须具有良好和易性，并具有一定的粘结强度。各层砂浆的配合比不宜相差太大。

4）抹水泥砂浆时，应在前一层灰凝结后再抹后一层灰。面层压光不应该过早，也不应该过迟，以砂浆潮湿柔软为宜。

5）一般室外抹灰面积，为了不出现明显的接槎，防止抹灰砂浆收缩开裂，应在适当部位设置分格缝。

6、阳台处渗水

（1）原因分析

1）根据负弯矩分布，设计人员常把悬臂阳台板做成外薄里厚，抹灰时也自然抹出一个外薄里厚的斜面。下雨时雨水顺着阳台栏板，沿着斜面往外墙流淌，造成外墙污染，墙体渗漏，里墙泛潮。由于连续施工，支模时有可能将过梁底下一二层砖碰撞松动，再加上混凝土振捣不密实，雨水很容易顺砖墙丁头缝往里掺。

2）阳台上部通常有一个混凝土扶手压顶，压顶的钢筋伸入墙内12cm，浇筑混凝土后与外墙拉结。混凝土压顶应做成水平或里端比外端高5mm。但由于支模、浇筑混凝土及外皮抹灰等因素的影响，很容易做成外高里低的倒坡。伸入墙内 12cm 的钢筋处的孔洞，混凝土浇筑不密实。抹灰不平、不严、不实。下雨时，特别是封闭阳台，雨水顺着压顶往外墙呛水，水通过预留孔洞的孔隙进入墙体，造成墙里面泛潮，连雨天时会出现水珠。

（2）防治措施

1）阳台浇筑混凝土时，阳台外部与根部的高差不宜过大；支模浇筑阳台上部混凝土扶手压顶，应认真放线测量；压顶与墙连接的预留洞口，应用 C20 细石混凝土灌实堵平。

2）阳台底部抹灰应做滴水线槽。滴水线槽距外边 20mm、深 10mm、上宽 7mm、底宽 10mm，滴水线槽不应直通外墙，在距外墙 80～100mm 处做好断水。阳台压顶抹灰，根部比外部以略高 5mm 为宜。

3）阳台封闭，阳台窗上坎应加镀锌铁皮泛水，铁皮泛水应出墙面 10mm。下坎压顶部分抹灰应按抹窗台要求做好排水坡。

7、外墙窗台处渗水

（1）原因分析

1）外窗台流水坡度做得太小，甚至有的窗台做成平台。当连续雨天时外窗台积水，窗下坎如果有空隙，水就会沿着窗下坎流进墙内。

2）外窗台砖基层过高或窗台面做得过厚，造成窗台面超过窗下坎底皮，形成抹灰面“吃口”。窗台抹灰砂浆凝结后，与窗框形成收缩缝，下雨时雨水沿玻璃窗向下流进收缩缝，进入墙内。

3）外窗台出现空鼓裂缝，雨水沿着裂缝进入墙内，砖墙吸水饱和后内窗台下面反潮或出现水珠。

4）暖气片暗装，暖气片槽凹进入墙内 12cm，只要外窗台稍有积水或窗台与窗框出现收缩缝，内窗台下面就要泛潮，出现水珠。

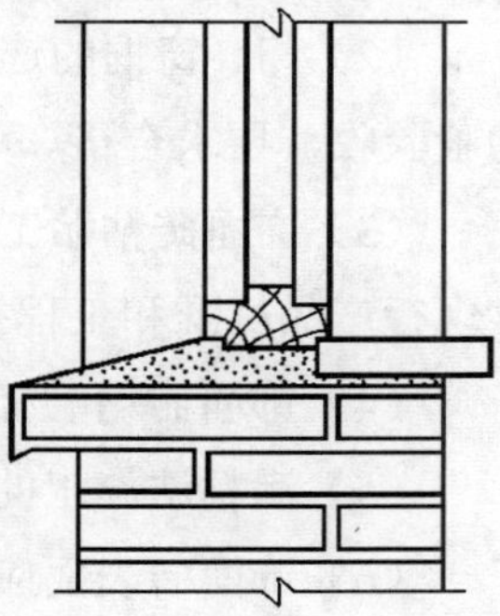

图 3-8 外墙窗台处渗水

（2）防治措施

1）外窗台面抹灰应做好流水坡，外窗台下应做鹰嘴或滴水线槽。不宜把外窗台做成平台（见图 3-8）。

2）窗台抹灰前，对窗下坎空隙必须用水泥砂浆填实堵严，以防止雨水渗漏。窗台面抹灰时应把灰掩到窗下坎灰口处，且不应高于窗下坎灰口面。

3）增设圈梁、地梁，增强砖砌体的整体刚度，避免外墙不均匀沉降，以防在窗台处形成负弯矩，使窗台面出现裂缝。窗台抹灰时应先洒水，按照求分层进行抹灰，不应一遍成活，以避免由于灰层过厚，凝结时产生较强收缩内力而引起窗台抹灰空鼓裂缝。

4）加气混凝土块外墙窗台抹灰前，最好先浇一遍热沥青，撒上豆砂，再进行窗台抹灰。

五、外墙门窗框周边渗漏

1、现象

外墙门窗框周边渗漏。参见图 3-9、图 3-10。

图 3-9　外墙窗框周边渗漏

图 3-10　外墙窗框周边渗漏

2、原因分析

没有按照下列质量标准作业：

（1）粘贴所用水泥的凝结时间、安定性和抗压强度要进行复验，要求合格。

（2）门、窗框的连墙件、框的质量、填塞材料和施工方法，防水层的处理等均应进行隐蔽验收，要求合格。

（3）饰面砖粘贴工程的找平、防水、粘结和勾缝材料及施工方法应符合设计要求及国家现行产品标准和工程技术标准的规定。

（4）饰面砖粘贴必须牢固。

（5）满粘法施工的饰面砖工程应无空鼓、裂缝。

（6）饰面砖表面应平整、无裂痕和缺损。

（7）阳角的搭接方式应符合设计要求。

（8）饰面砖接缝应平直、光滑，填嵌应连续、密实；宽度和深度应符合设计要求。

（9）有排水要求的部位应做滴水线，滴水线应顺直，流水坡向应正确，坡度应符合设计要求。

3、防治措施

（1）外墙抹找平层时，应预埋塑料条，保证门窗外框与门窗洞口之间有 5mm 宽、8mm 深的预留槽口，然后用防水胶嵌缝。

（2）铝合金门、窗安装前，应撕去水泥砂浆接触处的包装纸。门窗外框与墙体预留洞口之间的缝隙宜用防水砂浆或聚合物水泥砂浆嵌填饱满，必要时也可采用注浆工艺，不得使用混合砂浆嵌缝。

（3）外墙窗下应设钢筋混凝土压顶，其压顶高度为≥120mm，纵向配置2Φ12，箍筋采用Φ6@200，混凝土强度等级为C20。如外墙设置通长窗时，则在压顶下面设置抗裂柱，间距不得大于3m，柱内配不少于4Φ12的纵筋及Φ6@200箍筋。

（4）外窗下框应有泄水结构，分两种情况。推拉窗：导轨在靠两边框外铣8mm宽的泄水口；开平窗：在靠框中挺位置，每个扇洞铣一个8mm宽的泄水口。

（5）安装所用的螺丝应为铜螺丝或不锈钢螺丝，钉口应做好防渗处理。

（6）门窗楣的鹰嘴和窗台排水坡度不少于20%，滴水凹槽的深和宽不小于10mm（滴水线的截面尺寸为10～20mm）；鹰嘴和窗台应从正前方排水，鹰嘴、窗台滴水线与外墙面应有断水设置。

（7）在找平层施工前应充分淋水湿润。

（8）找平层水泥砂浆宜掺防水剂、抗裂剂、减水剂等外加剂。

（9）找平层每层抹灰厚度不大于10mm，当抹灰厚度≥35mm时应有挂网等防裂、防空鼓措施。

（10）防水层应用聚合物水泥砂浆。

（11）铝合金窗室内、外高差应大于20mm。

（12）外墙面上的门窗完工之后，应在现场喷淋作密水性试验，及早发现有无渗漏。

六、框架结构外墙面渗漏

1、现象

框架综合商住楼容易出现外墙面渗水裂缝，渗水裂缝分布规律如下：

（1）各层钢筋混凝土框架梁与砖墙砌体结合处的外墙面呈现水平渗水裂缝。渗水程度底层比二层严重，东山墙比西山墙严重。

（2）现浇框架柱与砖墙砌体竖向结合处的外墙面呈现局部竖向裂缝，一般出现在每层砌体上部2/3处。其中开设门窗洞口的比未开设洞口的墙面较严重，门窗洞口墙体面积小的比墙体面积大的要严重，尤其是紧靠框架柱或构造柱边、宽度小于250mm的砖墙，裂缝尤为突出。

2、原因分析

（1）物理原因

框架综合楼楼体处在同一温度条件下，混凝土的膨胀系数比砖砌体大1倍。外墙随着昼夜温差、四季温差的变化产生热胀冷缩现象。各层混凝土框架梁与砖墙砌体结合处普遍会产生水平裂缝；混凝土框架柱与砖墙砌体竖向结合处，也因上述原因存在竖向裂缝；层高越高产生的裂缝也相对越多。

（2）施工操作方面原因

1）框架结构层砖砌体围护墙砌筑时没有按照建筑规范规定操作，不论层高多少，砌筑时均一次到顶，造成墙体对砂浆层压缩值增大，砂浆收缩后墙顶结合部形成水平裂缝。

2）框架柱、构造柱中预埋的墙体拉结钢筋，在后续各分项工程施工过程中未加以保护，拆模、进料过程中多有随意弯曲，致使砌墙过程中无法拉直钢筋，砂浆不能包裹钢筋四周起保护作用。钢筋锈蚀后引起膨胀，造成墙体局部不规则裂缝。

（3）设计原因

在做综合楼框架结构设计时，事先未周密考虑建筑立面门窗洞口布置，有时出现围护墙砌体门窗洞口砖墙宽度过小（小于250mm），造成墙体局部压强过大产生裂缝。

（4）使用原因

1）商场用户在安装广告牌、店招牌、空调室外机时，在墙面上钻孔随意性较大，致使墙体空心砖出现裂缝渗水，有的钻孔位置不准确，换位后未将原孔位填补密封，造成渗水。

2）住户在安装球门式晒衣架、窗台外搁物篮架时，钻孔位置距离窗台及窗膀太近，螺栓紧固时造成窗台及窗膀墙体砖块胀裂，粉刷层起壳、脱落引起渗水；另外钻孔直径大大超过螺栓直径，又没有嵌填密实，形成空隙，从而引起渗水。

3、防治措施

（1）在框架综合楼围护墙砌体施工中，严格按照施工操作规程进行操作，坚决遵循一个工作日内砌筑高度不得超过1.4m，减少或消除砌体砂浆收缩所引起的顶部水平裂缝。围护墙体顶部少砌1～2皮砖，与框架梁间预留70～120mm间隙，改用C20细石混凝土（坍落度控制在50～70mm）支模浇筑密实。浇筑前浇水湿润墙体，浇筑后注意浇水养护，待混凝土强度达到75%以上方可拆模，并凿除凸出墙面的混凝土。

（2）对于紧靠框架柱、构造柱边小于250mm的门窗洞口砖墙，图纸会审中应将其改成现浇混凝土并与框架柱、构造柱同时浇筑，并在相应的门窗过梁处预埋钢筋处理。

（3）对框架柱、构造柱、预留洞口的预埋钢筋，在各工序施工操作中，尽量采取保护措施，不准随意弯曲或在其上攀爬，造成人为变形。

（4）针对用户安装室内外构件，预先发放住宅使用说明书，提醒业主注意以下事项：在安装户外广告牌时应尽量避免在空心砖墙面上钻孔，以免刮大风时造成广告牌坠落事故，必要时在构造柱中钻孔安装；安装空调室外机钻孔时应适当控制孔内比孔外稍高一些，这样可减少雨水内渗，并且在放置螺栓后及时注入玻璃硅胶，紧固螺帽后使之与墙面密封无缝隙，避免雨水渗入墙内；在安装窗前球门晒衣架、搁物篮架时，宽度要比窗口两端各长250mm以上，避免因钻孔、紧固螺栓将窗台及窗膀墙砖砌体、粉刷层胀裂，造成人为的渗水裂缝。

七、多层框架结构墙体渗漏

1、现象

在多层现浇混凝土框架结构中，采用红砖或空心预制砖（包括黏土砖、珍珠岩砂浆预制空心砖等）做内外填充墙比较普遍。由于有些施工人员认为填充墙是非承重墙，施工程序上存在一些问题，留下质量隐患，所以近年来填充墙体渗漏现象不少。多层现浇混凝土框架结构填充墙体渗漏的关键在于填充墙体出现裂缝。引起填充墙体渗漏的裂缝多见于窗台、空调洞口、梁底。

2、原因分析

现浇框架结构填充墙体是后砌部分，也就是说，待框架结构混凝土达到设计强度等级后再砌的墙体。填充墙体材料一般采用黏土砖或空心砖，M5～M7.5 的混合砂浆砌筑。填充墙体渗漏，特别是空心砌体的渗漏，是建筑质量的通病，因此应在设计上提出具体做法，施工上加以改进。

（1）设计方面

1）填充墙体的设计厚度不足，构造措施不周密。

2）设计图纸中未明确提出填充墙体的防水措施。

3）对专项设计，节点大样图不详，对窗台、檐口、雨篷等处墙面凹凸部位未采取防水和排水构造措施。

4）填充墙体长度大于 5m、高度高于 4m 时，设计未提出加固要求。

（2）施工方面

1）施工上存在红砖、空心砖砌体灰缝不饱满；梁底斜砖砌筑时不但没有挤紧，而且没有用钢丝网加固，灰浆封堵不饱满，出现墙体透光缝。

2）伸缩缝处理不当，未严格按设计及规范要求施工。

3）窗台、空调洞底部未设窗台板（h≥6cm 素混凝土），其余三边窗框（或预制件）与墙间缝隙砂浆封塞不严实，造成雨水内渗。

4）窗洞口或预留孔洞口未按规范要求上沿做成鹰嘴坡、下沿做成内高外低的排水坡，造成雨水倒灌内渗。

5）梁下墙体材料下沉及收缩，形成水平通长裂缝引起渗水。目前现场施工工人多数未经上岗培训，未能严格按规范要求操作，每个墙面基本是当日自下而上砌筑完成（规范要求 1d 砌筑高度不超过 1.8m），因重力作用，砂浆挤压下沉，致使梁底出现裂缝；加上框架梁和填充墙体在自然收缩过程（如热胀冷缩）中不同步，也会形成裂缝。

6）外墙抹灰打底找平前墙体没有湿水，致使抹上的水泥砂浆因水分过快散失而加速收缩，产生裂缝。这种现象很普遍，但没有得到重视。

3、防治措施

（1）设计方面

1）设计图纸中应明确提出填充墙体防水做法的具体要求，以便施工单位在施工中能按图操作和按实计价。

2）设计图纸中在窗台或预留洞（空调洞）底设置厚度为6cm的素混凝土窗台板（采用现浇板效果较好），并应设置止水隔断，其余三边塞实砂浆。

3）加强框架梁（柱）与填充墙体交接处的处理。

4）按规范规定设置伸缩缝。

5）砌筑砂浆的技术质量要求不能像以往那样固定某一配合比，而是要求在满足抗压强度和粘结强度前提下，由施工单位根据实际情况灵活掌握。

（2）施工方面

1）施工人员必须了解设计人员计算框架结构的受力情况，明确框架、梁、柱的现浇混凝土与砌筑填充墙体的施工程序，必须先浇混凝土，待混凝土具有一定强度后再砌筑填充墙，切忌颠倒施工程序。

2）施工中加强施工监督，要挂线砌筑，一砖、一砖半墙单面挂线，二砖墙以上则双面挂线。而且要特别注意改善砂浆的和易性。砖应隔夜浇透水，严禁干砖砌筑。铺灰长度不得超过500mm。采用一块砖、一铲灰、一揉挤的“三一”砌砖法。

3）窗台或预留洞按规范要求做鹰嘴和排水坡，这要求现场技术负责人事前控制，提出书面要求。

4）严格按规范要求，每天砌筑填充墙体不超过1. 8m。同时外墙抹灰前应在填充墙体与梁（上、下边）、柱交接处，加设一道宽200～300mm宽的通长钢丝网片（用射钉枪钉牢），以免该处因为出现通长裂缝而渗水。

5）外墙体抹灰前，必须提前1d湿水。外墙抹灰做“两遍抹灰加一素浆”，即外墙增加一道素水泥浆及防水砂浆（内掺无机盐类防水剂或6%防水粉）。素水泥浆可填充第一道防水砂浆出现的毛细裂缝；第二道防水砂浆可防水抗渗。

八、高层住宅外墙渗漏

1、现象

高层住宅外墙渗漏现象屡见不鲜，渗漏现象多出现在门窗框的四周；墙与柱、墙与梁的连接部位；固定模板穿墙螺栓孔、管道穿墙口、设备螺栓穿墙口和空调机洞口部位；剪力墙上留的后浇上料台洞口；剪力墙与楼面、后浇女儿墙、阳台板混凝土与墙的连接部位等。

2、原因分析

高层住宅的外墙饰面一般采用饰面砖和天然饰面板，表面具有吸水性；饰面砖砖缝砂浆强度低、密实性差；天然饰面板的接缝不严密；加上高层住宅外墙面淌水量大，受大风大雨影响大，只要外墙出现以下情况，就会产生渗漏。

（1）安装门窗框时，由于剪力墙上预留的门窗框洞口尺寸不准确，门窗框安装后，框与墙体的间隙偏大或偏小。外墙饰面施工时，边修补边抹底灰。这样，门窗框四周侧面的修补和底灰的里外结合，在门窗框中间形成一条不良接缝或局部孔隙。侧面抹的饰面底灰一般为1∶3水泥砂浆，这种砂浆抹在墙上，孔隙率较大，只要有水浸入，很快就会通过这个侧面的底层灰，从侧面或底面向门窗框里面渗透。由于修补侧面和抹底灰，窗框与墙体的间隙被砂浆填塞，水也从这条砂浆缝向里渗入。修补时采用砖块或一般砂浆与墙体不能严密结合，水还会从修补层与墙体的接缝处向里渗透。

（2）墙与柱、墙与梁的接头通常采用墙体砌筑砂浆粘在砖块上连接，这种砂浆不能防水。而混凝土梁柱与砌筑墙体连接的表面通常不打毛，比较光滑。墙体干燥后，就会产生收缩裂缝，只要有水浸入，就先从这里向内渗透。

（3）固定模板的穿墙螺栓孔，由于数量多，有不少表面已被混凝土残浆或残渣堵塞，饰面层直接做在这样的孔上，一旦饰面层透水，水就会顺着孔道向里渗透。

安装穿墙管道、设备和预留的穿墙螺栓、角钢等时，由于施工现场工种多、工序复杂，经常受撞击、振动以及温度变化等影响，与周围的砂浆或混凝土之间产生裂缝，水会沿着管道、设备、螺栓和角钢边缘从外墙向里渗透。

（4）剪力墙上封闭的上料台洞口，由于混凝土浇筑量小，习惯做法是一次浇成，施工缝（尤其上接缝）结合不紧密，新老混凝土结合处收缩不一致，从而产生裂缝，水从施工缝向里渗透。

（5）剪力墙的根部与楼面连接的施工缝，以及后浇女儿墙、阳台板连接施工缝有时由于局部清理不干净形成夹渣层；有的由于模板漏浆，形成局部麻面；有的由于注浆不足，使剪力墙根部与楼面结合不严密，水就会从剪力墙根部渗入室内。

对以上情况，只要在外墙装饰前的施工准备和外墙装饰施工中，采取有效措施和正确的施工方法，就能完全避免渗漏的产生。

3、防治措施

（1）外墙装饰前的施工准备

1）安装门窗框前要先将剪力墙上预留的门窗洞口尺寸修补准确。不得边安装门窗框边修补洞口或后补洞口。修补洞口必须采用M5以上的水泥砂浆，修补的厚度大于25mm时，应用比墙体混凝土强度等级高一级的细石混凝土补筑，不应采用砖块砌筑。修补时不得分里外两次进行。修补后门窗洞口四周的砂浆或细石混凝土必须粘结紧密、牢固，如果发现新老混凝土结合有裂缝，必须重新处理。安装后的门窗框四周与洞口的缝隙宜用泡沫塑料条或玻璃棉毡条填塞，缝隙外表留 8mm 深的槽口，并填嵌密封膏。门窗框与洞口的缝隙严禁用水泥砂浆填嵌。无下槛的门框，应在门的踏步上加做 30mm 高的止水企口。

2）墙与柱、墙与梁连接的灰缝，要划出 20mm 深的缝口，清理干净后填嵌防水油膏。

3）固定模板的穿墙螺栓孔，必须逐一清理干净，用干硬性砂浆填补密实。

安装穿墙管道、设备时，室内应向室外做 15～30mm 的泛水。管道、设备四周与墙体的缝隙宜用泡沫塑料条或麻丝沥青填塞，缝隙外表留 10mm 深的槽口，并填嵌密封膏。

预留穿墙螺栓和角钢的洞口，应将四周的外墙凿出 20mm 深的槽口，然后用防水油膏填补。

空调机洞口四周应用防水砂浆做成止水企口。

4）剪力墙上留设后浇上料台洞口时，施工缝必须清理打毛，用比原设计混凝土强度等级高一级的混凝土浇筑洞口。混凝土初凝后，上接缝必须用干硬性砂浆填实。洞口严禁用砖块补塞。

5）剪力墙根部与楼面连接的施工缝，以及与女儿墙、阳台板等连接的施工缝，必须全部仔细检查，发现局部有麻面、裂缝、夹渣和结合不严密的现象，都应按它的全部深度凿去，并用水冲洗干净，涂刷水胶比为 0.45 的水泥浆一道，再用比原混凝土强度提高一级的细骨料混凝土填塞，或用 1∶2 水泥砂浆分层抹平、压实和压光。

（2）外墙装饰施工

1）抹装饰底灰时，必须先在装饰基层面上充分浇水湿润，然后满涂水泥∶水∶107 胶=1∶0.5∶0.15 的水泥胶浆一道，封闭装饰基层表面的毛细孔，增强底灰粘结力，接着再用 1∶2.5 的水泥砂浆抹底灰，用木蟹压实、揉成细毛，不得有孔隙和裂缝现象。

2）抹底灰的接槎，宜留在与墙柱、墙梁、剪力墙和楼面的接缝处错开 300～500mm 的部位。

3）门窗框四周的外侧面，采用防水砂浆抹底灰，以杜绝雨水通过门窗框的外侧面装饰层渗透到门窗框的里面。

4）镶贴饰面砖时，底灰的面层上应再涂与基层相同的水泥浆一道，以封闭底灰表面的毛细孔。

外墙饰面采用饰面砖时，饰面砖砖缝应采用 1∶1 干硬性水泥砂浆勾缝，用勾缝抿子把砂浆压入缝内，并反复压实、压光，不得有孔隙和断裂现象，不得在外墙饰面上用铁板抹子把稠度较大的砂浆抹入缝内勾缝，以防砖缝起砂和砂浆脱落后渗水。

门窗仰面的饰面合角，应镶贴成墙面砖碰仰面砖，并在墙面砖下凸出 5～8mm；或使仰面砖向门窗洞口方向退 10mm，并做凹槽滴水线。窗台饰面合角应镶贴成台面砖碰墙面砖，并且台面砖要在墙外侧做 5～8mm 的泛水。

外墙饰面采用饰面板时，应先抹成与镶贴饰面砖相同要求的底灰，然后镶贴饰面板。饰面板不得直接镶贴在基层面上。采用天然饰面板时，板与板的接缝处，镶贴时还应在板的侧面刮一道薄薄的水泥浆，进行碰挤镶贴或侧面带胶镶贴。

5）饰面施工完毕后，饰面与门窗框四周的接缝，饰面与管道、设备、预留件等四周的接缝，最好采用玻璃防水胶封闭。

实践证明，采取以上预防措施和方法，可消除高层住宅外墙渗漏的隐患。

九、高层建筑外墙窗口部位渗漏

1、现象

高层建筑一般为 60～120m，甚至更高的高度，其迎风、受雨和积水状况变得很复杂。高层建筑外墙窗框、窗墙渗水和漏水严重污染着内墙装饰质量，多年来困扰土建施工，影响居住美观。

2、原因分析

现代高层建筑中，多采用铝合金平开窗和推拉窗。铝合金窗制作和安装的最大特点就是有拼接缝隙，有缝隙就会漏水。

（1）窗外框与窗墙接合部因灰浆填塞不密实出现缩孔而积水渗漏。

（2）窗框与墙有接缝。

（3）窗框榫接、铆接处有缝隙。

（4）固定玻璃的主方槽有接缝，紧固螺钉接触面有缝。

（5）滑撑安装处有缝。

（6）平开窗搭接不好，风吹水倒灌。

（7）推拉窗下滑道挡水板偏低，风吹水倒灌。

（8）窗楣、窗台引导水不利。

3、防治措施

窗和窗墙渗漏水是一个综合性问题，解决办法应是多元的，应从土建与铝框安装的施工、铝框密封防治、工人操作责任心入手。

（1）窗楣、窗台应做出足够的滴水槽和流水坡度。滴水槽的深度和宽度均不小于 10mm，流水坡度为 10%（见图 3-11）。由于外墙贴马赛克、条形砖对水的集聚性很强，有了滴水槽和流水坡度，可以及时将雨水分散、引导流出。

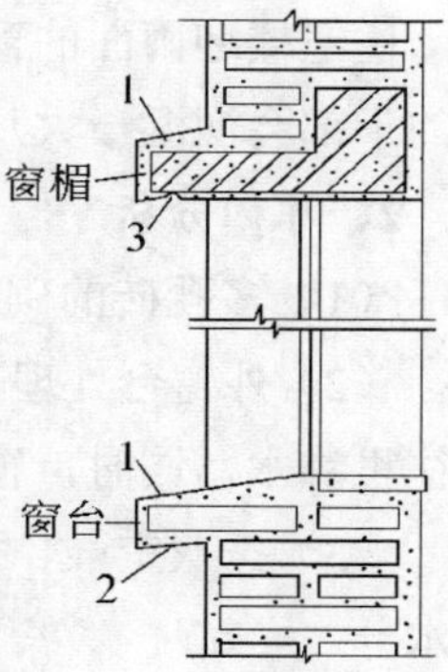

图 3-11　流水坡度滴水线示意图

（2）披挡、塞灰。披挡、塞灰不密实时，各处的水都聚集起来就会造成大面积窗墙渗漏水。如推拉窗，因框边宽，外框呈异形（见图3-12、图3-13），灰浆往往塞不满。如灰浆过稀，凝固后的收缩量较大，因此灰浆应稠些，外框填塞灰浆时应仔细、密实。

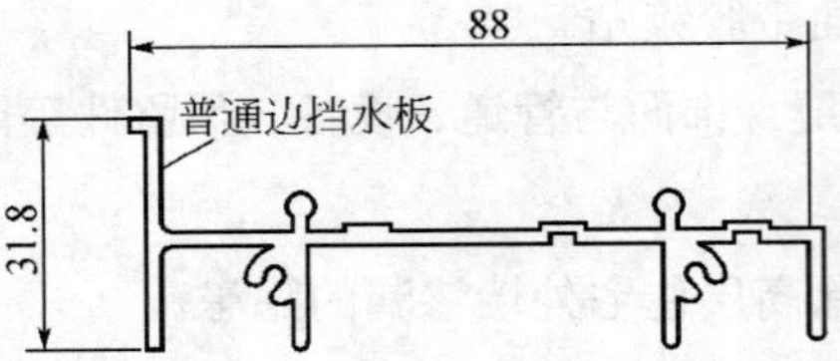

图3-12 推拉窗普通边下滑道

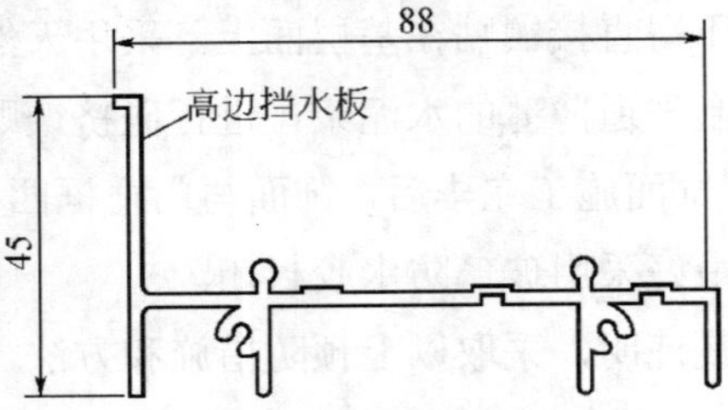

图3-13 推拉窗高边下滑道

（3）披挡后，窗框与墙的交接处因水泥对金属的密封性差，应采用优质建筑防水胶作勾缝密封处理。对贴有马赛克的窗台，宜用玻璃硅密封胶对窗框与墙的接合部作勾缝密封处理，因为玻璃硅密封胶既能与铝金属粘接牢固，又能与马赛克粘接牢、密封好。

（4）窗框的榫接、铆接、滑撑、方槽、螺钉等处，看上去不引人注意，但根据虹吸原理，它们将把框上的积水源源不断地吸入墙体，因此对这些部位均应仔细嵌上防水玻璃硅胶。

（5）推拉窗框下滑道挡水板在处于台风区域的高层建筑中宜采用高边挡水板的下滑道。

（6）嵌防水玻璃硅胶前应将灰尘、渣粒、油污清除干净。

高层建筑中窗和窗墙防治渗漏水的关键是减少积水量，嵌填硅胶密封接触缝。按上述改进措施安装的铝窗，可根治渗漏水，可防止中、大暴雨和10级台风时的渗漏。实践证明，上述方法简易、可靠、治本和有效。

十、多孔砖墙体渗水

1、现象

住宅楼迎雨面的窗户下面的墙体有不同程度的渗水，尤其下雨持续时间比较长时，窗台的下部会洇湿一大片，甚至会渗到楼面上。

2、原因分析

（1）多孔砖的砌筑砂浆不饱满。

（2）外窗台处理不到位。迎雨面窗户处的密封胶开裂脱落，雨水沿窗户流下通过该缝隙往里渗水，同时，窗框下方忽视细节处理，使得从窗台处往里渗水。

（3）抹灰空鼓、裂缝，雨水沿其表面往里渗透，并且在空鼓的部位面层与基层之间充满水分。

3、防治措施

（1）在窗台下设置120mm高的现浇混凝土板带或用普通黏土砖砌筑180mm高，且两侧伸入窗边不小于120mm；在外墙转角部位设置混凝土构造柱。

(2)加强砌筑质量的检查验收，尤其是对外墙砌筑质量的验收。对外墙易渗漏的部位，作为一道工序派专人进行勾缝。加强对窗台防渗细部处理的检查验收。加强抹灰质量的控制，坚持分层抹灰，不得一次成活。

(3)卫生间墙体下面砌筑180mm高的实心砖。由于多孔砖像海绵一样具有多孔性，使其向上吸水性大大增强，卫生间地面如果发生渗漏，会引起外侧踢脚线泛潮，对于家庭装修中的木踢脚影响更为明显。经采取这项措施后，取得了良好的效果。

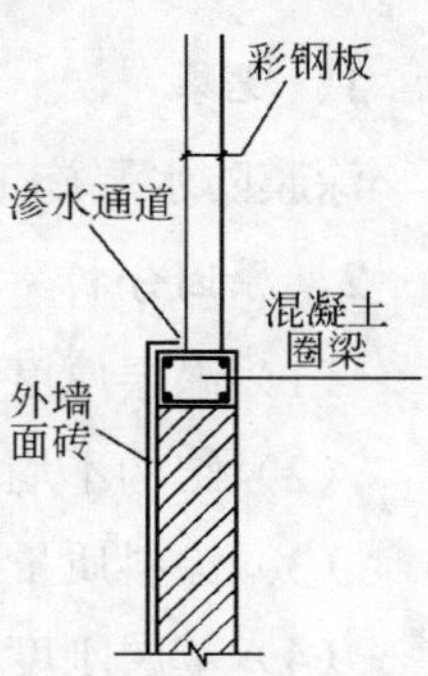

图3-14 改进前做法

十一、彩钢板与围护墙相接处渗水

1、现象

彩钢板与围护墙相接处渗水，一直是工程中难以解决的问题。

2、原因分析

(1)与彩钢板相接的圈梁设计为矩形，对其防水性能考虑不周(见图3-14)。

(2)与彩钢板相接的圈梁水平面基层清理不干净，使底子灰产生裂纹、空鼓，面砖勾缝裂纹较多或有漏勾缝现象，雨水通过砖缝及裂纹进入底灰裂缝，从而形成渗水。

(3)彩钢板与外墙面砖之间填嵌的砂浆不密实，使雨水顺着彩钢板淌到外墙面砖边缘，沿砂浆不密实处或裂缝渗入室内。

(4)圈梁施工完毕，先安装彩钢板后粘贴外墙面砖，致使彩钢板与面砖之间形成一条纵向渗水通道。

3、防治措施

(1)经与设计人员协商，将矩形混凝土圈梁改为梯形混凝土圈梁，斜坡高低差为30mm(见图3-15)。

(2)圈梁斜坡面在粘贴面砖前，应将基层灰尘、杂物清理干净，并刷聚合物乳胶与水泥拌制的素浆一道，然后打底子灰，进行粘贴。

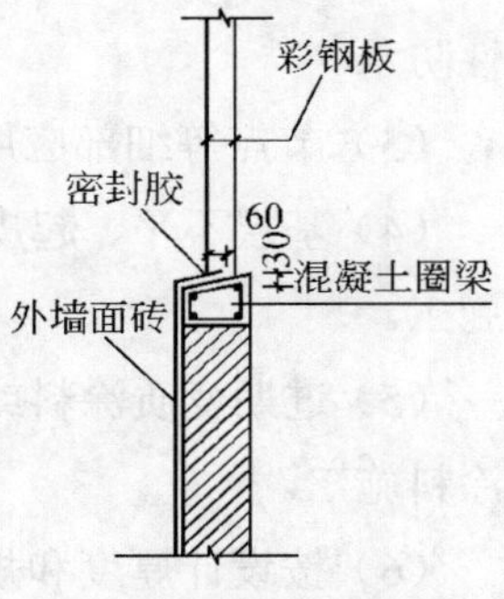

图3-15 改进后做法

(3)圈梁施工完毕，先粘贴圈梁斜坡面面砖，然后安装彩钢板，面砖伸入彩钢板内60mm，使彩钢板直接贴在面砖上表面处，消除了彩钢板与面砖之间的纵缝。

(4)面砖勾缝砂浆的强度等级不宜过大，一般采用1∶2.5水泥砂浆，勾缝要严密，用勾缝刀多压几遍，将缝隙内砂浆原浆压光，使接缝本身起到防水作用。对勾缝应仔细检查，不得出现漏勾现象。

(5)彩钢板与面砖水平缝处应清理干净，然后用密封胶密封，密封胶须镶嵌严密，粘结牢固，不得有裂纹现象。

通过以上几种措施的实施，使彩钢板与围护墙相接处渗水得到了根治。

第二节 涂膜防水

一、涂膜防水层裂缝、渗漏

1、现象

涂膜防水层施工后出现渗漏、粘结不牢、脱皮、流淌、防水层破损等现象。

2、原因分析

（1）涂层厚度不足、胎体外露、皱皮；涂料结膜不良、成膜厚度不足。

（2）结构不均匀称将导致防水层撕裂，节点密封不严。

（3）涂料质量不合格、双组分涂料配合比和计量不准确等。

（4）基层刚度不够，找平层开裂导致涂膜开裂。基层起皮、起灰、不干净、潮湿。

（5）涂料施工温度过高，或一次涂刷过厚，或前次涂刷涂料未干即涂刷后遍涂料。

3、预防措施

（1）按设计要求选定涂料品种，并用使用前进行抽样复检，合格后方可使用。涂料应分成分次涂布，涂布厚度符合设计要求，双组涂料严格按厂方提供的配合比施工，并用规定时间内用完。

（2）基础沉降不均匀可考虑加设钢筋混凝土刚性找平层后再用三元乙丙防水卷材进行柔性防水。

（3）节点等细部应用密封胶料仔细封严，防止脱落。

（4）基层不平、起皮、起灰应扫净后用涂料拌合水泥砂浆修补，潮湿基层应干燥后方可施工。

（5）过期变质涂料或质量低劣产品不易成膜不得使用。底层涂料干透后，方可进行上层涂料施工。

（6）按设计厚度和规定的材料用量、分层、分遍涂刷确保涂膜厚度，雨、雪、雾天不应施工。

（7）基层刚度不足的应设置配筋的细石混凝土刚性找平层，并按设计要求配置温度分格缝。

（8）找平层开裂后，应用密封材料镶填密实，用 10~20mm 宽聚酯毡作隔离条，再涂刷 1~2mm、厚涂料附加层。

（9）夏天施工温度过高时，应选择早晚施工，分层、分遍涂刷不能一次过厚或间隔时间过短。

二、涂膜防水层鼓泡、流淌

1、现象

涂膜防水层施工完毕后出现鼓泡、皱折、涂膜流淌以及破损的现象。

2、原因分析

（1）找平层不干燥或湿度过大的环境中施工，水汽遇热在涂膜层中形成鼓泡。

（2）基层表面不平、胎体自身铺贴不平、涂膜厚度不足导致涂膜皱折。

（3）涂膜流淌主要是涂料质量不符合要求，特别是耐热性差的厚质涂料（沥青基厚涂料。

3、预防措施

（1）待基层干透后选择晴好天气施工或选择潮湿界面处理剂、基层处理剂等可抑制涂膜鼓泡的形成。

（2）基层不平可用涂料拌合水泥砂浆修补刮平，铺贴胎体材应松紧有度，应边倒涂料，边推铺、边压实平整，再在其上涂刷两遍涂料，确保涂膜厚度。

（3）涂料质量不符合要求的坚决不用，尽量不用厚质涂料而改用其他涂料可防止涂膜流淌。

第四章 门窗工程

第一节 木门窗安装

一、门窗侧壁空鼓

1、现象

门窗侧壁空鼓是工程质量中最常见的通病，往往在工程即将竣工时，发现大量门窗侧壁出现空鼓，从而造成返工。

2、原因分析

（1）门窗侧壁的面积窄小（一般宽不超过 8cm），抹灰前，基层清理不洁净，湿润不透（所有门窗洞口都是通风口，湿润后干得较快）。这样，抹灰后易出现裂纹或脱落，造成空鼓。

（2）一般门窗侧壁需用木尺杆找直，抹灰时抹子搁不进去，因怕碰歪尺杆，不敢用力抹压，操作起来很不方便，使抹上的砂浆不实，只起到了找平的作用，没有与墙体牢固粘结。再加上在安装门窗扇时刨、凿造成振动和风吹扇动的摔打，都是门窗侧壁抹灰脱落空鼓的主要原因。

3、防治措施

（1）抹灰前首先要将门窗侧壁清理干净，充分浇水湿润，润透。一般提前 1d，先将门窗侧壁润透，表皮晾干，无明水时再抹灰。

（2）先在门窗侧壁用力抹一层约 1/2 抹灰厚度的砂浆，再夹木尺杆用灰浆找平，最后再用小抹子顺侧壁竖向将边角用力抹压密实。

（3）抹灰前必须先检查一下门窗框安装是否正确、牢固，与墙体连接处的缝隙是否按要求嵌塞密实。

二、门窗套对角线处裂缝

1、现象

门窗套（线）对角线处裂缝问题是装饰工程中最常见的通病之一。

2、原因分析

（1）门窗套（线）本身含水率大。变形、弯曲程度严重；套割角度不准，安装方式不正确。

（2）安装时，门窗套（线）背面满刷聚醋酸乙烯乳液。安装后，未及时刷漆，经风吹、日晒、雨淋，再次发生胀缩变形。

3、防治措施

（1）选择门窗套（线）时，要选取质量好、干燥的线材，含水率不能超过 12%，不能有严重变形。

（2）门窗套（线）进行 45° 角切割时，一定要先画线，下锯要准确。

（3）门窗套（线）安装时，不必刷聚醋酸乙烯乳液。稍弯曲的，可进行轻微的矫正，凸出筒子板面层的局部，可用平刨或修边机仔细处理，注意修边时不要伤及筒子板的面层，以防止筒子板面层出现白斑。

（4）门窗套（线）安装后，应及时涂刷清漆，以免出现变形、裂缝。

（5）遇有门窗套（线）边角变形开裂时，可对裂缝处进行嵌缝处理。待干燥后，再进行修色、刷漆，即能收到理想的效果。

三、门窗框周边渗漏

1、现象

雨水从门窗框与外墙门窗洞口之间的缝隙中入侵，致室内装修霉坏，严重影响使用。参见图 4-1。

图 4-1　窗框周边渗漏

2、原因分析

（1）金属门窗外框与洞口应弹性连接牢固，不得将门窗外框直接埋入墙体，门窗安装节点如图 4-2 所示。门窗外框与墙体之间的缝隙填塞，应按设计要求处理。若设计无要求时，应采用矿棉条或玻璃棉毡分层填塞，缝隙外表留 6～8mm 深、宽的槽口，填嵌密封材料。由于只有一道防水，如果密封膏质量没有保证（易老化、开裂）或填嵌不密实，或无预留槽口（嵌缝膏厚度不足）、清理不干净、密封膏粘结不牢，或保护门窗框的临时性塑料薄膜未清除干净，雨水便可能从缝隙入侵。

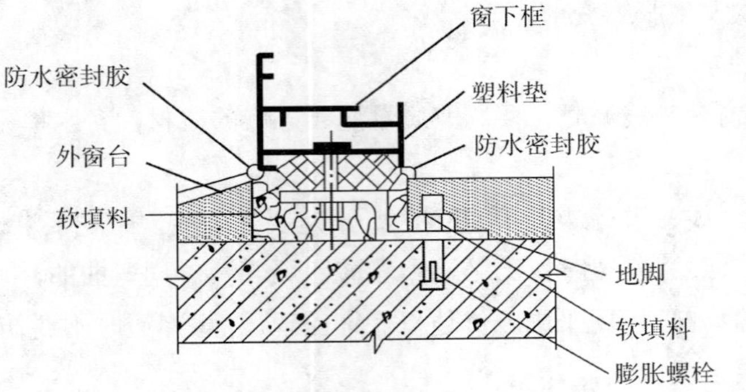

图 4-2　铝合金门窗安装节点

（2）有部分地区的铝合金门窗框采用水泥砂浆材料塞缝（见图 4-3），方法可为先安框后塞砂浆，也可先用水泥砂浆满填框的凹槽后再安框。为保护铝框，在铝材与砂浆接触面范围内涂刷设计要求的防腐材料（如聚氨酯清漆）或满贴厚度大于 1mm 的三元乙丙橡胶软质胶带。砂浆塞缝在一定程度上多了一道防水，但是先安框后塞砂浆的方法，铝框凹槽是难以填塞密实的；先填砂浆后安框的方法，与墙体预留洞口还是有接槎缝隙（固定扇的窗框是四方筒，无凹槽，与墙体之间的缝隙更难填塞密实，因此更容易渗漏）。由于门窗框周边砂浆填缝难免干缩，是雨水渗漏的薄弱环节，应予以淘汰。

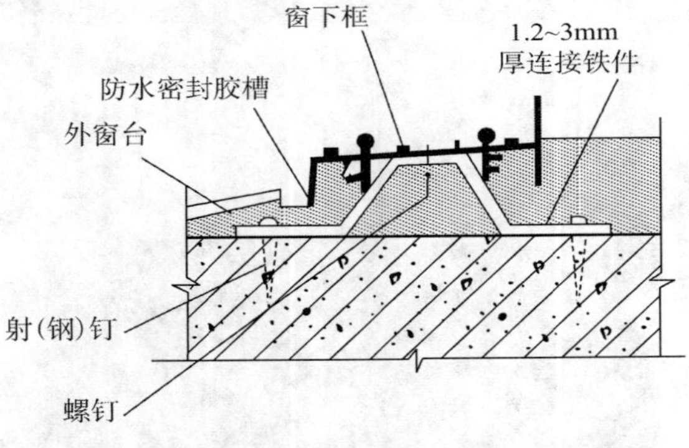

图 4-3　部分地区旧式铝合金门窗安装节点

（3）推拉窗框的凹槽泄水措施不力，或安装孔眼、门窗框四角未作防水处理。

（4）门窗顶部鹰嘴坡度小或滴水线凹槽浅，起不到截水作用；窗框安装不考虑与饰面砖缝的配合，有时为了板块对缝、避免切割，致外窗台坡度小或窗框高差少（甚至饰面砖与窗下框的上口齐平）。窗台基体用黏土砖，是透水材料。

（5）门窗框安装过程中，临时用于调平固定的木块，在饰面施工前未取出，仍然留在缝隙里。

3、防治措施

（1）外墙抹找平层时，就预埋塑料条，保证门窗外框与门窗洞口之间有 6～8mm 宽和深的预留槽口。填嵌防水密封膏之前应清净包裹外框的塑料薄膜和松散砂浆及其他脏物。

（2）除木框外，门窗外框与墙体预留间洞口之间的缝隙不得用水泥砂浆填塞，应用弹性材料填嵌饱满，表面应用防水密封膏密封；最宜填嵌"枪射发泡填缝剂"（附有专用压注工具）。它是一种聚氨酯类发泡填充材料，当压注到缝隙里后，能发泡膨胀、胀填缝隙；固化后具有防火、隔热保温和防雨水渗漏等功能。它能填充饱满密实，具有良好的相容性和粘结强度，还有一定的弹性。固化时间约 1h，未固化前不得触碰。如发现未饱满者，还可补压注，固化后再切割平整。其技术经济对比和材料性能见表 4-1、表 4-2。

表 4-1　各填缝材料价格、性能、施工难度和安装质量的对比

填缝材料	价格	施工难度	性能	安装质量
水泥砂浆	低	施工不便、效率低、粉尘大、湿作业	属脆性材料，防水、保温功效不佳	易出现裂缝而影响窗框周边的密封性、防水性
玻纤、岩棉、毛条	中	施工复杂，效率低	属弹性材料，但粘接性、耐久性差，不防水	防水仅靠嵌缝胶，密封、防水、保温质量易下降
窗用嵌缝密封膏	中	施工方便，但仅表面密封	属弹性材料，不膨胀，老化后易剥落	不能填充空洞深处，因而密封性受到影响
聚氨酯（PU）发泡填缝剂	较高	施工方便、效率高、环保	属弹性材料，延展性好、体积可膨胀，密封、防水、保温、绝缘	保证窗框周边的严密性，防止窗框热胀冷缩引起的不良影响，防水性能良好

表 4-2　聚氨酯（PU）门窗高效填缝剂的性能指标

项　目		指　标
外观		淡黄色
密度/（kg/m^3）		23
抗压强度/MPa		0.064
吸水率/（%）		4.4
导热系数/（W/m·K）		0.045
燃烧性（水平法）	平均燃烧时间 s	22
	平均燃烧范围 mm	48
拉伸粘结强度/MPa	PVC 板 标准条件	0.208
	PVC 板 浸水 7d	0.21
	水泥砂浆 标准条件	0.250
剪切强度/MPa		0.156
透水量（24h）		2.5
尺寸稳定性/（%）	平面向	5.5
	发泡向	1.8
弹性（压缩 5%、10min，回复 10min）/（%）		97

（3）推拉窗窗框的凹槽会滞水，其外侧应开约 6mm×50mm 的长方形泄水孔，能及时排泄雨水。窗框的安装孔眼和窗框四角的接头必须作好防水处理。固定扇的窗框是四方筒，无凹槽，窗框周边更容易渗漏，因而必须十分重视窗顶鹰嘴的排水坡度和窗框周边防水密封胶的施工质量。

（4）门窗楣的鹰嘴和窗台排水坡度不小于 20%，滴水凹槽的深和宽不小于 10mm（滴水线的截面尺寸为 10～20mm）；鹰嘴和窗台应从正前方排水，鹰嘴、窗台滴水与外墙面应有断水设置。

（5）窗台宜采用透水性能差的混凝土材料；窗下框的安装标高应与窗洞边大墙面饰面砖的水平砖缝线相配合，并宜迁就板缝位置，预留足够尺寸，保证窗台饰面砖低于窗的下框并排水畅顺。

（6）临时固定门窗框的木楔块，饰面施工前必须清除干净。

（7）外墙面上的门窗完工之后，应在现场喷淋作水密性试验，及早发现有无渗漏。

4、治理方法

门窗框周边如出现渗漏，可根据本条“预防措施”内容逐一查清原因，进行治理。对于采用砂浆填塞框边缝隙者，可压注微膨胀水泥或聚合物（如聚醋酸乙烯——乙烯共聚物，即 EVA 或 VAE 乳液）水泥浓浆或压注“发泡填缝剂”；压注水泥浆的工具有手摇泵或防水密封胶的压注工具。对有保温隔热要求的门窗可压注“发泡填缝剂”。以上治理均须由专业队伍进行。

四、门窗栏杆成品破损

1、现象

门窗栏杆等成品破损严重。参见图 4-4。

图 4-4　百叶窗污染严重

2、原因分析

施工单位未按成品保护方案进行操作。

3、防治措施

（1）安装好的玻璃护栏应在玻璃表面涂刷醒目的图案或警示标识，以免因不注意而碰、撞到玻璃护栏。

（2）安装好的木扶手应用泡沫塑料等柔软物包好、裹严，防止破坏、划伤表面。

（3）铝合金门窗框应有保护胶纸和塑料膜封贴包扎，再进行门窗框与墙体之间缝隙的填嵌和洞口墙体表面装饰施工，以防止水泥浆、喷涂材料等污染。

（4）铝合金窗接地焊接时，应采取措施防止电焊火花损坏周围的铝合金窗型材、玻璃等材料。

（5）严禁在安装好的铝合金门窗、栏杆扶手、玻璃护栏上安放脚平架，悬挂重物，经常出入口的门洞口，应及时用木板保护门框，严禁踩踏、碰擦。

（6）交工前撕去保护层时，要轻轻剥离，不得划破、剥花铝合金表面氧化膜。

4、优质工程示例

参见图 4-5。

图 4-5 门窗安装规范、界面清晰

五、门框上方或侧面填塞

1、现象

门框上方或侧面用砖填塞。参见图 4-6、图 4-7。

图 4-6 电梯门洞立边棱砌易脱落

图 4-7 防火门后塞口用碎砖填塞

2、原因分析

过梁标高未控制好，图施工方便，未考虑开裂、脱落，影响使用功能。

3、防治措施

门框与墙体缝隙≥60mm 应采取植筋，大于 20～55 的缝隙应采取钢丝网锚固，用细石混凝土捣填。

4、优质工程示例

参见图 4-8。

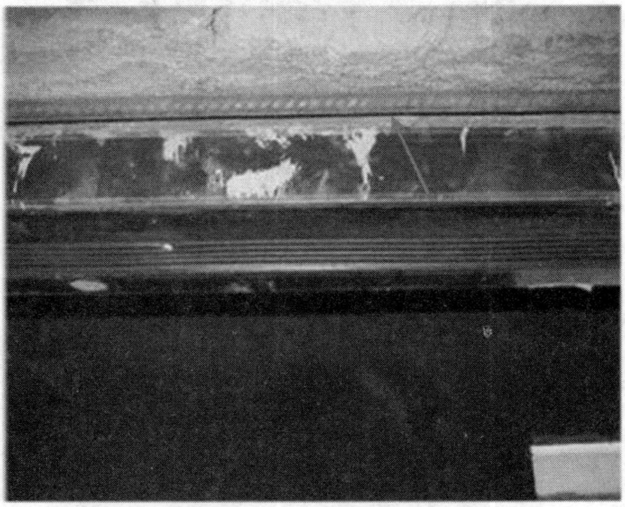

图 4-8 后塞口植筋作法较好

第二节　金属门窗安装

一、铝合金门窗材料质量较差

1、现象

铝合金门、窗材料材质质量差。参见图 4-9、图 4-10。

图 4-9　铝合金门材质不符合设计和规范要求

图 4-10　铝合金窗材质不符合设计和规范要求

2、原因分析

铝合金门、窗材料不符合下列质量标准：

（1）铝合金门窗所用材料应符合现行国家标准、行业标准及有关规定。

（2）铝合金门窗用的硅酮结构密封胶，应与所接触材料相容。

（3）铝合金门窗主型材壁厚应符合设计要求，当设计无要求时，则应满足：门型材截面主要受力部位最小实测厚度应不小于 2. 0mm，窗型材截面主要受力部位最小实测壁厚应不小于 1. 4mm。

（4）玻璃应采用国家标准《平板玻璃》（GB 11614）规定的汽车级浮法玻璃或以其为原片的各种加工玻璃，也可采用夹丝玻璃、压花玻璃。

（5）五金配件应符合设计要求和有关技术条件规定。

（6）密封材料应采用三元乙丙橡胶、氯丁橡胶、硅橡胶等热塑性弹性密封条，并应符合现行有关标准的规定。

（7）铝合金门窗框扇杆件连接定位卡板、加强垫板、窗墙锚固件、防雷连接件等钢材连接件应符合现行国家标准的规定。

（8）与铝合金门窗框扇型材连接用的紧固件应采用不锈钢件，不得采用铝及铝合金抽芯铆钉做门窗构件受力连接紧固件。

3、防治措施

（1）设计单位应根据使用功能、地区气候确定风压强度、空气渗透、雨水渗透性能指标，选择相应的型材规格。

（2）对所使用的铝合金型材及配件应事先进行型材厚度、氧化膜厚度、硬度及型号等检验，合格后方准使用。

（3）不可因降低成本而采用小于设计厚度的型材。

4、优质工程示例

参见图 4-11。

图 4-11　铝合金窗材质符合要求

二、铝合金推拉窗脱轨

1、现象

目前铝合金推拉窗的应用较为盛行，但在使用当中常发现推拉过程中发生脱轨现象。

2、原因分析

（1）由于窗扇是先向上插入轨道槽，而后再使下部走轮落在轨道上，所以上部留有较大空间。如果安装不好或使用不对（例如推拉过猛等），就易造成脱轨现象，有时还会使窗扇坠落。

（2）双扇对开式推拉窗，由于窗锁安装在中间，未与边框连接，窗扇容易被人整体向上抬起。

3、防治措施

在铝合金推拉窗上安装使用厚塑料片自制的防脱片，可起到较好的作用。这种防脱片制作和安装简单、经济、实用。具体制作安装方法如下。

用厚 10mm 左右的硬质塑料板裁成长条，其长、宽应视具体情况而定，宽度要略比扇料厚度小些。防脱片的一端应与上道槽顶部留有一定缝隙（以不影响窗扇灵活开启为好），下部用螺钉固定在扇侧上端。上好后要来回推拉窗扇，检查其是否推拉自如，这样铝合金推拉窗的防脱装置就安装完毕了，见图 4-12。

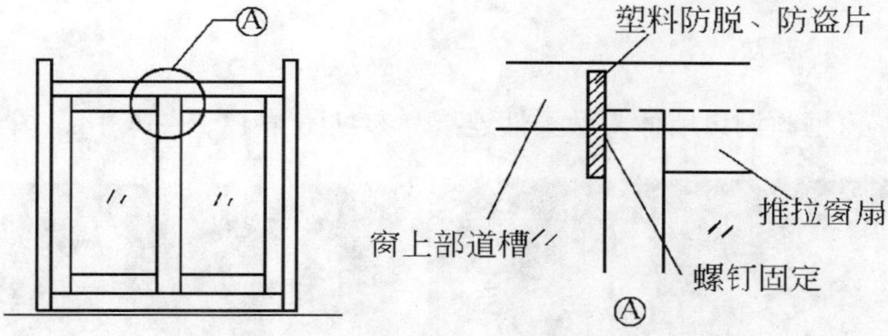

图 4-12　铝合金推拉窗防脱装置安装示意图

三、铝合金门窗玻璃胶条脱出或端部短缺

1、现象

铝合金门窗在使用过程中最常见的弊病是玻璃胶条脱出或端部短缺，这种通病不仅影响美观，往往还会导致透风透雨、玻璃颤动等弊端，严重影响门窗的使用功能。

2、原因分析

（1）玻璃胶条本身质量低劣。目前有大量的再生无弹性玻璃胶条流入市场，这类胶条不仅老化快，而且收缩量大（一般在 5%以上）。由于这类胶条价格低，不少施工单位为图便宜而采用。

（2）玻璃胶条下料时不留余量，导致胶条收缩后变短。

（3）玻璃胶条不打固定胶或打胶方法不正确。习惯上打胶是在胶条安装后将胶涂于胶条端部的表面，这样做不仅固定不了胶条，还会造成污染。

3、防治措施

（1）在选材上，一定要采用弹性好、抗老化的优质玻璃胶条（再生条韧性差，用手扭很容易断）。

（2）玻璃胶条下料时应留出 2%的余量作为收缩储备（在安装时可将多余部分塞进玻璃槽内）。方形和矩形玻璃的胶条不得采用围圈式安条法，而要在四角将胶条断开对接，但每边也只能使用一根整条，不得采用多段拼接。胶条端部应进行 45° 切割，四角呈“八”字形对接。

（3）安装玻璃胶条前要清理槽口，避免槽内有异物，导致胶条安装不平。

（4）玻璃胶条一定要打胶固定。具体做法是，在玻璃装上后，胶条安装之前，向玻璃槽端部 20mm 范围内均匀注入玻璃胶（不得使用密封膏替代），然后将胶条塞入。如果胶条长度大于 500mm，每隔 500mm 再增加一处注胶点。

四、铝合金门窗框连接处未做柔性连接

1、现象

铝合金门、窗框与洞口墙体未做柔性连接。参见图 4-13、图 4-14、图 4-15。

图 4-13 门框与洞口墙体之间未做柔性连接

图 4-14 窗框与洞口墙体未做柔性连接

图 4-15 窗框与洞口墙体之间的柔性连接未留槽

2、原因分析

没有按照下列质量标准作业：

（1）铝合金门窗用密封胶条应采用三元乙丙橡胶、氯丁橡胶、硅橡胶等热塑料弹性密封条，并应符合现行标准的规定。

（2）各种密封胶应符合现行标准的规定。

（3）铝合金门、窗与墙体之间的缝隙应填嵌饱满，并采用密封胶密封。密封胶表面应光滑、顺直、无裂纹。

（4）铝合金窗外周边留宽 5mm 深 8mm 槽，然后用防水胶嵌缝。

3、防治措施

（1）铝合金门、窗框与洞口墙体之间应采用柔性连接。缝隙表面留宽 5mm，深 8mm 的槽口，用密封材料嵌填、封严。

（2）在施工过程中不得损坏铝合金门、窗上的保护膜。

（3）如表面沾污了水泥砂浆，应随时擦干净。

4、优质工程示例

参见图 4-16。

图 4-16　铝合金门窗与墙体柔性连接

五、铝合金门窗立口不正

1、现象

铝合金门、窗立口不正。

2、原因分析

没有按照下列质量标准作业：

（1）铝合金门窗的品种类型、产品性能、开启方向、规格尺寸、安装位置等应符合设计的要求和有关标准的规定。

（2）铝型材壁厚、规格及附件的质量应符合设计要求。

（3）门窗框和副框安装必须牢固，预埋件及锚固件的数量、位置与框的连接方式必须符合设计要求。

（4）门窗扇必须安装牢固，并应开关灵活，关闭严密。

（5）门窗配件的型号、规格、数量符合设计要求，安装牢固、位置正确、功能满足使用要求。

（6）铝合金门窗安装的允许偏差和检验方法见表 4-3：

表 4-3　铝合金门窗安装的允许偏差和检验方法

项次	项 目（mm）			允许偏差（mm）	检验方法
1	门、窗槽口宽度、高度	门	≤2000	≤2.0	钢卷尺、量内口
			>2000	≤3.0	
		窗	≤1500	≤1.5	
			>1500	≤2.0	
2	门、窗槽口对角线长度差	门	≤3000	≤3.0	
			>3000	≤4.0	
		窗	≤2000	≤2.5	
			>2000	≤3.5	
3	门、窗框正、侧面垂直度			≤2.5	用垂直检测尺检查
	门、窗框水平度			≤2.0	用 1m 水平尺和塞尺检查
4	门、窗横框标高			≤5.0	用钢直尺检查与基准线比较
5	门、窗竖向偏离中心			≤5.0	用钢直尺检查与垂直线比较
6	框与扇搭接量	平开窗		±1.0	用深度尺或钢直尺检查
		门、推拉窗		±2.0	
7	同樘门、窗相邻扇的横端角高度差			≤2.0	用拉线和钢直尺检查

3、防治措施

（1）安装铝合金、门窗框前，应根据设计要求在洞口上弹出立口的安装线，照线立口。

（2）在铝合金门、窗框正式锚固前，应检查门、窗是否垂直，如发现问题应及时修正后才能与洞口正式锚固。

4、优质工程示例

参见图 4-17。

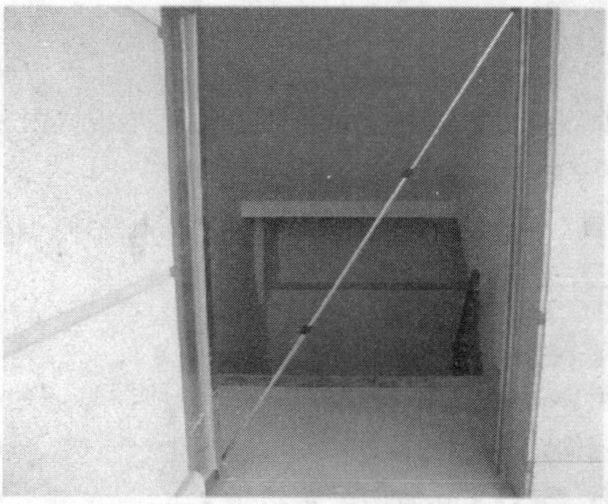

图 4-17　铝合金门安装端正

六、铝合金门窗锚固方法不符合要求

1、现象

铝合金锚固方法不符合要求。参见图 4-18、图 4-19、图 4-20。

图 4-18　锚固件已经生锈

图 4-19　锚固件直接钉在灰缝中

图 4-20　紧固件处没有打密封胶

2、原因分析

没有按照下列质量标准作业：

（1）铝合金门、窗框扇杆件、连接定位卡板、加强垫板、窗墙锚固件、防雷连接件等钢材连接件应符合现行国家标准的规定。

（2）与铝合金门、窗框扇型材连接用的紧固件应采用不锈钢件，不得采用铝及铝合金抽芯铆钉做门、窗构件受力连接紧固件。

（3）门、窗框湿法安装应符合下列规定：

1）门、窗框在洞口墙体就位，用木楔、垫块或其他器具调整定位并临时楔紧固定时，不得使门、窗框型材变形和损坏。

2）连接件应采用 Q235 钢材，其厚度不小于 1. 5mm，宽度不小于 20mm，在外框型材室内外两侧双向固定，固定点的数量与位置应符合设计的要求，并保证每条窗边框与墙体的连接固定点不得少于 2 处，且连接件距门、窗边框四角的距离不大于 200mm，其余固定点的间距不超过 400mm。

3）门、窗框与连接件的连接宜采用卡槽连接。

4）连接件与洞口混凝土墙基体可采用特种钢钉（水泥钉）、射钉、塑料胀锚螺栓、金属胀锚螺栓等紧固连接固定。

5）砌体墙基体应根据各类砌体材料的应用技术规程或要求确定合适的连接固定方法，严禁用射钉固定门窗。

（4）组合门、窗拼樘框必须直接固定在洞口墙基体上。

（5）五金附件的安装应保证各种配件和零件齐全，装配牢固，使用灵活，安全可靠，达到应有的功能要求。

（6）安装所用的螺丝应为铜螺丝或不锈钢螺丝。

（7）窗高≥2m 或面积≥$6m^2$ 的窗框宜固定在混凝土或其他可靠构件上。

3、防治措施

（1）铝合金门、窗选用的锚固件，除不锈钢外，均应采用镀锌、镀铬、镀镍的方法进行防腐蚀处理。

（2）在铝合金门、窗框与钢铁连接件之间用塑料膜隔开。

（3）锚固板的固定方法应符合规范要求。

（4）在砖墙上锚固时，应用冲击钻在墙上钻孔，塞入直径不小于 8mm 的金属或塑料胀管，再拧进木螺丝进行固定。

4、优质工程示例

参见图 4-21。

图 4-21 铝合金窗的锚固方法符合要求

七、铝合金门窗渗漏

1、现象

铝合金门窗渗漏重点有以下几方面：

（1）玻璃的压条如安装在外侧，则增加水从压条缝进入的可能性。

（2）窗框固定码是水渗漏重要途径之一（窗框固定码因内外拉结，在固定码的地方工人很难把缝塞得密实）

（3）窗框塞缝质量的好坏是造成窗框渗漏最主要的因素。（塞缝材料的配比、工艺上的操作）

2、防治措施

（1）所有玻璃压条必须安装在窗的内侧，不准在窗外侧。

（2）在窗扇位置的固定码要内外两向钉牢，其他只需在内钉单边码固定。

（3）塞缝砂浆要采用聚合物防水砂浆，严禁在楼层上人工自行拌制，要用砂浆机拌制。

（4）塞缝工艺上要采用专用工具把聚合物砂浆灌入，不可或减少采用人工用手塞缝工艺，灌缝宽度控制在 20～50mm，少于或超过要另作处理。

3、优质工程示例

参见图 4-22。

图 4-22　铝合金门窗固定牢固不渗漏

八、铝合金窗框塞缝不实

1、现象

铝合金窗边塞缝不密实。参见图 4-23、图 4-24。

图 4-23　塞缝不密实（南方）

图 4-24　使用挤塑板塞缝存在漏水隐患（北方）

2、原因分析

（1）窗洞口尺寸不准确，导致缝隙过大。

（2）塞缝砂浆控制不到位。

（3）技术交底不到位或操作工人偷工。

3、治理方法

（1）砌体或混凝土结构施工时要严格控制好门窗洞口的位置及尺寸。

（2）严格控制塞缝砂浆施工工艺。

第三节 其他门窗安装

一、塑钢门窗常见质量问题

塑钢门窗虽有外表美观、强度高、抗老化、密封性能好、无需维护等优点，但若型材选用不当、制作安装不规范、配件质量差等，则影响塑钢门窗的美观和正常使用，其中较为突出的质量问题主要表现在以下几方面。

1、塑钢门窗在使用后不久，内滑道中积水

造成滑道中积水的原因主要是冬期室内外温差过大，室内暖湿气体遇到玻璃受冷时由气体变成水，流到内侧滑道中，而中间滑道没有排水措施，造成积水长时间存放，既影响门窗的使用功能，又造成尘土等污物堆积在滑道中，影响门窗的美观。

为防止滑道中积水，可在门窗下料后，用仿形铣床将下滑道的中间滑道两端各铣25mm，在焊接后中间滑道就有排水槽了，既不影响门窗的使用功能，又解决了内滑道中积水的问题。

2、塑钢门窗在使用后下滑道内螺钉生锈

造成螺钉生锈的原因主要是在安装阻风块时破坏了塑料型材表面，遇到雨天，雨水从螺钉的缝隙处流入型材腔中形成积水，造成螺钉生锈。这种现象既降低了门窗的强度，又缩短了钢衬的使用寿命；安装人员用钉旋具、铁锤损坏了螺钉的镀锌层，经雨水淋湿也会出现螺钉生锈的现象。

为防止螺钉生锈，在安装阻风块时，为了不破坏塑料型材表面，可选用高强度双面贴固定阻风块，也可用玻璃胶固定阻风块，但粘结时间长，容易被破坏。

3、门窗开关困难及锁具启闭不灵活

造成门窗开关困难及锁具启闭不灵活的主要原因是门窗变形、安装不规范、配件锁具质量差、安装不精确等。在门窗制作过程中，选用强度低的钢衬；下料尺寸不准确；组装未到位，使门窗开关困难，锁具启闭不灵活。门窗安装时，若未校对水平和垂直，平开门窗开时灵活，关时却相对困难；而推拉门窗，由于门窗扇上部靠在上框槽内壁，摩擦增加，推拉困难；有时会因相邻两扇的间距过小，增加摩擦，限制它们之间的相对滑动。在附件安装时，如果推拉窗中的滑轮磨损、同一扇上的两个滑轮轮轴不平行、轮轴与滑轨不垂直、平开窗的合页轴线不在一条线上或合页破裂等，都会影响门窗开关的灵活性。此外，锁具的安装位置不准确，锁具质量差，也会影响门窗的启闭。

为防止门窗开关困难及锁具启闭不灵活，在选料时应注意钢衬不能太薄，其强度、配合尺寸也应符合相应的国家标准或产品技术要求，建议在关键节点使用矩形钢衬；在锁具配件的选购上，应选择有质量保证和信誉好的产品；在门窗下料时，尺寸、角度锯切要准，尽量采用批量化生产的产品；在门窗装配时，注意组装到位，接缝紧密，连接可靠；在门窗安装时，提倡双向挂线，注意测量门窗宽向是否水平，门窗高向是否垂直等。

4、门窗渗水

门窗渗水有多方面原因，如在型材结构设计上，下框挡水板高度偏低，压条拉开口尺寸过大；门窗下料与组装时，门窗变形影响关闭而使密封条不起作用，门窗构件间连接缝隙过大（见图 4-25）；压条或密封胶老化及断裂、脱落，玻璃与压条的开口尺寸、压条尺寸不配套，压条未留收缩余量、密封条及压条截面尺寸及形状不合理（见图 4-26），推拉门窗下框未开排水孔等；门窗安装时，宽向水平差并向内倾，门窗框与洞口之间的缝隙密封不好，未做防水处理等。

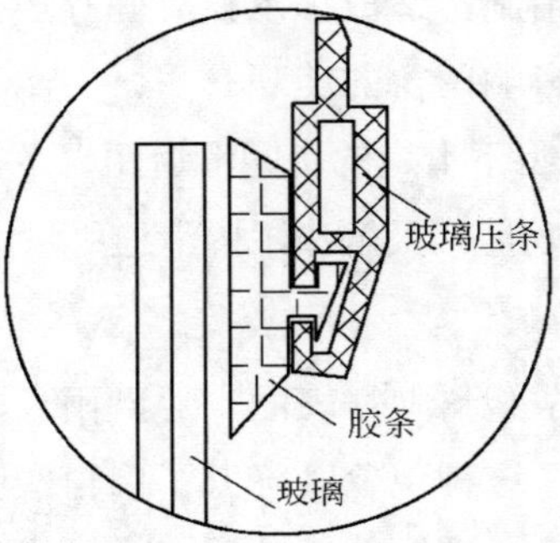

图 4-25　门窗渗水原因分析 1

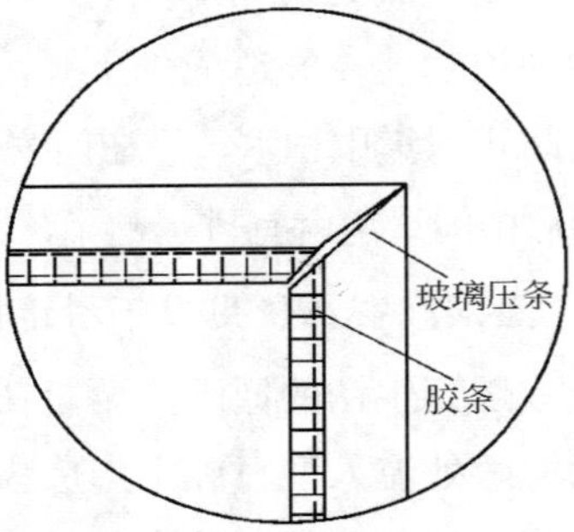

图 4-26　门窗渗水原因分析 2

上图“门窗渗水原因分析 1”、“门窗渗水原因分析 2”为防止门窗在使用时出现渗水现象，首先在型材、玻璃、配件上把好质量关。其次在门窗下料、组装方面要提高制作精细程度，特别要注意嵌玻璃时扇与扇以及扇与四周框搭接处的密封情况。在门窗安装时，注意门窗安装周正、牢固，在门窗框与墙之间用聚氨酯发泡剂填充，打好框与墙间的密封膏（见图 4-27）。建议在窗的下滑道处使用玻璃胶密封，为求颜色统一，可在玻璃胶干后加盖密封膏，以防止门窗渗水。

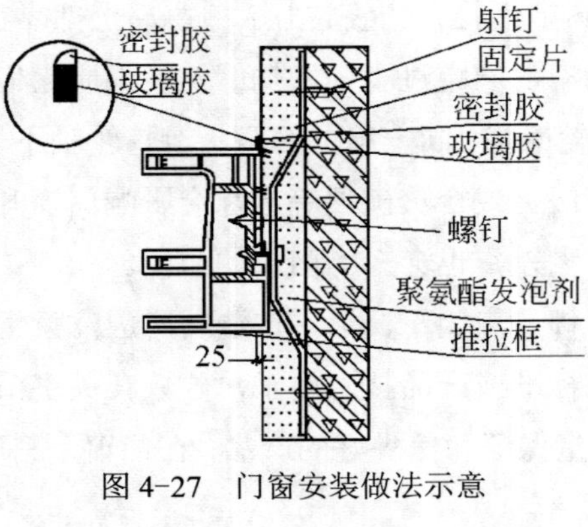

图 4-27　门窗安装做法示意

二、防火门质量常见问题

1、现象

（1）门框及门扇材料质量不合格。

（2）防火门填充材料不合格。

（3）防火玻璃耐火性能差。

（4）闭门器、开关顺序器、防火锁、防火铰链、插销等五金配件损坏。

2、原因分析

（1）一些防火门的木材没有进行阻燃处理或木材阻燃处理没有达到相应的深度，这样会严重影响防火门的耐火性能。

（2）防火门内填充物与检验报告不符，填充材料大多为岩棉板、玻璃纤维板等，大大降低了防火门的耐火隔热性。

（3）由于防火胶丙烯酰胺原材料价格较贵，一些厂家降低了丙烯酰胺的添加量，导致溶液浓度不够，形成的胶体在长时间的放置后沿缝隙出现流淌，交联剂的添加量不够也会影响胶体的胶联度。这些现象会降低防火玻璃的耐火性能，火灾中烟气容易通过破损的玻璃缝隙传递，对人员逃生产生一定的影响。

（4）防火门中必不可少的其他五金配件有闭门器、开关顺序器、防火锁、防火铰链、插销等，其中防火锁、防火铰链、插销只要满足设计要求，其日常使用较少，而闭门器、开关顺序器有可能因为使用不当造成损坏。

3、预防措施

（1）消防产品管理部门不定期对防火门的生产厂进行抽查，重点在产品的生产工艺和质量控制方面进行检查，对不合格的防火门坚决予以拆除处理。

（2）工程验收中对怀疑的木质防火门可施行破拆检查，同时地方消防监督部门与建设委员会共同建立一定的质量监督测试装置，使工程中的防火门质量得到有效的保障。

（3）把防火玻璃的质量控制作为一个检查重点。

（4）对经常使用的五金配件经常检查，发现损坏及时更换。

第五章　吊顶工程

第一节　吊杆、吊筋安装

一、吊顶螺丝紧固不到位

1、现象

在轻钢龙骨石膏板吊顶制作过程中，主吊螺丝及副吊紧固不到位，易造成顶面下垂接缝开裂等现象。参见图 5-1。

图 5-1　螺丝紧固不到位

2、原因分析

主吊螺丝及副吊紧固不到位，尤其是副吊紧固在施工过程中，经常施工人员用手一抓一握草草了事。造成各部分的副吊紧固不统一，石膏板受力不均衡，造成石膏板顶面下垂接缝开裂等现象。

3、防治措施

制作调平工程中，在拧紧主吊螺丝的同时用老虎钳将副吊紧固到位，使之整个平面受力均衡，确保顶面整体平整牢固。

4、优质工程示例

参见图 5-2。

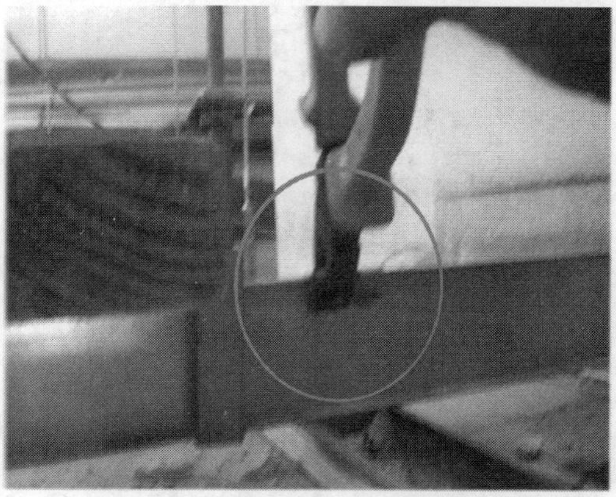

图 5-2　螺丝紧固规范

二、吊顶吊筋弯曲

1、现象

吊顶吊筋采用弯曲丝杆固定连接会造成质量问题。参见图 5-3。

图 5-3　吊顶采用弯曲杆件

2、原因分析

（1）项目部没有按照施工规范对施工班组进行技术交底。

（2）采用弯曲丝杆固定连接，不符合施工规范要求。

（3）管理人员对施工规范要求掌握不够，检查不到位。

3、防治措施

（1）管理人员要加强施工规范的培训，掌握施工规范，保证施工质量。

（2）要对施工班组进行严格的技术交底。

（3）吊顶采用的丝杆要垂直，不能弯曲。

4、优质工程示例

参见图 5-4。

图 5-4　吊顶杆件顺直

三、吊顶检修口四周未增设吊杆

1、现象

上人石膏板吊顶检修口四周未增加吊杆，后期检修时容易踩破石膏板。参见图 5-5。

图 5-5　吊顶检修口未增加吊杆

2、原因分析

（1）前期策划不到位，没能对施工班组进行技术交底。

（2）吊顶分项工程属于双包，施工班组存在偷工减料现象。

（3）项目部存在以包代管现象，施工过程中监控力度不够。

3、防治措施

（1）做好前期策划，对施工班组要进行全面的技术交底。

（2）特别是双包工程，项目部在施工过程中要加强监控不能以包代管，发现质量问题要坚决返工整改。

4、优质工程示例

参见图 5-6。

图 5-6　吊顶检修口有吊杆设置

第二节　龙骨等支撑件安装

一、铝合金龙骨线条不平直

1、现象

铝合金主龙骨、次龙骨纵横方向线条不平直；吊顶造型不对称、罩面板布局不合理。

2、原因分析

（1）在吊顶施工前，未拉十字线分中、对称安装龙骨，对于长走廊，未拉通长中心线。

（2）主龙骨、次龙骨受扭折，虽经修整，仍不平直。

（3）挂沿线或镀锌铁丝的射钉位置不正确，拉牵力不均匀。

（4）未拉通线全面调整主龙骨、次龙骨的高低位置。

（5）四周墙面的水平线应测量正确。

（6）铺安罩面板的流向不正确。

3、防治措施

（1）按吊顶设计标高，在房间四周的水平线位置拉十字中心线。从房间中心开始分格龙骨位置。

（2）严格按设计要求布置主龙骨和次龙骨。

（3）中间部分先铺整块罩面板，余量应平均分配在四周最外边的一块，便于调整。

（4）在调整时，对纵横向龙骨一定要拉通线。

4、优质工程示例

参见图 5-7。

图 5-7　铝合金龙骨布局规整

二、轻钢龙骨吊顶不平整

1、现象

轻钢龙骨吊顶主龙骨吊顶与副龙骨挂钩未正反安装，封板后因石膏板自重易导致龙骨受力不平衡，影响吊顶平整度。参见图 5-8。

图 5-8　主龙骨吊顶与副龙骨挂钩未正反安装

2、原因分析

（1）工人流动性较强，新进人员对施工规范了解不深，未培训就上岗。

（2）对班组的技术交底未做到全员交底，只限于形式与班组长签字。

3、防治措施

（1）班组人员要组织先培训，合格后再上岗。

（2）做好前期策划工作，对班组进行全员技术交底（做提前房做实物交底）。

（3）轻钢龙骨吊顶主龙骨吊顶与副龙骨挂钩（二正一反）都必须正反扣安装。

4、优质工程示例

参见图 5-9。

图 5-9　主龙骨吊顶与副龙骨挂钩正反扣安装

三、吊顶主龙骨接头未锚固

1、现象

吊顶主龙接头没有锚固，容易松脱，影响吊顶龙骨强度和易变形。参见图 5-10。

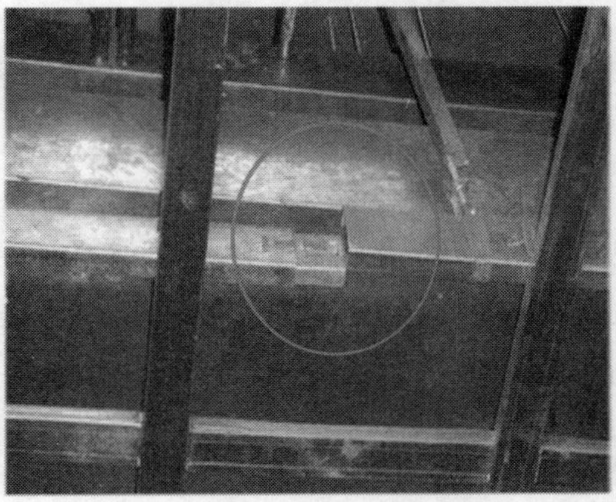

图 5-10　龙骨接头变形

2、原因分析

在项目施工中，经常会忽视对主龙的接头锚固，给以后的吊顶的质量带来变形，下沉等质量隐患。

3、防治措施

主龙的接头必须要进行锚固处理，防止脱离引起的吊顶质量问题。

4、优质工程示例

参见图 5-11。

图 5-11　龙骨接头锚固规范

四、龙骨安装起伏不平

1、现象

吊顶龙骨安装后，其下表面的拱度不均匀、不平整，严重时出现波浪形、吊顶龙骨周边和四角不平；还有的吊顶完工后，经短时间使用，吊顶表面产生凹凸变形的现象。

2、原因分析

（1）在吊平顶前四周未准确弹出水平基准线，或未按水平基准线施工。

（2）平顶中间部位的吊杆未按起拱曲线往上调整。

（3）吊杆间距大或龙骨悬挑距离过大。

（4）吊顶龙骨材质不好、变形大、不顺直、有硬弯，施工中又难以调直；木材含水率过大，在施工中或交工后产生收缩翘曲变形；轻钢龙骨弯曲未作调整。

（5）吊杆未做仔细调整，局部吊杆受力不匀，甚至未受力。

（6）暗架平顶罩面板接缝部位批嵌较厚造成接缝突出，形成平顶起伏。

（7）罩面板吸潮后变形。

3、防治措施

(1)在吊平顶前必须对所用材料进行选择，检查整理，将不符合要求的材料予以剔除。

(2)在施工中根据平顶确定的高度，在四周墙上弹出水平线。根据房间的开间和平顶所用的材料确定吊杆的用料和排列间距。固定木吊杆时，吊杆不得劈裂，也不得用细钢丝气针固定，以免木吊杆脱落。吊杆应避免采用铁丝，特别是暗架平顶，由于平顶自身重量比较大，铁丝因绑扎扣受拉力后易发生变形，使吊拉距高增加，造成平顶下沉。

(3)在安装龙骨时，应避免龙骨变形。在两根主龙骨接头处应增设吊杆。主龙骨对接时可采用帮条（接头夹板）加固，帮条应与主龙骨可靠固定。

(4)吊杆、龙骨调整时，在中间部位应起拱，一般可按为房间的短向跨度高度的1/200起拱。

(5)在墙体砌筑时，应按吊顶标高沿墙@1000牢固的预埋木砖，以固定墙周边的吊顶龙骨。

(6)暗架平顶在固定罩面板时，螺钉尾不应外露，接缝批嵌、贴缝后，应进行满批，使罩面板接缝处与中间部位成同一平面。平顶施工完毕后应避免受潮，特别是轻质平顶。

(7)吊平顶要求安装牢固、不松动，表面应平整。在吊平顶封板前，必须对吊点、龙骨、吊杆的安装进行检查，凡发现吊点松动、吊杆弯曲、龙骨松动、不平整、吊杆歪斜等情况的应督促施工人员进行调整。若吊平顶内敷设电气管线、空调管线、给排水管线等时，必须待其安装完毕、调试符合要求后再封罩面板，以免施工影响平顶的平整。罩面板安装后应检查其是否平整，一般以观察、手试方法检查，必要时可用拉线、尺量的方法检查其平整情况。

五、木吊顶龙骨拱度不匀

1、现象

(1)吊顶龙骨装钉后，其下表面的拱度不均匀、不平整，甚至成波浪形。

(2)吊顶龙骨周边或四角不平。

(3)吊顶完工后，经过短期使用产生凹凸变形。

2、原因分析

(1)木吊顶龙骨的材质不好，变形大、不顺直、有硬弯，施工中又难于调直；木材含水率较大，在施工中或交工后产生收缩翘曲变形。

(2)不按规程操作，施工中吊顶龙骨四周墙面上不弹平线或平线不准，中间不按平线起拱，造成拱度不匀。

(3)吊杆或吊筋的间距过大，吊顶龙骨的拱度不易调匀。同时，受力后易产生挠度，造成凹凸不平。

(4)吊顶龙骨接头装钉不平或接出硬弯，直接影响吊顶的平整。

(5)受力节点结合不严密、不牢固，受力后产生位移变形。常见的有：

1）装钉吊杆、吊顶龙骨接头时，因材质不良或钉径过大，节点端头被钉劈裂，松动不牢而产生位移。

2）吊杆与吊顶龙骨未用半燕尾榫相连接，极易造成节点不牢或使用不耐久的弊病。

3）钢筋混凝土板下吊顶，吊筋螺母处未加垫板，龙骨上的吊筋孔径又较大，受力后螺母吃入木料内，造成吊顶局部下沉（如图 5-12 中 10）；或因吊筋长度过短不能用螺母固定（如图 5-12 中 11），导致加大吊筋间距，受力后变形也加大。

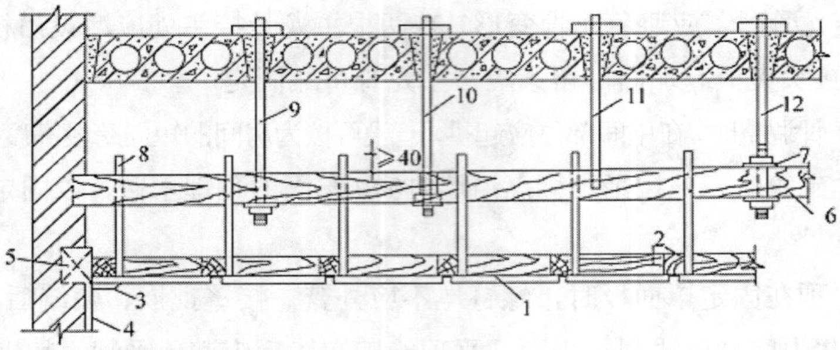

图 5-12 钢筋混凝土板下吊顶

1—轻质板块；2—吊顶龙骨；3—木压条；4—抹灰层；5—木砖；6—龙骨；7—垫木；8—吊杆；9—单螺母吊筋（正确做法）；10—吊筋螺母处未加垫板（错误做法）；11—吊筋过短（错误做法）；12—双螺母吊筋（正确做法）

4）钢筋混凝土板下吊顶，用射钉锚固龙骨时，射钉未射牢固或间距过大，受荷后射钉松脱或龙骨下挠。

3、防治措施

（1）吊顶应选用比较干燥的松木、杉木等软质木材，并防止受潮和烈日曝晒；不宜用桦木和柞木等硬质木材。

（2）吊顶龙骨装钉前，应按设计标高在四周墙壁上弹线找平；装钉时四周以平线为准，中间按平线起拱，起拱高度应为房间短向跨度的 1/200，纵横拱度均应吊匀。

（3）龙骨及吊顶龙骨的间距、断面尺寸应符合设计要求；木料应顺直，如有硬弯，应在硬弯处锯断，调直后再用双面夹板连接牢固；木料在两吊点间如稍有弯度，弯度应向上。

（4）各受力节点必须装钉严密、牢固，符合质量要求。可采取以下措施：

1）吊杆和接头夹板必须选用优质软材制作，钉子的长度、直径、间距要适宜，既能满足强度要求，装钉时又不能劈裂。

2）吊杆应刻半燕尾榫（见图 5-13），交叉地钉固在吊顶龙骨的两侧，以提高其稳定性；吊杆与龙骨必须钉牢，钉长宜为吊木厚的 2～2.5 倍，吊杆端头应高出龙骨上皮 40mm，以防装钉时劈裂（见图 5-14）。

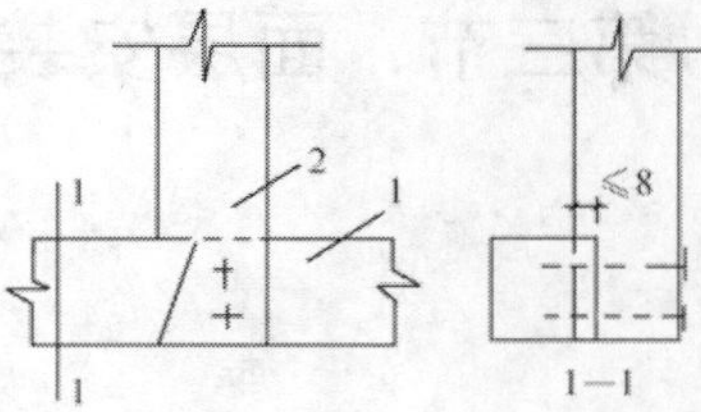

图 5-13　半燕尾榫示意图

1—吊顶龙骨；2—吊杆

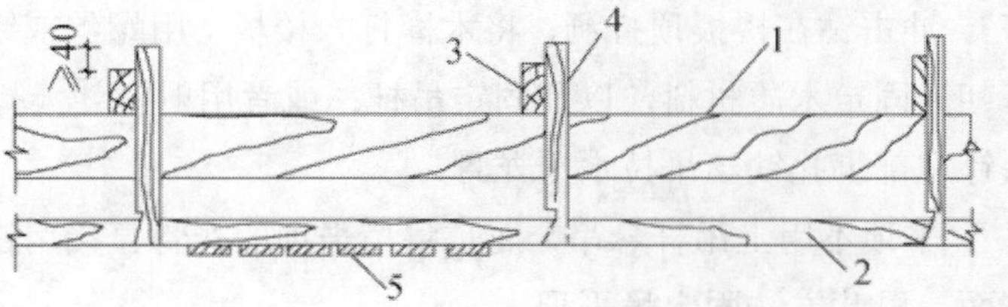

图 5-14　木屋架吊顶（单位：mm）

1—屋架下弦；2—吊顶龙骨；3—龙骨；4—吊杆；5—板条

3）如用吊筋固定龙骨，其吊筋位置和长度必须埋设准确，吊筋螺母处必须设置垫板。如木料有弯与垫板接触不严，可利用撑木、木楔靠严，以防吊顶变形。必要时应在上、下两面均设置垫板，用双螺母紧固。

4）吊顶龙骨接头的下表面必须装钉顺直、平整，其接头要错开使用，以加整体性；对于板条抹灰吊顶，其板条接头必须分段错槎钉在吊顶龙骨上，每段错槎宽度不宜超过500mm，以加强吊顶龙骨的整体刚度。

5）在墙体砌筑时，应按吊顶标高沿墙牢固地预埋木砖，间距1m，以固定墙周边的吊顶龙骨，或在墙上留洞，把吊顶龙骨固定在墙内。

6）用射钉锚固时，射钉必须牢固，间距不宜大于400mm。

（5）吊顶内应设置通风窗，使木骨架处于干燥环境中；室内抹灰时，应将吊顶入孔封严，待墙面干后，再将入孔打开通风，使吊顶保持干燥环境。

4、治理方法

（1）如木吊顶龙骨拱度不匀，局部超差较大，可利用吊杆或吊筋螺栓把拱度调匀。

（2）吊杆被钉劈裂而节点松动时，必须将劈裂的吊杆换掉；吊顶龙骨接头有痂，应将夹板起掉，调直后再钉牢。

（3）因射钉松动而节点不牢时，必须补射射钉。如射钉不能满足节点荷载时，用膨胀螺栓锚固。

第三节　面层安装

一、悬吊式平顶塌落

1、现象

吊平顶整体或局部塌落，造成室内物品损坏或人员伤亡。

2、原因分析

（1）“朝天钉”。冲击钻在楼板顶打洞，将木榫打入楼板，用螺丝或铁钉在木榫上固定吊杆；有的用汽钉朝天固定木质材料，以此固定吊杆；或者用射钉朝天打入混凝土楼板，或者用朝天钉的铁钉尾部绑扎铁丝吊拉水平龙骨。

（2）“撑平顶”。平顶不用上吊杆悬吊，而是将吊平顶的龙骨直接用铁钉或汽钉固定在四周墙上或梁的侧面，以此方法固定吊平顶。

（3）吊杆超荷载。吊平顶的吊杆杆件太细或稀少，平顶重量超过吊杆所能承受的拉力及固定点的锚固强度。

（4）木吊杆劈裂或汽针太短、太少。当居室刚装饰完后的一段时间，由于朝天钉靠钉子钉入楼板的摩擦力需承受平顶重量；平顶仅靠四周固定，龙骨中间无吊杆，龙骨下挠；吊杆稀少；木吊杆劈裂或钉子钉入太细、长度不足等；时间长了或平顶受到振动时，就会造成平顶塌落事故。

3、防治措施

（1）吊顶吊杆的连接方式，应在装饰设计方案中予以明确，并在施工中严格执行方案的设计内容。

（2）当必须采用朝天方式连接固定时，应采用膨胀螺栓或专用胀管。

（3）连接主次龙骨应用螺丝连接，平顶龙骨应用吊杆连接，当在龙骨上固定较重灯具时需另行加强。

（4）对于吊平顶吊杆，龙骨的安装应在安装吊顶面板前进行全面检查，一般用尺量、手试和观察检查的方法。

二、平顶出现裂缝

1、现象

平顶施工完毕后不久，有的平顶出现裂缝，特别是在罩面板接缝部位比较普遍。

2、原因分析

（1）罩面板破损未剔除。

（2）罩面板干燥后收缩。

（3）板缝处理不符合要求。

（4）平顶刚度不足。

3、防治措施

（1）在安装罩面板时，应将受损后出现暗裂缝的罩面板予以剔除，如安装后发现应及时更换。

（2）应选质量较好、收缩变形小的罩面板。如果使用空调，温度不宜太高，以免罩面板、腻子干燥收缩产生裂缝。

（3）在固定罩面板时，罩面板的长边应垂直于次龙骨。罩面板应用沉头自攻螺丝固定，其周边钉距应小于200mm，中间应小于300mm，螺丝距板边缘应控制在10～16mm之间。板与板之间应离缝，缝隙间距控制在5mm左右，将板缝隙内杂物、松动之物清除干净后，先用干硬性腻子将缝隙填嵌密实，待干后批嵌稠度较大的腻子，再贴上接缝带，用刮刀刮平压实，赶出腻子与接缝带之间的气泡。待腻子干后进行满批平顶，直至平整，以避免板缝内出现腻子干燥收缩时产生裂缝。

（4）为增加平顶的刚度，主龙骨的间距不宜大于1m，并不得采用小钢筋或铁丝作吊杆，吊杆与龙骨之间连接牢固不得松动，吊杆应加反撑，以增加平顶的刚度，避免平顶受外力影响产生振动而出现裂缝。

三、拼板处不平整产生裂缝

1、现象

吊顶面层出现裂缝，尤其是拼接处裂缝。

2、防治措施

（1）吊杆与龙骨安装应平整，受力节点结合应严密牢固，可用砂袋等重物试吊，使其受力后不产生位移变形，方能安装面板。

（2）湿度较大的空间不得用吸水率较大的石膏板等作面板。

（3）使用纸面石膏板时，自攻螺钉与板边或板端的距离不得小于10mm，也不宜大于16mm；板中螺钉的间距不得大于200mm。

（4）整体紧缝平顶，其板材拼缝处要统一留缝2mm左右，宜用弹性腻子批嵌，并外贴拉结纸带或布条1～2层，拉结带宜用的确良布或编织网带，然后批平顶大面。

四、纤维板或胶合板吊顶面层变形

1、现象

纤维板、胶合板吊顶装钉后，部分板块逐渐产生凹凸变形现象。

2、原因分析

（1）纤维板或胶合板，在使用中要吸收空气中的水分，特别是纤维板不是均质材料，各部分吸湿程度差异大，故易产生凹凸变形；装钉板块时，板块接头未留空隙，吸湿膨胀后，没有胀缩余地，会使变形程度更为严重。

（2）板块较大，装钉时没能使板块与吊顶搁栅全部贴紧，又从四角或四周向中心排钉装钉，板块内储存有自应力，致使板块凹凸变形。

（3）吊顶搁栅分格过大，板块易产生挠度变形。

3、防治措施

（1）宜选用优质板材，以保证吊顶质量。胶合板宜选用五层以上的椴木胶合板；纤维板宜选用硬质纤维板。为尽可能防止板块凹凸变形，装钉前应采取如下措施：

1）为使纤维板的含水率与大气中的相对含水率相平衡或接近，减少纤维板吸湿而引起的凹凸变形，对纤维板宜进行浸水湿处理。具体作法是：将纤维板放在水池中浸泡 15～20min，一般硬质纤维板用冷水；掺有树脂胶的纤维板要用 40℃左右的热水。板从水中取出后毛面向上，堆放在一起，约 24h 打开垛，使整个板面处在室温 10℃以上的大气中，与大气温度平衡，一般放置 5～7d 后就可使用。

2）经过浸水湿处理的纤维板，四边易产生毛口。所以，用于装钉纤维板明拼缝吊顶或钻孔纤维板吊顶时，宜将加工后的小板块，两面均涂刷一遍猪血（或其替代品）来代替浸水，约经 24h 干燥后再涂刷一遍油漆，干后在室内平放成垛保管待用。

3）胶合板不得浸水和受潮，装钉前两面均涂刷一遍油漆，以提高抵抗吸湿变形的能力。

（2）轻质板块宜用小齿锯截成小块后装钉。装钉时必须由中间向两端排钉，以避免板块内产生应力而凹凸变形。板块接头拼缝必须留 3～6mm 的间隙，以减轻板块膨胀变形程度。

（3）用纤维板、胶合板做吊顶时，其吊顶搁栅的分格间距不宜超过 450mm，否则，中间应加一根 25mm×40mm 的小搁栅，以防板块中间下挠。

（4）合理安排工序。如室内湿度较大，宜先装钉吊顶木龙骨，然后进行室内抹灰，待抹灰干燥后再装钉吊顶面层。但施工时应注意周边的吊顶搁栅应离开墙面 20～30mm（即抹灰层厚度），以便在墙面抹灰后装钉吊顶面板及压条。

（5）若有个别板块变形过大时，可由入孔进入吊顶内，补加一根 25mm×40mm 的小搁栅，然后在下面将板块钉平。

五、石膏板吊顶开裂

1、现象

石膏板吊顶开裂、洞口转角处开裂，灯槽周围开裂。参见图 5-15。

图 5-15　石膏板吊顶开裂

2、原因分析

（1）轻钢骨架局部节点构造不合理，吊杆间距和龙骨悬臂尺寸不符合要求，吊杆不垂直。

（2）轻钢骨架转角处吊固不牢。

（3）石膏板板边未倒角缝，石膏板补缝腻子太硬，绷带漏贴或粘贴不正确。

3、防治措施

（1）顶棚的轻钢骨架应吊在主体结构上，吊杆间距和龙骨悬臂尺寸符合要求；顶棚内的管线、设备件不得吊固在轻钢骨架上。吊顶轻钢骨架在留洞、灯具口、通风口等处，应保证吊挂的刚度。

（2）转角处，在副龙骨增加加固 L 形扁铁或斜撑，饰面石膏板转角处要套裁。

（3）板接缝处，要用到刀切成 V 字形，便于腻子嵌入和增加接触面积，保证接缝处严密；石膏板补缝腻子要用专用腻子。

（4）石膏板隔墙，平面墙面超过 6m，设计时板面要设置变形缝，缝隙用压条盖缝。

（5）纸面石膏板吊顶洞口四周必须安装 50 副龙骨作为加强龙骨；石膏板接头处必须安装 50 副龙骨作横撑龙骨，卡子用钳子夹紧。

六、纸面石膏板吊顶顺板缝开裂

1、现象

纸面石膏板吊顶，特别是面积较大的吊顶，最常见的问题是顺板缝开裂，严重影响观感效果。

2、原因分析

纸面石膏板在温、湿度变化时会发生一定的伸缩变形，而石膏板接缝处是整个顶棚的薄弱环节，因此裂缝往往会出现在石膏板的接缝处。

3、防治措施

（1）纸面石膏板与周围墙体间留置10mm左右缝隙，并避免与墙体直接固定、连接，使石膏板吊顶能较自由的伸缩（见图5-16）。

（2）加强板与板之间的连接，提高板缝处的抗拉能力。板缝处用60mm宽薄布带和白乳胶粘贴牢固，然后用腻子刮平、喷刷涂料。

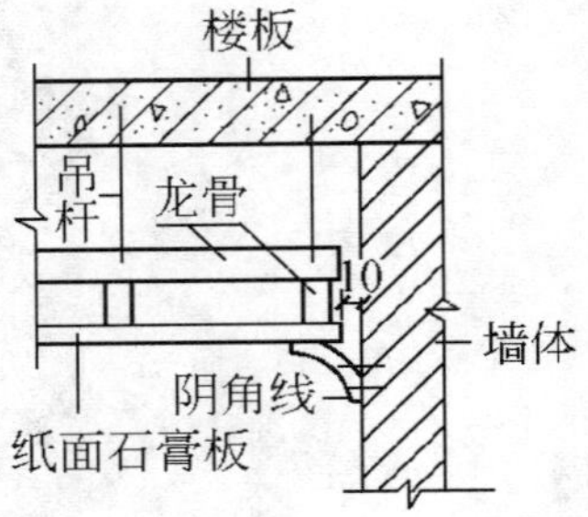

图5-16　板与墙体间留置空隙

第四节　吊顶工程其他质量问题

一、基层转角处未采取硬连接

1、现象

全轻钢龙骨吊顶基层转角处未采取硬连接，影响吊顶牢固性与稳定性，从而使石骨板极易裂缝。参见图5-17。

图5-17　转角处连接不规范

2、原因分析

（1）策划不到位。

（2）技术交底不清。

（3）施工中监控不力。

3、防治措施

在轻钢龙骨转角处增加硬连接加强其牢度。提前做好预防措施及实物交底。

4、优质工程示例

参见图 5-18。

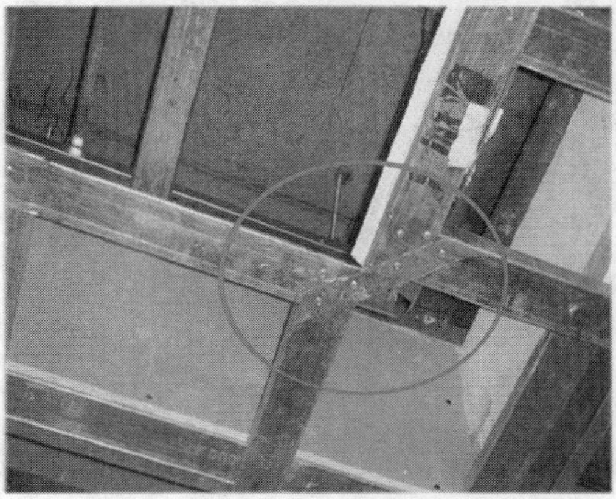

图 5-18　转角处硬链接

二、吊顶与墙面固定连接不合理

1、现象

在制作钢构件吊顶转换层时，与墙面固定连接不合理。造成结构不稳定现象。

参见图 5-19。

图 5-19　吊顶与墙面连接不规范

2、原因分析

在制作施工过程中，项目管理人员交底不清，班组偷工。

3、防治措施

在制作施工前，首先在墙面上弹出标高控制线，用 15 厘米左右的角铁与墙面连接，然后将转换层角铁与之焊接，使之成为一个整体，以保证结构的稳定性。从而确保工程质量。

4、优质工程示例

参见图 5-20。

图 5-20　吊顶与墙面连接稳固

三、大型吊顶木造型未采用角铁反支撑

1、现象

大型吊顶木造型未采用角铁反支撑，造成造型稳定性不好，牢度不够。参见图 5-21。

图 5-21　造型吊顶未采用角铁反支撑

2、原因分析

（1）对造型体重心中无数。

（2）策划不周。

（3）技术交底不清。

3、防治措施

在木造型上方四周适度增设角铁反支撑。

4、优质工程示例

参见图 5-22。

图 5-22　造型吊顶采用角铁反支撑

四、铝扣板吊顶边缘收口翘曲漏缝

1、现象

铝扣板吊顶边缘收口翘曲漏缝。参见图 5-23。

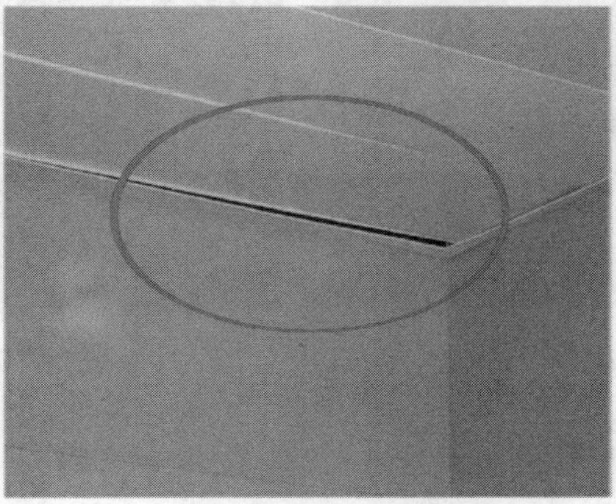

图 5-23　铝扣板吊顶边缘收口翘曲漏缝

2、原因分析

（1）由于安装灯具易导致铝扣板凹凸不平。

（2）放线时顶面水平未控制好。

3、防治措施

（1）在边缘铝扣板背面粘一个稍有重量的木方或者其他东西。

（2）放线时顶面水平标高要控制好。

（3）安装灯具时应尽量小心，避免破坏顶面平整度。

（4）吊顶纸面石膏板盖住灯槽立边石膏板。参见图 5-24。

图 5-24　纸面石膏板盖住灯槽立边石膏板

（5）吊顶石膏板开洞角处套割安装。参见图 5-25、图 5-26。

图 5-25　吊顶石膏板开洞角处套割安装

图 5-26　吊顶石膏板开洞角处套割安装

（6）接缝贴布牢固无褶皱、翘起。

五、预留工艺缝工序错误

1、现象

双层石膏板吊顶留工艺缝时，施工工序出错，增加后期施工难度且不易控制质量。

2、原因分析

（1）管理人员对施工工艺不太懂，前期策划不到位。

（2）对施工班组技术交底不清，导致吊顶工与油漆工配合不到位，没能采取正确的施工工序。

3、防治措施

（1）做好前期策划，对施工班组的技术交底要全面充分。

（2）在封第二层石膏板时，应在预留工艺缝处两边各 5cm 处刮腻子用细砂纸打磨，基层经管理人员检收合格后，方可封板（封板切割处应同样用细砂纸打磨光滑）。这样可在后期油漆时节约材料与人工。

4、优质工程示例

参见图 5-27。

图 5-27　预留工艺缝美观

六、墙面石材与石膏板吊顶阴角处开裂

1、现象

墙面石材与石膏板吊顶阴角处出现开裂隐患。

2、原因分析

（1）前期策划未考虑留凹槽处理，以规避掉开裂缝隙，而是考虑后期打胶收口。

（2）项目部留凹槽处理，因会增加成本，而业主不认同。

3、防治措施

（1）项目管理人员做好收口的策划工作，施工员对班组进行全员技术交底。

（2）对于业主不认同留凹槽处理，可以把最上块石材上口抽 8mm×6mm 的槽，也可以规避掉开裂缝隙，对于留凹槽处理的，可以定制成品石膏线，便于做涂料控制。

参见图 5-28、图 5-29。

图 5-28　石材上口抽槽

图 5-29　定制成品石膏线

七、矿棉板吊顶出现窄条或大小头

1、现象

矿棉板吊顶出现窄条或大小头。参见图 5-30。

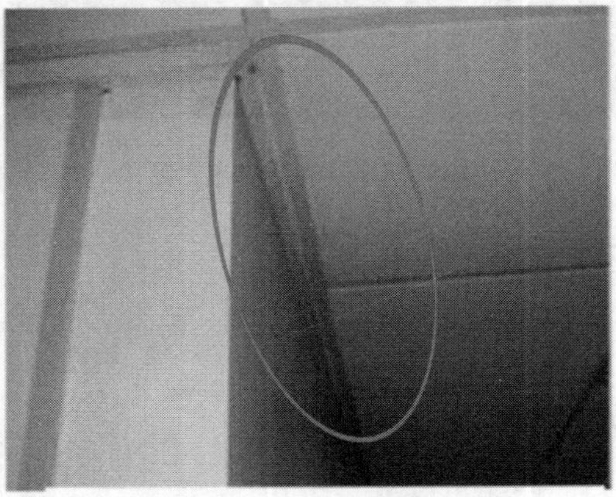

图 5-30　吊顶板大小头

2、原因分析

（1）未进行现场排版。

（2）前期策划考虑不到位。

（3）项目部对班组的交底不清。

3、防治措施

（1）对施工图纸及现场的实际情况进行核对。

（2）根据材料规格进行现场预排、做出策划图。

（3）合理调整现场尺寸。

（4）因土建等方面的原因而无法避免（比如大小头）时及时与甲方，监理进行沟通，采取必要的措施（如对墙面进行粉刷处理等）。

八、检修孔排布不规范

1、现象

检修孔排布不规范：检修孔与成品橱柜冲碰影响检修孔使用功能。参见图 5-31。

图 5-31　检修口排布不规范

2、原因分析

（1）施工前缺乏绘制综合策划平面图。

（2）技术交底不清。

（3）管理人员监控不力。

3、防治措施

（1）吊顶策划放线前首先要绘制灯具、消防喷淋、设备设置出风口、回风口、检修孔等平面图。

（2）避免互相冲突，如有予盾要及时调正后再进行排布主副龙骨，主龙连接件两边各用两个铆钉固定。

4、优质工程示例

参见图 5-32。

图 5-32 检修口排布规范

九、吊顶与防火卷帘交接处空洞

1、现象

吊顶与防火卷帘交接处空洞现象。参见图 5-33。

图 5-33 吊顶与防火卷帘交接处有空洞

2、原因分析

在防火卷帘与吊顶交接处，施工过程中往往不注意内部收头封板处理。造成空洞现象，影响装饰美观效果。

3、防治措施

在基层制作施工中，与卷帘制作安装单位多沟通。在不影响使用功能的情况下，将基层封板尽可能封严实。看不到空洞现象，达到好的装饰效果。

十、吊顶预留位置歪斜

1、现象

安装好的吊顶上部灯具、喷淋头及吸排风口不在一条线上，或相互之间的间距有明显的差异。

2、原因分析

（1）在安装吊顶上部灯具时，没有对灯具在吊顶上的位置进行精确预排。

（2）喷淋头和抽排风口安装位置没有在吊顶平面进行认真的布置策划。

（3）安装工程和吊顶工程施工顺序衔接不好，两工程之间的相互配合不到位。

3、防治措施

（1）在吊顶施工前，应对灯具、喷淋头及吸排风口在吊顶的位置及数量根据设计图纸进行精确预排。预排时，应充分考虑到起拱后的各点位标高。在吊顶施工后，拉通线标出孔洞位置，再行开孔。

（2）喷淋头位置在安装布管时，应根据预排设计的位置和标高精确预留。

（3）装饰吊顶施工和安装施工的工作顺序应合理安排，严禁工序颠倒。

（4）在施工中，如发现位置和标高出现偏差，应予以返工纠正，纠正前应拆除吊顶面层，经调整后再次安装。

十一、吊顶灯槽内荧光灯管外露

1、现象

别墅中，人走楼梯踏步到一定高度时，易发现吊顶灯槽内 T5 灯管外露。

2、原因分析

策划时未考虑人站在楼梯一定高度时，眼睛视平线的可视范围。

3、防治措施

（1）对灯槽内采用 T5 灯管的，考虑把灯槽深度做深一点或石膏线边加一围边隐藏灯管。

（2）当灯槽深度不允许时，用 LED 灯带代替 T5 灯管，对灯槽深度要求相对低。

4、优质工程示例

参见图 5-34。

图 5-34 吊顶槽内灯管隐蔽规范

十二、吊顶灯槽翘裂阴阳角不直

1、现象

灯槽外侧板上口和顶内阴角处两头取四个点，上下看造型部分都会出现不在同一水平线上，也就是翘裂阴阳角不直等现象。参见图 5-35。

图 5-35 吊顶灯槽翘裂阴阳角不直

2、原因分析

（1）灯槽底板两头宽度间距有大小。

（2）内外侧板有高低。

（3）组装时侧板和底板不成直角或定位时水平没有调整平造成翘裂。

3、防治措施

制作过程中控制好尺寸，组装内外侧板做到垂直成直角，定位时进行细部检查，调整好水平，确保整体平整、牢固。

十三、顶棚吊灯抖动

1、现象

顶棚吊灯有时有轻微的抖动，甚至有幅度较大的摆动并伴有响声。

2、原因分析

一般是由吊顶内中央空调系统的风管或风机盘管的振动引起的。当空调系统开启后，风管内空气的流动及该系统传动部分偏心等造成振动并传递给了吊灯。

3、防治措施

（1）安装风管或风机盘管的吊杆时，绝对不与吊顶用的吊杆混用。

（2）风管或风机盘管连同吊具都不能与吊顶系统有任何连接或接触。当风管宽度过大时，为满足吊顶吊杆的间距要求，可采用型钢扁担的形式，从风管底部跨越，在型钢上固定吊顶吊杆。

（3）支管的末端必须装配软接头。当不具备安装软接头条件时，应在包括风口在内的所有振动部分与顶棚的龙骨及面材之间采取可靠的防振措施，必要时两者互相脱离。

（4）当灯具为独立吊杆时，应确保与振动部分脱离。

十四、天花板收缩缝与筒灯重叠

1、现象

天花板收缩缝与筒灯重叠一处，影响美观，收口较难处理。参见图5-36。

图5-36 天花板收缩缝与筒灯重叠

2、原因分析

在施工过程中，前期策划不到位，无顶面综合布置图，各工种各自施工，无协调配合。

3、防治措施

在施工前期，注意完善顶面综合布置图，将消防、暖通、灯具综合於天花吊顶图中。对不合理的灯具等位置，进行调整。保持顶面整洁美观。

十五、木工板制作挂板易变形

1、现象

木工板制作挂板时，易变形现象。参见图 5-37。

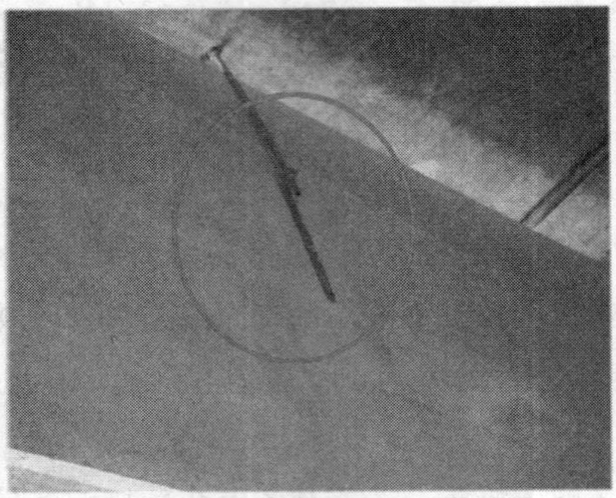

图 5-37　木工板制作挂板变形

2、原因分析

在日常装饰施工中，经常用木工板制作窗帘盒等大型挂板，且施工人员为了省工，往往不经过任何技术处理，直接挂接，待成品后变形，影响装饰效果。

3、防治措施

用木工板制作挂板时，应双面交叉错位断筋，断筋长度约为板宽的 2/3，深度为板厚的 1/3。再用扁铁按板高度固定后，用吊筋连接。

4、优质工程示例

参见图 5-38。

图 5-38　挂板制作规范

第六章　轻质隔墙工程

第一节　隔墙板面裂缝

一、硅镁隔墙板裂缝常见防治措施

1、现象

硅镁高强混凝土加气空心隔墙板广泛用于高层建筑中的分室、分户、厨房、厕所、阳台隔断等非承重内墙隔断。它刚度大、重量轻、隔声隔热、防水阻燃，是一种综合性能优良的新型材料。使用后可大大减轻楼房自重，降低工程造价，增加室内面积，但在施工中易出现局部裂缝。

2、原因分析

（1）板安装和抹灰均为冬期施工，房间内温度低，封闭严，水分大，当到第二年春季时，气候开始干燥，板和抹灰层的水分大量散失，产生干缩应力，由于硅镁板较薄弱处已用钢丝网加强，所以就在板孔最薄弱处将板拉裂，板和抹灰层均发生线性膨胀，抹灰层的线膨胀系数比板大得多，板与抹灰层间产生温差应力，将板孔中的最薄弱处拉裂。再者，与轻质板的抗拉强度低、干缩率高，也有一定关系。

（2）对于板中门洞两侧和板与混凝土墙相接处产生的裂缝，主要是由于气温变化大时，板与木门框、板与混凝土墙的线膨胀系数不一样而产生裂缝。

3、防治措施

（1）对已出现的竖向直通裂缝，先用无齿锯将板中裂缝锯开，填抹微膨胀材料，其材料由石膏、纤维素、水和白乳胶拌制而成，刮掉裂缝两则的抹灰层，然后平整地钉上500～600mm宽的镀锌钢丝网或黏土相同宽度的玻璃丝网格布，最后修复抹灰层（见图6-1）。

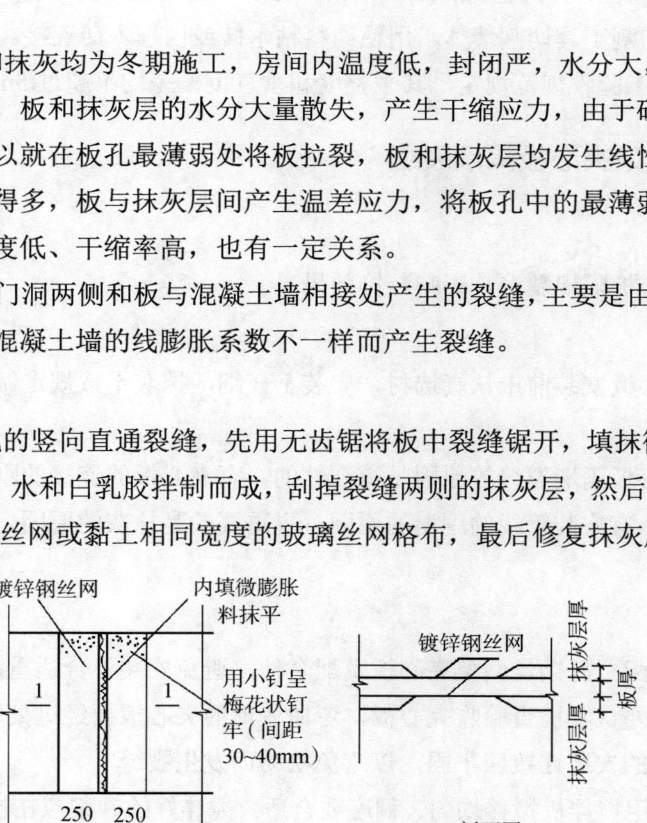

图6-1　裂缝处理示意图

（2）对还未施工的部位，为避免竖向直通裂缝的产生，可在板两面满挂镀锌钢丝网，然后抹灰。

（3）在板与木门框相接处用柔性材料塞实，然后加钉一圈木压条；在板与混凝土墙相接处，每边加钉搭接长度不小于 100mm 的钢丝网，然后抹灰。

（4）对所有轻质隔墙板表面用腻子罩面 2～3mm 厚。

4、施工注意事项

（1）墙体在安装过程中，禁止用铁锤击打，如果需要矫正错位，应采用橡胶锤或木锤轻敲。

（2）粘结料和填充料的配制要严格按配合比搅拌均匀，各粘结面必须保证粘结料满，不留任何空隙。

（3）墙体安装完毕，待粘结料干硬后。方可在墙上钻孔、扩孔，取出底部木楔，补填细石混凝土。

（4）墙体安装时，多余腻子应随时刮平，板面受损时用腻子分层修补。

（5）安装暗线管、开关盒时，应用电钻钻孔或轻轻剔凿。在厨房和卫生间附墙固定洗脸盆时，应先用切割工具切割墙体，用粘结料粘木砖或内埋木砖连接。

（6）墙体施工验收规范规定，其平整度和垂直度偏差均不超过 5mm。

二、钢丝网架夹心板隔墙裂缝

1、现象

钢丝网架夹心板隔墙裂缝，影响装饰效果。

2、原因分析

钢丝网架夹心板安装前未认真选材，安装不仔细，抹灰不按规定做，导致安装后产生隔墙裂缝。

钢丝网架夹心板隔墙裂缝等原因是综合性的，有夹心板的连接的刚度原因；有夹心板弯曲变形的原因；有安装管线的剔凿的原因；更重要的是抹灰的原因。隔墙裂缝影响装饰效果。

3、防治措施

（1）首先要配置好钢丝网架夹心板及配套件，避免安装不合适重新返工造成裂缝。

（2）安装前要认真检查验收夹心板，弯曲变形的夹心板要经过处理后才能使用。

（3）夹心板的安装连接应牢固，以避免松动而发生裂缝。

（4）砂浆要用搅拌机搅拌均匀，稠度要合适。搅拌好的砂浆应在初凝前用完，已凝固的砂浆不得二次掺水搅拌使用。砂子要用中砂或粗砂。

（5）认真做好抹灰的每道工序：

1）首先应强调分层抹灰，分底灰、中层灰和罩面灰，严禁抹灰不分层，一次成活。

2）控制好抹灰的厚度，底灰的厚度为12mm左右，总厚度为25～28mm。

3）抹灰时要防止隔墙晃动，抹一侧灰前要在另一侧做适当支顶。

4）抹完一层灰后应随即均匀喷一层EC-1防裂剂。

5）一侧底灰抹完48h以后撤去支顶抹另一侧底灰；两侧底灰抹完48h以后才能抹中层灰。

（6）各种埋件、管线和接线盒应与夹心板安装同步进行，防止抹灰后再剔凿。

第二节　隔墙固定链接

一、纸面石膏板隔墙与结构连接不牢

1、现象

复合石膏板的这一质量通病，原因分析及防治措施与上述相同；工字龙骨板隔墙的质量通病是：隔墙与主体结构连接不严，但多出现在边龙骨。

2、原因分析

边龙骨预先粘好薄木块，作为主要粘结点，当木块厚度超过骨翼缘宽度时，因木块是断续的，因而造成连接不严；龙骨变形也会出现上述情况。

3、防治措施

边龙骨预粘木块时，应控制其厚度不得超过龙骨翼缘，同时，边龙骨应经过挑选。安装龙骨时，翼缘边部顶端应满涂107胶水泥砂浆，使之粘结严密。为使墙板顶端密实，应在梁底（或顶板下）按放线位置增贴92mm宽石膏垫板。

二、加气混凝土条板隔墙与结构连接不牢

1、现象

粘结砂浆不饱满，有干缝，稍加外力就松动摇晃。

2、原因分析

（1）粘结砂浆原材料质地不好，配合比不当；或一次搅拌过多，使用时间超过2小时，降低了砂浆粘结强度。

（2）粘结砂浆涂抹不均匀，不饱满，粘结面有浮尘杂物。

（3）材质本身干燥，吸水率大，造成粘结砂浆失水。

（4）操作时未按工艺要求将条板拼接严密。

3、防治措施

（1）严格控制砂浆配合比原材料质量，并做到随配随用，应保证在2小时内用完。粘结砂浆配比如下：

水玻璃：磨细矿渣：砂＝1：1：2～2.5或水泥：107胶：砂＝1：1：3。

（2）安装时首先将条板粘结面清扫干净，去掉粉尘，用毛刷蘸水稍加湿润，把粘结砂浆涂抹在拼接面上（厚度约3mm），拼接应严密平整，并将挤出的粘结剂刮平刮净。

（3）条板下木楔应刷沥青做防腐处理，顺板方向背紧不再撤出，但应注意木楔不得宽出板面。

（4）每条板缝下1/3处（包括门洞口过梁等小块板缝），斜钉1mm后的铁片，以加强其整体性和刚度。

（5）刚安装好的条板要防止碰撞，做好成品保护工作。

三、加气混凝土条板隔墙门框固定不牢

1、现象

门框与条板间的塞灰受外力振动出现裂缝或脱落，严重时将钉子振松拔出，门框松动脱开。

2、原因分析

采用后塞口方法安装门框，塞灰不饱满；抹完粘结砂浆后未及时钉钉子，已凝结的砂浆被振裂，失去挤压作用，使门框松动；刚安装完的门框或条板受外力碰撞，使门框松动。

3、防治措施

（1）条板安装的同时应顺序立好门框，门框与板材采用粘钉结合的方法固定。即预先在条板上钻深100mm、直径25～30mm的洞眼，吹去渣灰，用水湿润后再以相同尺寸的圆木蘸107胶水泥浆钉入洞眼内，安装门窗框时将木螺丝按入圆木内。也可用扒钉、胀管螺栓等方法固定门框（钻孔位置同留木砖位置）。

（2）由于隔墙门窗洞口上部不另设置过梁，因此门窗框上部的加气混凝土，必须伸入两侧加气混凝土墙内50mm以上；如一侧无加气混凝土板时，应使上部加气混凝土块顶住混凝土墙，不必埋设铁件或设置支座，用砂浆粘牢即可。

（3）为了尽量减少墙体振动，门框应加铁钉皮护角等保护措施（铁皮包过条板不少于50mm）。

四、加气混凝土条板隔墙附件松动脱落

1、现象

房屋使用后，隔板承托及挂镜线等出现松动，严重者甚至脱落。

2、原因分析

一般因采用纯粘结法安装，板材抗剪能力差，负荷后易松动或脱落。

3、防治措施

可采用胶粘木销的方法安装隔板承托及挂镜线。作法是：用手电钻将墙板一面钻成Φ42mm 孔，将Φ40mm 蘸胶圆木塞入，待圆木与孔粘牢后，把突出板面部分锯掉，最后用螺钉固定通长木条。挂镜点、挂镜线的固定也可采用上述作法。

第三节　轻质隔墙工程其他质量问题

一、龙骨装钉板表面粗糙、接头不平不严

1、现象

龙骨装钉板的一面未刨光找平，板材厚薄不一或受潮后松软变形。边棱翘起，造成表面凹凸不平。

2、原因分析

（1）龙骨料含水率过大，干燥后易变形。室内抹灰时龙骨受潮变形或被撞击后未经修理就钉面板。

（2）工序颠倒，先钉面板后室内抹灰，使面板受潮，出现边棱翘起、脱层等。

（3）选面板时没有考虑防潮防水，表面粗糙又未再加工；板材厚薄不一，没有采取补救措施。

（4）钉板顺序不当，先上后下，压力小，拼接不严或组装不规格，造成板面不平。

（5）铁冲子过粗，钉眼太大，面板钉子过稀，造成表面凹凸不平。

3、防治措施

（1）选料要严格。龙骨料一般应用红白松，含水率不大于 15%，并应做好防腐处理。板材应根据使用部位选择相应的面板，纤维板须做等湿处理，表面过粗时，应用细刨子净面。

（2）所有龙骨顶板的面均应刨光，龙骨应严格按线组装，尺寸一致，找方找直，纵横龙骨交接处要平整，接缝严实。

（3）工序要合理，先钉龙骨后进行室内抹灰，最后钉板材。钉板材前，应认真检查，

如龙骨变形或被撞动，应修理合格后再钉面板。

（4）面板厚薄不均时，应以厚板为准，薄板背面垫起，但必须垫平、垫实、垫牢。面板正面应刮直（朝外为正面，靠龙骨面为背面）。

（5）面板应从下面角上逐块钉设，并以竖向装钉为好，板与板的接头宜作成坡棱（如为留缝做法时，面板应从中间向两边由下向上铺钉，接头缝隙以 5～8mm 为宜），板材分块大小按设计要求，拼缝应位于立筋或横撑上。

（6）铁冲子应磨成扁头（与钉帽一般大小），钉帽要预先砸扁（钉纤维板时钉帽不必砸扁），顺木纹钉入面板内 1mm 左右，钉子长度应为面板厚度的 3 倍。钉子间距：纤维板为 100mm，其他板材为 150mm（钉木丝板时钉帽下应加镀锌垫圈）。

二、隔断安装中管线与门窗冲突

1、现象

由于不很好配合造成增强石膏（或水泥）空心条板安装完后再剔凿，将隔断打成大洞，严重时隔断板处于破碎的状态，严重影响安装质量。

2、原因分析

安装隔断过程中，各种管线和门窗的安装配合不好。

3、防治措施

（1）按电气安装图找准位置划出定位线，铺设电线管、稳接线盒。所有电线管必须顺石膏（或水泥）板孔板铺设，严禁横铺和斜铺。

（2）稳接线盒，先在板面钻孔扩孔，防止猛击，再用扁铲扩孔。

（3）安装水暖、煤气管卡应按图找准标高和竖向位置，找出管卡定位线，在隔墙板上钻孔扩孔，严禁剔凿。

（4）需安装吊挂埋件时每一块板可设两个吊点，每个吊点吊重不大于 80kg。安装挂件应先在隔断板上钻孔扩孔，防止猛击。

（5）安装门窗时，如为钢门窗时，将框与板的预埋件焊接；如为木门窗时，用 L 形连接件连接。

（6）所有的安装钻孔应在位置线画好后进行一次自检，以免钻错后重新钻孔。

三、混凝土隔墙板面及转角处不规范

1、现象

板面不光不平，转角不规范。

2、原因分析

（1）台座质量差，板面刮平压光操作不当。

（2）转角处砂浆强度低，靠尺没放正，抹压不够。

3、防治措施

（1）台座表面应清理干净，2m 靠尺检查凹凸不得超过 2mm。

（2）混凝土板面应先用刮尺刮平，按室内地面抹灰操作要求进行，收水后进行抹光。

（3）转角处加立筋，与原有横筋连牢，卡好靠尺，用水泥砂浆或细石混凝土填实，并适当浇水养护。

第七章 饰面板工程

第一节 饰面板缺损

一、花岗石板块开裂、边角缺损

1、现象

板块暗缝、“石筋”或石材加工、运输隐伤部位，墙、柱顶部或根部，墙、柱阳角部位等出现裂缝、损伤，会降低美观和耐久性。

2、原因分析

（1）石材性脆。如果板块材质局部风化脆弱，或加工运输过程中造成隐伤，安装前无检查无修补。

（2）计划不周或施工无序，在饰面安装之后又在墙上开凿孔洞，致饰面出现犬牙和裂缝。

（3）墙、柱上下部位，板缝未留空隙，结构受压变形；或大面积墙面不设变形缝，环境温度变化，板块受到挤压；轻质墙体未作加强处理，墙体干缩开裂。

（4）花岗石板镶贴在外墙面或紧贴厨房、厕所、浴室等潮气较大的房间时，安装粗糙，板缝防水不严，侵蚀气体或湿空气侵入板缝，使连接件遭到锈蚀，产生膨胀，给花岗石板一种向外的推力。

3、防治措施

（1）石材板底涂刷树脂胶，再贴化纤丝网格布，形成一层抗拉防水层；或采用有衬底的复合型超薄石材，从而减免开裂和损伤。为预防运输、堆放、钻孔等损伤，板块应立放（不应水平摆放）。

（2）饰面墙上有时难免需要开孔洞（如电开关、镶招牌等）应事先考虑并在板块未上墙之前加工，切勿在饰面安装之后再手工锤凿。如在饰面墙上开圆孔，已有专用的金刚石钻孔机，可避免出现因锤、凿等落后施工而产生的犬牙和裂缝。

（3）进场检修。板块进场拆包后，首先应按《天然花岗石建筑板材》（GB/T 18601-2009）的规定进行外观检验，轻度破损的板块，应优先采用专门的商品石材修补胶，按产品说明书上的要求进行修补。如用自配环氧树脂胶粘剂（表 7-1）粘贴，修补时应将粘结面清洁并干燥，两个粘合面涂厚度小于或等于 0. 5mm 粘接胶层，在大于或等于 15℃的环境中粘贴，在相同温度的室内养护（紧固时间大于 3d）；对表面缺边、坑洼、疵点的修补可刮环氧树脂腻子并在15℃室内养护1d，而后用0号砂纸磨平，再养护2～3d，作石材防护。石材修补后，板面不得有明显痕迹，颜色应与板面花色相近。

表7-1　自配环氧树脂胶粘剂与环氧树脂腻子配合比

材料名称	质量配合比	
	胶粘剂	腻子
环氧树脂E44（6101）	100	100
乙二胺	6～8	10
邻苯二甲酸二丁脂	20	10
白水泥	0	100～200
颜料	适量（与修补板材颜色相近）	适量（与修补板材相近）

（4）考虑墙、柱受上部楼层荷载的压缩及成品保护等原因，饰面工程应在建筑物的施工后期进行。墙、柱顶部和根部的板块，宜预留不小于5mm的空隙，嵌填柔性密封胶，以适应下层墙、柱受长期荷载的压缩或温度变化。板缝用水泥砂浆勾缝的墙面，室外宜5～6m（室内宜10～12m）设一道（宽度为10～15mm）变形缝，以适应环境温度变化。轻质墙体应作加强处理。

（5）外墙或用水房间墙面须先做好防水措施。

4、治理方法

因缝格设置不当造成挤压破裂的饰面，应在适当部位开设变形缝。板块开裂，边角缺损不严重的，可用商品环氧基石材胶进行修补。

二、大理石板块开裂、边角缺损

1、现象

室外花岗石墙面和室内大理石板块开裂、边角缺损。参见图7-1、图7-2、图7-3。

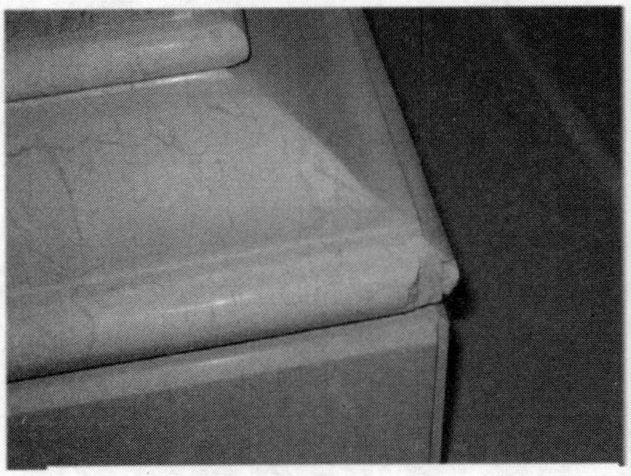

图7-1　饰面边角损坏

图7-2　饰面板边损坏

图 7-3　饰面板破裂

2、原因分析

没有按照下列质量标准作业：

（1）饰面板工程的抗震缝、伸缩缝、沉降缝等部位的处理应保证缝的使用功能和饰面的完整性。

（2）饰面板表面应无裂痕和缺损。

（3）饰面板上的孔洞应套割吻合，边缘应整齐。

（4）石材的品种、规格应符合设计要求，天然石材表面不得有隐伤缺陷。

3、防治措施

（1）石材板底涂刷树脂胶，再贴化纤丝网格布，形成一层抗拉防水层；或采用有补底的复合型超薄石材，以减免开裂和损伤。为防运输、堆放、钻孔等过程中造成损伤，板块应立放（不应水平摆放）。

（2）如饰面墙上需开孔洞，应在板块未上墙之前加工，切勿在饰面安装之后再手工锤凿。

（3）板块进场拆包后，首先应进行外观检验，轻度破损的板块，可用专门的商品石材胶修补。

（4）考虑墙、柱受上部楼层荷载的压缩及成品保护等原因，饰面工程应在建筑物的施工后期进行。墙、柱顶部和根部的板块，宜预留不小于 5mm 的空隙，嵌填柔性密封胶。板缝用水泥砂浆勾缝的墙面，室外宜 5～6mm 设一道宽度为 10～15mm 的变形缝，以适应环境温度变化。

第二节 饰面板外观缺陷

一、花岗石板块墙面污染

1、现象

花岗石板块在制作、运输、存放过程中，板块出现外侵颜色。墙面镶贴之后，饰面出现水泥斑迹、长年水斑、析白流挂，铁锈褐斑、电焊火花灼伤。建筑物使用之后，饰面出现污渍，严重影响外观。

2、原因分析

（1）经济观念陈旧，把“石病”治理放在使用阶段，待“石病”出现之后加倍花钱。板块出厂（或安装）前，石材表面无专门的防污染处理。

（2）板块进场无物理性能和外观缺陷检验。花岗石原材料中若含有较多的硫铁矿成分，花岗石板块会因硫化物的氧化而变色。另外，花岗石锯切加工除手工剁凿外，有金刚石锯和砂锯之分，其中不少厂家用钢砂摆锯，钢砂的锈水在加工时会渗入花岗石结晶体之间，造成石材的污染。在研磨过程中偶尔也会因磨料含杂质渗入石材而引起污染，日后出现锈斑。水泥中的盐碱物质进入石材之后，也会刺激石材中的铁元素氧化成 $Fe2O_3$，使石材泛黄。石材是多孔的天然材料，若使用溶剂型的化学清洁剂，就会有残余的化学成分（即被溶解的脏污）留在微孔内，它会与密封材料、粘结材料起化学反应，造成石材污染。

（3）板块包装采用草绳、草袋（或有色纸箱）遇潮湿或雨水，流出黄褐色（或其他颜色）液体侵入板块里，发生黄渍等。

（4）传统的板材安装是用熟石膏（$CaSO_4 \cdot 0.5H_2O+1.5H_2O=CaSO_4 \cdot 2H_2O$）临时固定、封堵，但是由于安装后板缝中的熟石膏不易从板缝中清理干净，残留石膏日后经雨水冲刷流淌到表面，严重污染表面，尤其是外墙饰面脚手架已拆除，不易再进行表面清洁。也有采用麻丝、麻刀灰、厚纸板等封堵接缝的，在强碱作用下，可能产生黄色液体。

（5）嵌缝用的防水密封胶，有些品种可能会腐蚀石材表面，或与石材成分发生呈色反应，造成板缝部位石材污染、变色。

（6）长年水斑、析白流挂。

（7）成品保护不良。错用石材养护剂。由于石材板块的镶贴顺序是由下而上，在镶贴过程中都可能受到污染。在后继施工过程中，不文明施工，板块受水泥砂浆、施工废水、涂料、电焊火花等污染或损伤，又未及时清洗（电焊灼伤极难复原）。在使用过程中，受钢铁支架、上下水管铁锈水污染或酸碱类化学物品、有色液体污染。

（8）环境污染，空气中的二氧化硫 SO_2、三氧化硫 SO_3、二氧化碳 CO_2 等酸性气体或酸雨等侵蚀。

3、防治措施

（1）更新经济观念，对“石病”预防为主。堵塞封闭石材的毛细孔，可以防止水及其他污染物质入侵，细菌也不能进入石材繁殖。石材出厂（或安装前）应进行专门的石材保护剂（或防污染剂）喷涂或浸泡处理，使石材穿上“保护衣”，从根本上增强石材的污染能力。即使是吸水率特强的砂岩，都可达到抵抗外界物质入侵的目的。石材经渗透型、浸润型的防护剂处理后仍可“呼吸透气”。但是，如果使用石蜡、油性防护剂、非渗透型膜层防护剂，可能造成板块空鼓脱落。石材防护剂品种较多，各有其针对性，业外人士较容易出现错误。因此石材防护宜在专业工厂里进行，才能按饰面工程专业设计的要求，保证防护剂牌号、品种的正确应用，使之既达到防护目的，又尽量增强石材板背与水泥砂浆的粘结力；大面积镶贴前还需先作粘贴试验。

（2）在原材料挑选和板材加工过程中，注意弃除含有较多硫铁矿的石材。采用钢砂摆锯加工的板块，应注意将板面用铜丝刷洗刷干净，认真清除附在板块上的钢砂。板块进场应按《天然花岗石建筑板材》（GB/T 18601）进行物理性能检验，从源头上增强抗污染能力。目前已有“绿色超石材”，其吸水率几乎为零，且极易清洗，可以彻底防污染。

（3）改进包装材料，不用草绳、草袋、有色纸箱包装石材，可采用泡沫板或塑料包装。

（4）灌浆法镶贴板块，不用熟石膏作临时固定，也不用麻丝、厚纸等封堵接缝，应用橡胶条或塑料条临时密封，表面再贴宽胶带纸。灌浆硬化后，揭去胶带纸和临时密封条（较宽的可以先在缝内嵌填阻水塑料芯棒）。

（5）嵌缝用的防水密封胶，可选用中性耐候硅酮密封胶，事先作相容性试验。选用颜色与板块协调，不会腐蚀石材及不使石材变色的并与石材粘结性能良好的防水密封胶。待石材清洗干净并完全干燥后方可施工。

（6）水斑、析白预防。

（7）坚持文明施工，加强成品保护。施工过程中出现的砂浆污染（如灌缝漏浆等），涂料、施工废水污染等都应及时清净（时间越长，清洗越难，尤其是毛面花岗石板）。电焊时，必须有遮盖护面，重罚电焊火花灼伤石材表面的野蛮施工。饰面施工完毕，墙面应喷涂石材防护剂，不但可以防水，还可以隔离环境污染。

（8）为减少放射性物质的污染，应按《民用建筑工程室内环境污染控制规范》（GB 50325-2010）规定选用石材。用于室内的石材必须进行放射性指标检验，检验项目：内照射指数限量，A 类≤1.0，B 类≤1.3；外照射指数限量，A 类≤1.3，B 类≤1.9。超出规范限量者严禁使用。I 类民用建筑必须采用 A 类石材。室内花岗石材总面积大于 $200m^2$ 时，应进行复检。

4、治理方法

常见的污染如铁锈、铜锈，菌类、藻类霉斑，食品、油污，涂料、墨迹，析白流挂、砂浆，植物色素、黄斑、茶迹、咖啡、烟渍、血渍、粪便等已有专门的商品清除剂和专用工具，宜由专业公司进行清洗。清洗污染之前需先进行腐蚀性检验，检验清洗效果（能否去污、清洗剂在墙面上停留的合适时间）和有无副作用（有无损伤石材饰面、接缝或墙面上的门窗、铁件等），以便采用具有针对性的和比较合适的清洗剂和清洗方法及防护措施。慎用或避免使用强力型清洁剂，禁止使用溶剂型的化学清洗剂清洗石材，也不得使用硫酸、盐酸。

（1）手工铲除。板缝析白流挂或板面水泥浆污染，其生成物通常为碳酸钙 $CaCO_3$、硫酸钙 $CaSO_4$ 或水泥水化物，均为不溶于水的硬壳结垢，在采用其他清洗技术之前，必须用手工小心铲除（或砂纸轻轻打磨），作为初步粗略处理。

（2）水洗。水洗（可加入适量的外墙饰面“通用清洁剂”或“白华清洗剂”）是现有清洗技术中破坏性最小的，对能溶或微溶于水的污物最有效。可采用喷洒雾状水来慢慢溶化，疏松污垢，然后用中压水喷射清除；对污垢牢固的部位，必要时可辅以铜丝刷清洗。清洗工作开始前要小心封闭所有进水的孔隙。进水会对建筑物带来问题，这一重要因素常常被忽视。污垢严重的部位，需反复弄湿。但这又会造成石材体内污染物被激活，在石材表面形成棕色柏油状沉积，产生难看的色斑。对于较敏感的部位，改进方法是加强水流量控制和脉冲清洗，以防止产生这些问题，并最大限度地减少用水量。石材文物可用水蒸汽喷射法或雾化水淋法清洗。

（3）化学清洗。

1）一般清洗。旧式清洗方法通常由两部分组成，开始用碱性表面活性剂（一般为氢氧化钠）进行预冲洗，接着用氢氟酸正式消除污秽物。两种应用物质要用中压喷射水枪轮换冲洗。旧时沿用氢氟酸，在于使石材表面不留可溶性盐残物。然而氢氟酸是具有危险性的化学物质，虽然使用时高倍稀释，仍需采取仔细的安全措施，包括覆盖所有门窗玻璃，否则喷射的溶剂会对玻璃造成腐蚀。由于氢氟酸（对石材）具有腐蚀性（还会将有害的氟化物渗进并残留于石材内部），应予淘汰，取代它的是“石材多功能清洗剂”或“白华清洗剂”。化学物质在用水洗掉以前允许保留在石材表面的时间，即“驻留时间”，时间变化范围最长可达 20min。化学物质使用时，除液体溶液外，也可呈膏状或凝胶状，用于清洗污秽牢固的雕塑装饰细部。

2）石材被包装的草绳或纸箱等外侵颜色污染。碱性色污可用草酸来清除，不得用硫酸、盐酸来清除碱污染。一般色污可用双氧水 H_2O_2 刷洗，严重的色污可用双氧水和漂白粉掺在一起拌成面糊状涂于斑痕处，2～3d 后铲除，色斑可逐步减弱。如此重复几次，直至达到理想要求。目前已有专用商品“返黄清洗剂”。

3）青苔污染。长期处于潮湿和阴暗的饰面，容易生长青苔。可用氨基磺酸铵清除，留下粉状堆积物用水洗掉。目前已有专用商品清洗剂，如“石材色素清洗剂”。

4）木材污染、海藻和菌类等生物污染。制成10%～20%的家用漂白剂溶液后，将溶液涂刷在污染面上，可在几分钟内将被木材污染的表面清理干净。但长有植物的表面在经过这样的处理后，还要过几天才能擦洗和清理干净。目前已有专用商品清洗剂，如“石材色素清洗剂”。

5）油墨污染。优先使用商品“油墨清洁剂”。自配清洗剂，将250g氯化钙溶入25L水中，静停24h，或静置到氯化钙沉淀到底部为止。将澄清的溶液过滤，向滤清的溶液中加入15g24%的醋酸，再将一块法兰绒泡入制成的溶液中，取出后覆盖在污染处。用一块玻璃、石块或其他不透水材料压在绒布上。当绒布干透后，即可清除污染。如一次清除不净，可重复进行。

6）亚麻子油、棕榈油、动物油污染。治理方法同烟污染或油墨污染，或用下列方法：用50g磷酸三钠、35g过硼酸钠和150g滑石粉均匀地干拌，将500g软肥皂溶入2. 5L热水中，再将肥皂水与干粉料拌制成稠浆。将稠浆抹在污染部位，直到稠浆干透后，细心刮除。将一块法兰绒浸泡在丙酮∶醋酸戊酯=1∶1的溶液中，再将绒布覆盖在污染处，并压一块玻璃板，以防溶液迅速挥发。如未除净，可重复进行，但在重新处理前，其表面应充分干燥。商品“拔油膏”、“石材多功能清洗剂”对各种油污、及蜡层的清洗效果较好。

7）润滑油污染应立即用卫生纸或吸水性强的棉织品吸收。已湿透油污的棉织品不能重复使用，否则会使污染扩散。然后用面粉、干水泥或类似的吸附材料覆盖在石材表面，保留一天。如再次出现，仍用这种方法处理。也可用漂白剂在污斑上擦洗。目前已有专用商品“拔油膏”、“石材多功能清洗剂”等。

8）沥青污染。沥青有较强的附着力，去除比较困难。在使用任何方法前，应首先去除剩余的沥青和用擦洗剂及水进行擦洗。但是要注意的是表面不能用钢丝刷刷洗。因为钢丝脱落，表面以后会出现锈斑。另外，不能使用溶剂，因为溶剂使沥青溶解，向深处渗透。可将几层棉布浸在二甲亚砜和水按1∶1配成的溶液中，使棉布饱和。然后将棉布贴在污斑表面，1h后用硬刷擦洗，沥青就会被洗掉。

沥青污染还可用滑石粉和煤油（或三氯乙烯）制成糊膏，然后抹在污染处，至少保持10min。这种方法十分有效，但必须多次重复进行。也可在涂抹糊膏之前，先用冰或干冰把被沥青污染的表面冻结起来，以使用工具将较厚的沥青铲去。

9）烟草污染。将1kg磷酸三钠溶入8L水中，然后在另一个单独的容器内，用约300g的氯化钙和水拌成均匀的稠浆。必须注意拌成的稠浆中不应夹带凝结块。将磷酸三纳水溶液注入氯化钙稠浆中，充分搅拌均匀。氯化钙沉淀到底部时，便可将澄清的液体吸出，并用等量的水稀释。将这种稀释液与滑石粉一起调制成均匀的稠浆。然后用与下述去除铁锈相同的方法操作，即可除去烟草污染。也可使用这一方法除去尿污。

10）烟污染。拌制三氯乙烯和滑石粉的均匀稠浆，用上述方法将稠浆抹在污染部位，再用一块玻璃板或其他不吸水材料覆盖在稠浆上面，以防三氯乙烯迅速挥发。如果涂布数次之后，表面仍留有污迹，可将残留的灰浆清除掉，让表面完全干燥，然后采用上述消除烟草污染的方法除污。必须注意，三氯乙烯有臭味，如果吸入过多、时间稍长，其不良作用与三氯甲烷相同。如果在室内搅拌三氯乙烯稠浆，应该保持空气流通。这种方法也可清除矿物油的污染。

11）涂料污染。未干的涂料污染如直接擦洗，污染物会扩散。应先用卫生纸吸干，然后用石材专用的清洁剂涂敷和水冲洗残余的涂料。时间长、已干燥成膜的涂料污染首先应尽可能刮去，然后用清洁剂涂敷，再用清水冲洗。

12）口香糖污染。采用水基的“废弃口香糖胶清洗剂”。

13）铜污染和青铜污染。将1份氨（氨有毒性，使用时应注意通风）和10份水搅拌均匀，然后将1kg滑石粉和250g氯化氨干拌均匀，最后将溶液和粉料搅拌成均匀的稠浆。将稠浆抹在污染部位，厚度至少10mm。待稠浆干透后再去掉，用清水洗净便可除去污染。若一次不行，可抹数次，直到污染消除为止。

14）铁锈污染。

除铁锈污染方法之一：使用商品石材专用的除锈液（剂）、清洁剂，用棉布涂敷于污染表面。锈迹消失后，用清水清洗石材表面。

除铁锈污染方法之二：将1份柠檬酸钠溶入6份温水中，再加入7份无钙甘油，在充分搅拌后，取少量的大白粉或硅藻土，用上述溶液将粉料拌成泥浆，再用抹子将泥浆涂布在污染部位。当泥浆干透后，将它们刮去。重复进行这一过程，直到锈污除净为止。最后将表面用清水彻底洗净。如果用这种方法不能取得理想的效果，可改用以下方法：将棉织物浸入上述含钠水溶液中（不必加入甘油），取出后敷在污染部位0.5h，用大白粉或硅藻土与水拌合，调成稠泥浆。将稠浆摊平在抹子上，再在稠浆层上撒一层亚硫酸氢盐晶体，并用少量水湿润，随后取下棉织物，将准备就绪的稠浆抹在污染部拉，约保持1h。这个过程也可多做几次。但在大多数情况下，处理一次便可奏效。锈污除去后，即可用清水冲洗干净。

除铁锈污染方法之三：除铁锈污染剂的选择：由于黄色的氧化铁渗透到石材内部，所以仅采用草酸、双氧水不能解决污染问题。可在双氧水中加磷酸氢二钠和乙二胺四乙酸二钠。由于是在已镶贴好的成品上除黄，所以除黄工艺必须以保护成品本身及邻近成品为前提。为节约用料起见，在其中加入滑石粉（硫酸镁）或大白粉（碳酸钙），调成糊状涂剂，敷于石材污染面上。

操作工艺：先对石材表面进行处理，把打蜡面洗去以便涂剂渗透到石材内部进行氧化反应。将糊状涂剂敷在污染面上，覆盖塑料布以减少涂剂蒸发，对敷在石材侧面部位的涂剂应设法固定。每2h加一次涂剂（视糊状涂剂干湿程度而定），如干得快，必须及时加涂剂，直至石材表面恢复原状为止。污染较轻者 1d 即可清除，重者也不超过 2d。石材恢复本色后，用清水洗净涂剂，擦干。

除铁锈污染剂配合比为双氧水：磷酸氢二钠：乙二胺四乙酸二钠=100：（20～30）：（20～30），注意配合比中，药物间的比例应按饰面污染的程度加以调整；配合比中双氧水浓度为 30%。

防毒措施：由于双氧水及其涂剂对人体有害，长时间操作，操作者有睁不开眼，头发呈红色、手指起泡等现象，故操作时须戴厚胶皮防护手套及口罩。若皮肤腐蚀，应及时用松节油擦洗。

（4）磨料清洗。磨料清洗，非熟练工人可能会对建筑物造成损坏，应由有经验的操作人员认真监管实施。

1）干喷。由专业人员用喷砂机向析白流挂或水泥污迹、树脂污染部位喷射干燥细砂。较先进的方法是喷射细小的玻璃微珠或弹性研磨材料，起到轻度的抛光作用，还增设残余物收集装置，以消除灰尘污染。

2）湿喷。在需要减少粗糙磨料影响的部位，可采用压缩空气中加水的湿喷砂方法，这样有利于控制灰尘。但由此积聚在工作面的泥浆，在装饰复杂细部施工时，会影响能见度。高压技术加磨料的喷水方法，用来清除污垢更顽固的部位。有种湿磨料清洗技术，采用旋转涡流传输方式和 7～21PSI 低气压（传统间断料喷砂气压达 60PSI 以上），每小时用水量仅 30～60L。据称气-水涡流产生涡旋作用，对物体表面的清洗更柔和，并能方便地更换各种尺寸的喷嘴。

（5）超细气流擦洗。此法用来处理特别敏感的雕琢细部。

（6）激光清洗。美国已发明一种小型激光器进行建筑物饰面除污，无论是颜料、油漆都可清除。清除污物后，建筑物原来的外表面不会留下任何痕迹。这种激光器能发出 100W、频率为 1000Hz 的绿色光波，当光照射到建筑物坚硬的外表面时将被反射回来，这部分反射的声波和激光器光波转化成的声波使建筑物表面的附着物产生碰撞，导致力量微小的“爆炸”，将建筑物表面的污物与建筑物本身分离剥落，达到清洁的目的。

（7）打磨翻新。由专业公司使用专用工具将受污染（或风化、破损）的石材表面磨去薄薄的一层，然后在新的石材表面上进行抛光处理，再喷涂专用防护剂，使旧石材恢复其天然色泽和光洁度。据资料，使用了几十年甚至上百年的石材表面都可翻新，其费用比完全换新石，要节省 85%左右。

（8）护面处理。建筑物饰面清除污迹后（光面花岗石应重新抛光），墙面应喷涂有机硅化合物或氟化物防护剂。若干年之后，旧的护面处理老化了，可用“石材化学去除剂”（主要类型有蜡去除剂、油脂去除剂、生物染色去除剂、防护剂去除剂）进行清洗；干燥后，再施涂新的石材防护剂。

二、花岗石板块饰面色泽不匀、纹理不顺

1、现象

板块之间色泽不匀，色差明显，个别板块甚至有明显的杂色斑点、花纹。有花纹的板块，花纹不能通顺接通，横竖突变，杂乱无章，严重影响外观。

2、原因分析

（1）他山之石。板块石材不是来自同一山头，而是东拼西凑，明显色差（即是同一山头，也存在色差）。选择花岗石时，对杂色斑纹、石筋石胆以及裂隙等缺陷未注意剔除。石材出厂之前，如果板块未干燥即行打蜡，随着水分的挥发、蜡的渗入，也会在石材表面引起色差；使用期间经常打蜡会使石材颜色变深，失去原有色彩和质感。

（2）饰面不平整，相邻板块高低差过大，用打磨方法整平，擦伤镜面或着色面。

（3）订货不明确。许多花岗石都无花纹（不同于大理石），对有花纹要求的花岗石板块，如果订货单不明确，厂方未按订货图纸要求加工，或运至施工现场之后无检查或试拼，就可能出现花纹横竖突变，杂乱无章。

（4）镜面花岗石反射光线性能好，对光线和周围环境比较敏感，加上人的视角有“远、近、高、低”，其观感效果可能会有差异，甚至得出相反的装饰效果。

3、防治措施

（1）一个主装饰面的花岗石面材料应该来源于同一矿山、同一采集面、同一批荒料及同一个连续台班的加工工序。

荒料应避开矿山浅层表面受风化、渗水和污染的部分，否则将会降低石材的耐久性。保证批量材料的外观，纹理色泽以及物理力学性能基本一致，便于安装时色差纹理的过渡。石材的色差是难以绝对避免的，因而大型建筑选用花岗石时，对某一种颜色的石材不宜一次选用过多（如数万平方米）。因为很难找到如此大量且色调一致的花岗石品种。

大面积使用花岗石饰面，同样会感到单调，效果未必好。这种现象主要是由于天然石材在形成过程中受内因（岩浆成分，结晶过程等）和外因（风化剥落，断裂破损等）的影响，使同一地区的产品存在颜色、花纹不一的问题。另外，花岗石石体中的中心相、过渡相、边缘相的颜色、颗粒、矿物成分都会造成色差。

因此要最大限度地减少同一品种的色差，除重视矿源选择外，还要确定色差标准，确定样板时找两块颜色较接近的作为色差的上下界限，亦即这两块样板间的色差均可接受。这样有一个幅度，给开采和石材加工厂留有余地。

为解决施工色差问题，还要在石材加工过程中，根据色差（深浅），在这两块样板的颜色间分成若干个档次，把每块加工出来的板材按颜色深浅分别归入这些编号的档次中去，由设计、施工和监理三方共同研究各档次板材在工程立面上的使用部位（如上、下分档次，

上部较浅，下面稍深）。与此同时，石材进场后还要进行石材纹理、色泽的挑选和试拼排，使色调花纹尽可能一致或利用颜色差异构成图案，才能将色差减少到最低的程度。

（2）采用自动喷砂设备，将花岗石表面加工成粗面、麻面，可以减轻色差，并且表面均匀、美观，有利于保持天然石材本色，不改变石材内部结构。或用专门的渗透或离子着色，将石材表面染上需要的颜色（称着色石、染色石），从而减少色差。或采用花岗岩基因改色技术，通过裂变助进、真空超导加热等工艺，实现无色纳米晶体离子化合物的变更和在板材中深度均匀分布，使低品位的白色板材整体改色变成高价位的红色板材。同时，较好地解决了天然红色花岗岩普遍存在的色差和褪色等难题。

板块作防碱、防水处理前，应对石材充分干燥，减少自然含水率，防护液才能充分渗入板体，提高抗渗能力，保护石材表面。打蜡防护属落后材料、落后工艺，应予淘汰。

（3）从石材加工、进场检验、板块安装要认真注意饰面的平整度，从而避免安装之后因饰面不平整而需打磨。

（4）进场复查。板块进场拆包后，首先应按《天然花岗石建筑板材》（GB/T 18601-2009）的规定，进行外观质量检查，将破碎、变色、局部污染和缺棱掉角的全部挑拣出来，另行堆放。对有缺陷的板块，应改小使用，或安排在不显眼部位。

（5）镜面花岗石饰面可先做样板对比，视其与光线、环境协调情况，和人的视距观感效果，再优化选择合适的花岗石板材。

4、治理方法

对于有色质缺陷（色差）的天然石材，在安装施工前或使用过程中均可采用着色翻新处理的方法来消除色差。可根据不同的石材颜色，采用基本色彩进行互相调配，以达到最佳的装饰效果。

三、花岗石板块饰面不平整、接缝不顺直

1、现象

花岗石板块墙面镶贴之后，大面凹凸不平，板块接缝横不水平、竖不垂直，板缝大小不一，板缝两侧相邻板块高低不平，严重影响外观。

2、原因分析

（1）板块外形尺寸偏差大。加工设备落后或生产工艺不合理，操作人为因素多，致石材制作加工精度差，质量很难保证。弯曲面或弧形平面板块，在施工现场用手提切割机加工，尺寸偏差失控。其常见病是板块厚薄不一，板面凹凸不平，板角不方正，板块尺寸超过允许偏差。

（2）施工无准备。对板块来料无检查、挑选、试拼，板块编排无专项设计，施工标线

不准确或间隔过大。

（3）干缝（或密缝）安装。无法利用板缝宽度适当调整板块加工制作偏差，致面积较大的墙面板缝积累偏差过大。

（4）施工操作不当。采用粘贴法施工的墙面，基层找抹不平整。采用灌浆法（挂贴法）施工的墙面凹凸过大，灌浆困难，板块支撑固定不牢，或一次灌浆过高，侧压力大，挤压板块外移。

3、防治措施

（1）批量板块应由石材工厂加工生产，废止在施工现场批量生产板块的落后施工；弯曲面或弧形平面板块应由石材工厂专用设备（如电脑数控机床、仿形铣床、超高压水射流切割机——水刀）加工制作。石材进场应按《天然花岗石建筑板材》（GB/T 18601）的规定检查外观质量，检查内容包括规格尺寸、平面度、角度、外观缺陷等。超出允许偏差者，应退货或磨边修整，阳角板块斜边宜略小于1/2阳角角度（利于填入砂浆）。

（2）推广电脑设计，由专业公司对墙面板块进行专项装修设计。

1）有关方面认真会审图纸，明确板块的排列方式、分格和图案、伸缩缝位置、接缝和凹凸部位的构造大样。

2）室外墙面，由于有防水要求，板缝宽度不应小于5mm，兼可采用适当调整板缝宽度的办法，减少板块制作积累偏差。室内墙面，无防水要求，光面和镜面花岗石板缝采用干接，是接缝不顺直的重要原因之一。因此干接板材的方正平直不应超过优等品的允许偏差标准，否则会给干接安装带来困难。传统的逐块进行套方检查板块几何尺寸，并按偏差大小分类归堆的办法，固然可以减少因尺寸偏差带来的毛病，可使接缝变得顺直。但是，这样可能会打乱石材的原编号和增大色差（有花纹的石材还可能因此而使得花纹乱套），效果不一定好。根据《天然花岗石建筑板材》（GB/T 18601-2009）的规定，板块长、宽只允许负偏差。板缝干接，对于面积较大的墙面，为减少板块制作尺寸的积累偏差，板缝宽度宜适当放宽至2mm左右（板块尺寸的制作偏差是必然的）。建筑物的转角、檐口、腰线、踢脚线、门窗框等边缘还可采用“异形石材花线条”镶边或调整。只有这样，才能把解决“色泽调和、纹理通顺、接缝顺直”等主要矛盾。

（3）作好施工大样图。板材安装前，首先应根据建筑设计图纸要求，认真核实板块安装部位的结构实际尺寸及偏差情况，如墙面基体的垂直度、平整度以及由于纠正偏差（剔凿后用细石混凝土或水泥砂浆修补）所增减的尺寸，绘出修正图。超出允许偏差的，若是灌浆法（挂贴法）施工，则应在保证基体与板块底面距离不小于30mm的前提下，重新排列分块尺寸。在确定排板图时应做好以下工作：

1）测量墙、柱的实际高度，墙、柱中心线，柱与柱之间距离，墙和柱上部、中部、下部拉水平通线后的结构尺寸，以确定墙、柱面边线，依此计算出板块排列分块尺寸。

2）对外形变化较复杂的墙面、柱面（例如：多边形、圆形、双曲弧形），特别是需异形板块镶贴的部位，尚须用薄铁皮或三夹板进行实际放样，以便确定板块实际的规格尺寸。目前已有异型加工的专用机械，如数控金刚石串珠锯、数控高压水射流切割机（水刀）、红外线切割机、镭射切割机、仿真数控三维石材加工设备。

根据上述墙、柱校核实测的板块规格尺寸，并将板块间的接缝宽度包括在内，计算出板块的排列，按安装顺序编上号，绘制分块大样图以及节点大样图，作为加工板块和各种零配件（锚固件、连接件）以及安装施工的依据。

（4）测量放线。墙、柱的安装，应按设计轴线距离，弹出墙柱中心线、板块分格线（应精确至每一板块都有纵横弹线作为镶贴依据）和水平标高线。由于挂线容易被风动或意外触碰或受墙面凸出物、脚手架等影响，测量放线应用经纬仪和水平仪，才能减少尺寸偏差。目前已有“激光石材放线定位仪”，由于激光的直线度偏差几乎不存在，其定位、划线的偏差非常小。

（5）板块安装（先做样板墙，经建设、设计、监理、施工等单位共同商定和确认后，再大面积铺开）。

1）安装前应进行试拼，对好颜色，调整花纹，使板与板之间上下左右纹理通顺、颜色协调、接缝平直均匀，试拼后由下至上逐块编写镶贴顺序，然后对号入座。

2）安装顺序以根据事先找好的中心线，水平通线和墙面线进行试拼、编号，然后在最下一行两头用块材找平找直。拉上横线，再从中间或一端开始安装，随时用托线板靠直靠平，保证板与板交接部位四角平整。

3）板块安装，应找正吊直，采取临时固定措施，以防灌注砂浆时板位移动。

4）宜在板块“十字”交叉部位使用商品定型“十字”塑料卡（十字定位架）控制板缝的大小。并应确保外表面的平整、垂直及板的上口平顺。

（6）突出墙面勒脚的板块安装，应待上层的饰面工程完工后进行。

（7）板块灌浆。灌浆前，板块背面和基体表面应先润湿，板背、墙面均应涂刷界面剂，再分层灌注砂浆，每层灌注高度为150～200mm，且不得大于板高的1/3，插捣密实。待其初凝后，应检查板面位置，如移动错位应拆除重新安装；若无移动，方可灌注上层砂浆，施工缝应留在板块水平接缝以下50～100mm处。

（8）粘贴法施工，找平层表面平整度允许偏差宜为3mm（不得大于4mm）；板块厚度允许偏差应按优等品的要求，如板厚在12mm以内者，其允许偏差为正负0.5mm。

（9）大面镶贴完毕后，宜用经纬仪及水平仪沿板缝打点，使墙面石材板缝在竖向和水平向都能通线，再沿板缝两侧用粉线（墨线会污染板块）弹出板缝边线，沿粉线贴上分色胶纸带（不干胶纸带）打防水密封胶。嵌缝胶的颜色选择需先作几个样板，再研究决定。一般情况下，光面石材或板缝偏差小的墙面，宜用深色（甚至黑色），会更显得缝格大小均匀，横平竖直。而毛面花岗石，即使板缝大小均匀、横平竖直，若用黑色密封胶嵌缝，由于板缝两边凹凸不平，再仔细打胶，板缝胶仍然难免出现“毛毛虫”现象。因此毛面花岗石板或板缝施工偏差较大的墙面，宜用颜色较浅的密封胶嵌缝。但是，无色密封胶不显缝格，又容易受污染，也不宜采用。

4、治理方法

花岗石墙面如果出现大面不平整，接缝不顺直的情况，很难处理，返工费用又高，因而应重在预防。若接缝不顺直的情况不严重，可沿缝拉通线（大面积墙面宜用水平仪、经纬仪）找顺、找直，采用适当加大板缝宽度的办法，用粉线沿缝弹出加大板缝后的板缝边线，沿线贴上分色胶纸带，再打浅色防水密封胶，可掩饰原来接缝的缺陷。

四、花岗石板块水斑

1、现象

湿法工艺（粘贴、灌浆）安装的花岗石墙面，在安装期间板块会出现水印；随着镶贴砂浆的硬化和干燥，水印会慢慢缩小，甚至消失。若是石材不够密实（结晶较粗），颜色较浅，板底和板面未作防水处理，砂浆水胶比过大，墙面的水印（包括拌合水、可溶性盐碱）可能残留下来（尤其是潮湿低温天气，背阴面），板块出现大小不一、颜色较深的暗影，此称为“水斑”（或水渍、泛碱、潮华）。

一般情况下，水斑孤立、分散地出现在板块中间，程度不会严重（或不发生），影响外观不大，这种由于镶贴砂浆拌合水引发的板块水斑，称为“初生水斑”（或“一次潮华”）。随着时间的推移，遇上雨雪或潮湿天气，水从板缝、墙根等部位入侵，析出更多的盐、碱，堵塞石材内部的微孔，花岗石墙面的水印范围会逐渐变大，水斑在板缝附近串连成片，板块颜色局部加深，板面光泽暗淡，板缝“并发”析出白色的结晶体，严重影响外观。晴天，水印的范围虽然会有些缩小，但长年不褪，此种由于外部环境水的入侵而引发的板块水斑，称为“增生水斑”（或“二次潮华”）。由于板块有可溶性盐类入侵，已不仅仅是“泛碱”。

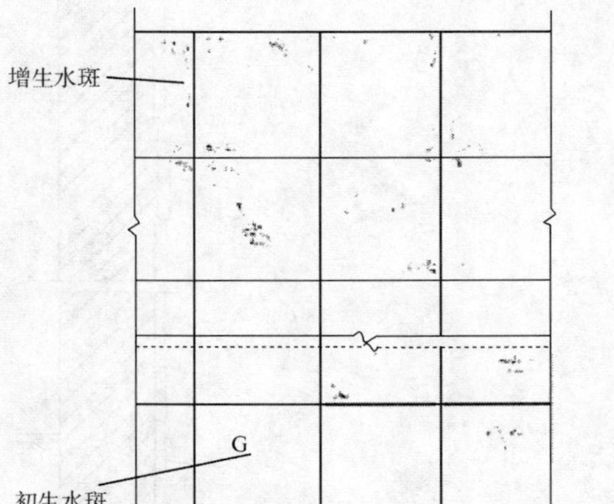

图 7-4　花岗石墙面水斑示意图

水斑现象如图 7-4 所示。

2、原因分析

（1）花岗石内因。花岗石结晶相对较粗，不如大理石致密，其吸水率为 0.2%～1.7%，抗渗性能还不如普通水泥砂浆。颜色较浅的花岗石具有“透底”性，因而水斑也是有别于大理石、陶瓷釉面砖，成为颜色较浅、结晶较粗的普通花岗石特有现象。因此花岗石板块安装之前，如不作专门的防护处理，其病害难以避免。

（2）可溶性碱和盐的来源。

1）镶贴砂浆析出的 $Ca(OH)_2$（氢氧化钙）是硅酸盐系列水泥水化的必然产物，其水化反应式为：

$$2(3CaO \cdot SiO_2)+6H_2O=3CaO \cdot 2SiO_2 \cdot 3H_2O+3Ca(OH)_2$$

$$2(2CaO \cdot SiO_2)+4H_2O=3CaO \cdot 2SiO_2 \cdot 3H_2O+Ca(OH)_2$$

如果花岗石板块背面不作防水处理，镶贴砂浆析出的 $Ca(OH)_2$ 就会跟随多余的拌合水，沿石材的毛细孔游离入侵板块。拌合水越多，移动到砂浆表面的 $Ca(OH)_2$ 就越多。水分蒸发后，$Ca(OH)_2$ 就积存在板块里面，并慢慢地堵塞石材的孔隙。

2）混凝土墙体存在 $Ca(OH)_2$，或在水泥中添加了含有钠 Na^+ 的外加剂，如早强剂 Na_2SO_4、粉煤灰激发剂 NaOH、抗冻剂 $NaNO_3$ 等。黏土砖的土壤成分就含有钠 Na^+、镁 Mg^{2+}、钾 K^+、钙 Ca^{2+}、氯 Cl^-、硫酸根 SO_2^{4-}、碳酸根 CO_2^{3-} 等离子（在西北地区、滨海盐碱地带、内陆盆地等盐渍土地区最为严重）；在烧制过程中使用煤，又提高了黏土砖体的 SO_2^{4-} 的含量。上述物质遇水溶解，会渗透并部分残留在石材毛细孔里，或顺板缝流出。外部环境水的入侵与预防示意图如图 7-5 所示。

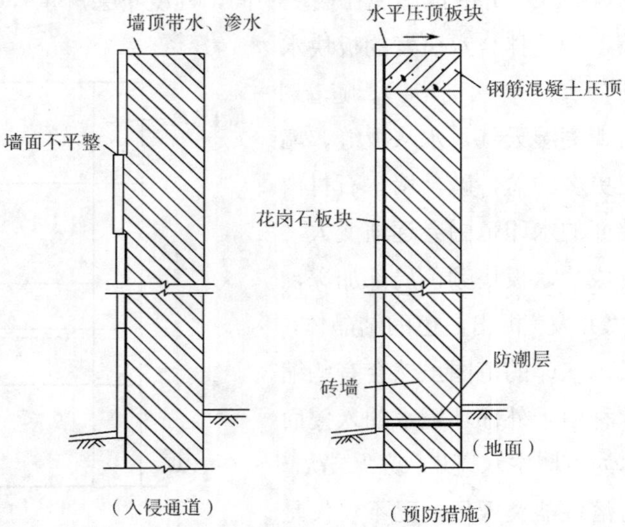

图 7-5 外部环境水的入侵与预防

（3）水的来源

1）目前国内花岗石饰面多沿用传统的密缝镶贴法，形成“瞎缝”。花岗石的接缝宽度（如设计无要求时）为 1mm，室外接缝可“干接”，用水泥浆填抹，接缝不能防水，因此干接缝的水斑最为严重；也可在水平缝中垫硬塑料板条，用水泥细砂砂浆勾缝，但其防水效果差。用干性油腻子嵌填板缝，也由于板缝太窄小，嵌填困难，其防水效果仍不好。如果饰面不平整，板缝更容易进水。

2）离缝法镶贴的板块，嵌缝胶质量不合格或板缝不干净。嵌缝后，嵌缝胶在与石材的接触面部位开裂或嵌缝胶自身开裂，或胶缝里夹杂尘土、砂粒出现孔眼。

3）外墙饰面无压顶板块或压接不合理（如压顶板块不压竖向板块），雨水从板缝侵入。

4）饰面与地面连接部位无防水措施，地面水（或潮湿）沿墙体或砂浆层侵入石材板块里。

5）使用甲基类硅酸盐（适用于水泥基材的防水剂）作防护剂，因其强碱性会损坏石材的内部结构，加速石材的风化和粉化，使石材表层易粘灰尘，其处理后的石材易生白斑或绿斑，遇水后易生水斑。另外在使用阶段，石材表面涂蜡防护，石材的毛细孔被堵死，石材内部的水分不能渗出，而形成水斑。

3、防治措施

颜色较浅的普通花岗石抗渗性能差，并具有“透底”性；墙体、砂浆含有可溶性碱和盐的成分都是内因。水是外因。由于室外镶贴必须采用水泥基料的砂浆，因此只有防水才能预防“水斑”。

（1）一般措施

1）室外镶贴宜采用经检验合格的水泥基商品胶粘剂（干混料），由于它具有良好的保水性，能大大减轻水泥凝结泌水。室内镶贴宜采用石材化学胶粘剂点粘，从而避免湿作业带来的一系列问题。

2）为防止雨水的入侵，室外施工应搭设防雨篷布，待施工完毕才能拆除。

3）由于石材板块单位面积自重较大，为方便系固、方便灌浆和防止砂浆未硬化之前的板块下坠，板块镶贴一般都是自下而上。湿润墙面、板块时，如果像贴马赛克揭纸大量淋水，可能发生或加重水斑。因此石材和基体都不应在板块安装后才洗尘，并大量浇水。浮尘、脏物应事先清净，板块应事先润湿，墙面不应大量淋水。

4）地面墙根下应设置防潮层。室外找平层表面应涂抹水泥基料的防渗材料（卫生间、浴室等用水房间的内壁也需作防渗处理）。

5）在砂浆里掺入“水泥白华防止剂”，以降低 $Ca(OH)_2$ 的析出数量。工地自拌的水泥砂浆宜掺入减水剂（必须作相容性和配合比试验），才能减少 $Ca(OH)_2$ 析出至镶贴砂浆表面的数量，从而减免因镶贴砂浆水化而引发的初生水斑。粘贴法砂浆稠度宜为 6～8cm，灌浆法（挂贴法）砂浆稠度宜为 8～12cm。

6）为防雨雪从板缝侵入，墙顶水平压顶板块必须压住墙面竖向板块。墙面板块必须离缝镶贴，缝宽不应小于 5mm（板缝过小，密封胶嵌不进缝里）。只有离缝镶贴，板缝才能嵌填密实。只有防水，才能防止镶贴砂浆、找平层、基体的可溶性碱和盐类被水带出，才能预防增生水斑和析白流挂。

7）处理好门窗框周边与外墙的接缝，防止雨水渗漏入墙。

（2）有效措施

1）石材应进行防碱背涂处理，石材板底涂刷树脂胶，再贴化纤丝网格布，形成一层抗拉防水层。或采用渗透型、浸润型的石材背涂处理剂，对石材的底面和侧面周边作涂布处理。也可采用环氧树脂胶涂层，再沾粘小米粒石以增强粘结能力，但施工比较麻须，效果不如专用处理剂（如果板底涂刷表面成膜的有机硅乳液或油性防护剂，会因表面太光滑而降低粘结力）。

2）板缝嵌填防水耐候密封胶（加阻水塑料芯棒）如图7-6所示，密封材料应采用中性耐候硅酮密封胶。耐候硅酮密封胶应作与石材接触的相容性试验，无污染、无变色，不发生影响粘结性的物理、化学变化。也可采用商品专用柔性水泥嵌缝料（内含高性能合成乳液，适用于小活动量板缝）。嵌缝后，应检查嵌缝材料本身或与石材接触面有无开裂。

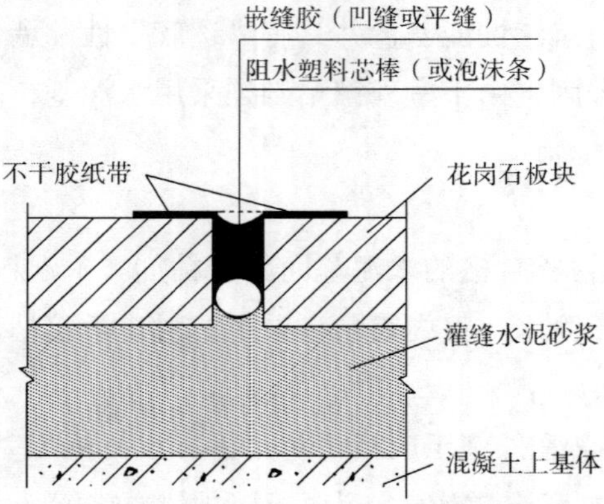

图7-6　花岗石墙面防水嵌缝

3）甲基类硅酸盐防护剂及涂蜡防护应予淘汰。镶贴、嵌缝完毕，室外石材全面积喷涂专用石材防护剂（毛面花岗石更为必要）。

4）改镶贴为干挂，或采用超薄复合板。

4、治理方法

室外花岗石墙面一旦出现水斑，由于可溶性碱（或盐）物质沿毛细孔已渗透到石材里面（已泄出板面者，可以清除），很难清除，被称为“石病之癌”应着重预防。水斑发生之后，应尽快对墙体、板缝、板面等全面进行防水处理，阻止水分继续入侵，使水斑不再扩大。

其补救措施是，可用水斑清除剂，减轻水斑；或用树脂注入方法，使未出现“水斑”的部位颜色加深，以此减少色差；或采用渗透染色来改变原饰面石材的颜色。

五、墙面大理石黑色斑纹

1、现象

质地松脆且颜色较浅的大理石，在采用湿贴法进行墙面镶贴20min左右，灰色水泥砂浆就会渗出板缝、板面，致使石材出现黑缝、黑纹等，破坏了墙面的美观。

2、原因分析

（1）石材镶贴后，在分层灌浆的过程中，水泥砂浆从石材的贴缝中渗出，这时就会出现黑缝。

（2）石材石质较差，色纹多，并有暗缝和砂眼等。水泥砂浆通过暗缝、砂眼等孔隙渗出石材表面，出现灰色水泥斑痕。

（3）石材背面未做防护处理，或防护处理没有做好。

3、防治措施

（1）贴缝处，可用相同种类、等级的白水泥砂浆（可加入部分骨料）进行抹缝处理，使贴缝与普通水泥砂浆隔开，并及时用白水泥砂浆勾缝。

（2）选择材质较好、色纹和暗缝少、无明显砂眼的优质板材，减少出现黑纹的机会。

（3）石材镶贴时，可预先将石材背面抹一层相同种类、等级的白水泥砂浆保护层（厚度为10mm左右）进行保护。

（4）挑选石材时，可对石材进行处理。例如在色纹、暗缝处涂上适量502胶；在砂眼处补上用相同种类、颜色的碎石屑拌合过的云石胶等，都能在一定程度上减少黑纹、黑缝以及黑斑的出现。

（5）灌注的水泥砂浆不要太稀，每次灌浆高度最好不超过100mm。

（6）最好采用干挂的形式来镶贴墙面石材，这样才能完全避免黑色斑痕的出现，而且石材不易褪色，能最大限度地保持石材天然纹理的清晰和美观。

第三节　饰面板工程其他质量问题

一、花岗石外饰面板返浆、空鼓

1、现象

花岗石饰面工程粘贴完工一段时间后，往往出现空鼓、返浆等质量问题，严重影响花岗石外饰面工程的观感质量和使用功能。

2、原因分析

（1）外饰面施工时砂浆不饱满，花岗石饰面板材未能很好地与基面结合。粘贴时水泥浆过稀，造成空鼓，尤其是立面外贴，由于砂浆（素水泥浆）过稀下淌，加之嵌缝不饱满、严实，水一旦进入就难以挥发，久而久之，白色碳酸钙就会从缝中析出形成“鸟屎”，从而污染墙面。

（2）外贴基面（墙、柱）施工时把关不严，墙体灰缝不饱满，不能很好地滞水，尤其是南方一些地区，上半年雨水较多，且有酸雨或雨中的有害物质长时间地与水泥石结合，造成碳酸钙外析，形成返浆。

（3）花岗石板材加工时留下的污染（油腻等），贴面时未能很好地清洗干净，导致与水泥浆结合不紧，水一旦渗入后也会造成碳酸钙外析，形成返浆。

3、防治措施

（1）选择优质花岗石板材，严格把好基面施工质量，砖墙砌体要砖缝饱满，并注意粉刷层砂浆质量。施工外饰面时要待饰面基层（粉刷层）彻底干燥后方能进行。切勿盲目赶工，给外贴质量埋下隐患。

（2）认真做好花岗石板材的浸泡、清洗工作。因为花岗石板材在加工和运输中往往易被油腻等脏物污染，如果不清洗干净，会影响花岗石板材和水泥的结合。

（3）掌握好砂浆配合比，太干、太稠不易粘贴，太稀又易造成空鼓。因此水胶比的控制是关键。平面粘贴所用的砂浆应为干浆操作（即少水），检验方法是用手抓可捏成团，丢在地上即散开，贴时用木锤充分敲打直至四周冒浆为止。

（4）清除花岗石面层缝隙间的余灰，最好用钢锯条划入缝内 2mm 左右，用玻璃胶封严缝隙，防止雨水或水汽浸入缝内，则可控制粘结砂浆中水泥起二次化学反应，有效制止返浆现象。

（5）花岗石外贴面的空鼓检查

在很大程度上，外贴花岗石板材空鼓是日后造成返浆的根源。因此空鼓检查非常重要，须在终凝前进行，以便对出现的空鼓进行返工。其方法一是用检查锤逐一敲打，以辨别声音的差异来检查；二是直观检查法检查，如果是平面饰面，可在贴好的花岗石板材上泼水，待表面水干后或待雨后天晴时观其水印检查，如果发现所贴饰面为白色，即为空鼓，这是因为花岗石材料有一定的吸水性，对出现空鼓的饰面应及时返工重贴。

4、治理方法

一旦出现返浆，应认真检查分析原因，如果这种外析是在女儿墙、窗沿或墙顶、雨篷等部位，就应首先从这些部位的背面重做防水层，而后用刮铲清除饰面上留存的碳酸钙薄层并用草酸清洗，再用玻璃胶擦缝，以达到根除返浆的目的。

二、花岗石板块空鼓

1、现象

饰面板块镶贴之后，板块出现空鼓。空鼓可能会随着时间的推移，范围逐渐发展扩大，甚至松动脱落，伤害人和物。

2、原因分析

（1）基体（或基层）、板块底面未清理干净，残存灰尘或脏污物；未用界面处理剂处理基体表面及板块底面。

（2）粘贴（或灌浆）砂浆不饱满，或砂浆太稀、强度低、粘结力差、干缩量大，砂浆养护不良。传统的镶贴砂浆为1∶2（或1∶2.5）水泥砂浆，用料比较单一（只有水泥和砂），只有体积比等要求，而无粘结强度的定量要求和检验，因而粘结力有限。

（3）点粘法施工用于室外，把云石胶（非结构承载用石材胶粘剂）误作结构（干挂）胶使用，不但粘结强度比较低，耐候性（耐老化）也较差，给工程留下隐患。墙体平整度差，部分点粘胶过厚。石材胶直接点粘在找平层砂浆（或轻质墙体）上，两者粘结强度相差太大，基层（或基体）表层先破坏。砂岩、板岩表面强度低，点粘后板背表层先破坏。

（4）在楼板底、梁底盲目镶贴石材板块（“仰贴”），由于镶贴砂浆在塑性阶段会下坠，加上板块处于最不利的工作位置，板块容易空鼓脱落。

（5）板块现场钻孔不当（钻孔太靠边或钻伤板边），或用铁丝绑扎固定板块，日久锈蚀。

（6）石材防护剂落后或不适宜，如石蜡、油性防护剂、非渗透型膜层防护剂会在石材表面形成一层覆膜，板背变光滑，削弱了板块与镶贴砂浆的粘结力。镶贴前，板背又未涂刷界面处理剂。

（7）板缝不能防水，雨雪入侵，板块背面的粘结层、基体（或基层）发生冻融循环、干湿循环。又由于水分入侵，诱发析盐，水分蒸发后，盐结晶体积膨胀，又会削弱砂浆的粘结力。

3、防治措施

（1）镶贴之前，基体（或基层）、板块必须清理干净，用水充分湿润，阴干至表面无水迹；基体（或基层）表面、板块背面均须涂刷专用的界面处理剂，随贴随刷。

（2）粘贴法砂浆稠度宜为6～8cm，灌浆法（挂贴法）砂浆稠度宜为8～12cm（坚持分层灌实）。由于普通水泥砂浆粘结力有限，应采用经检验合格的专用商品胶粘剂（聚合物干粉砂浆）粘贴板块，或在水泥中掺入改性成分（如聚醋酸乙烯——乙烯共聚物，即EVA或VAE乳液）能使其粘结力大大提高。为防止老化，用于室外的镶贴砂浆必须是水泥基料的。与陶瓷板块相比，石材板块单位面积自重大，板背光滑无槽，因而镶贴砂浆的粘结力格外重要，其质量要求可参照国家现行行业标准《外墙饰面砖工程施工及验收规程》（JGJ 126）的规定。为保证安全可靠，粘贴法施工的镶贴砂浆应采用经检验合格的专用于石材板块的“增强型”聚合物水泥干粉砂浆（其粘结强度大于或等于1.0MPa），其找平层砂浆的粘结强度也应与之相匹配。夏期镶贴室外饰面板块应防止曝晒。冬期施工，砂浆的使用温度不得低于 5℃；砂浆硬化前，应采取防冻措施。

（3）点粘法施工，应采用结构（干挂）胶，目前仍仅用于室内的混凝土、烧结黏土砖基体上，为保证点粘用胶厚薄一致，基体的表面平整度应达到清水砖墙的要求。对要求极高的公共建筑，点粘工艺还可辅以铜丝与墙体适当拉结。由于结构（干挂）胶粘结强度的匹配问题，点粘法施工，不适用于砂浆基层、轻质墙基体、砂岩及板岩块材（其材料的表面强度都比较低）。点粘法施工用于室外墙面，使用的结构（干挂）胶应有可靠的试验依据（如粘结强度、耐候性、相容性）。

（4）楼板底、梁底不得“仰贴”石材板块；如确需要，应采用不锈钢干挂件进行“干挂法”施工。

（5）板块边长小于 400mm 的，可用粘贴法镶贴。板块边长大于 400mm 的，应用灌浆法（挂贴法）镶贴，其板块均应绑扎固定，不能单靠砂浆粘结。系固饰面板用的钢筋网，应与锚固件连接牢固。锚固件应在结构施工时埋设（膨胀螺栓可后补）。每块板的上、下边打眼数量均不得少于两个。并用防锈金属丝（铜丝、不锈钢丝）穿入孔眼内以作系固之用。禁止使用铁丝及镀锌铁丝绑扎固定板块，潮湿环境下应采用不锈钢丝（铜丝可能锈蚀）。

（6）现场用手电钻打“牛鼻子”孔的传统方法，准确性较差，不慎还会钻伤板块边缘。改进方法为用“云石机”在板块上下边开燕尾槽，但上述方法均是用铜丝（或不锈钢丝）绑扎固定，孔、槽是否可靠，绑扎是否牢固，人为因素较大。

目前较准确可靠的方法是板材先直立固定于木架上，再钻孔、剔凿，使用专门的不锈钢 U 形钉或经防锈处理的碳钢弹簧卡将板材固定在基体预埋钢筋网（或胀锚螺栓）上（见图 7-7、图 7-8）。最为可靠的是“半干挂”法，即用金属干挂件连接墙体，再灌注水泥砂浆。

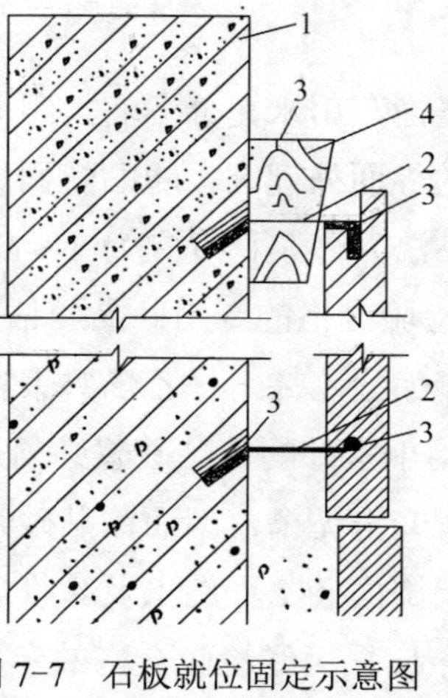

图 7-7 石板就位固定示意图

1—基体；2—U 形钉；3—石材胶；4—大头木楔

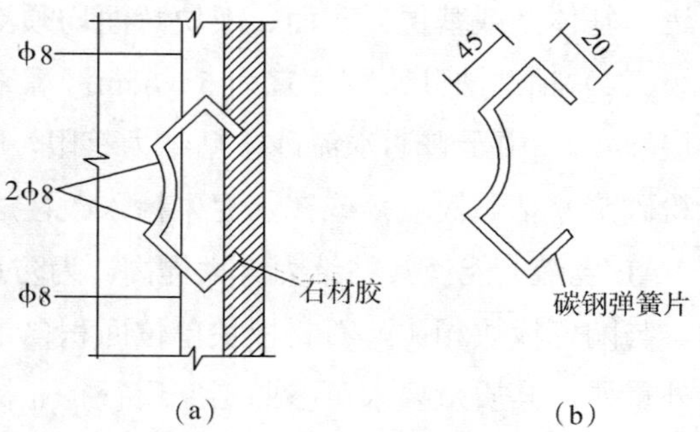

图 7-8 金属夹安装示意图

（7）使用经检验合格的渗透型、浸润型石材防护剂（如有机硅化合物、氟化合物防护剂），并按其使用说明书进行涂刷，尽量少降低板背的粘结力；由于大多数石材防护剂都会不同程度地降低板背与水泥砂浆的粘结力，粘贴法施工，订货时应在石材背面加设“燕尾槽”；粘贴时，应在板背及基层表面涂刷专门的界面剂，且边涂刷，边粘贴。大面积粘贴前，需先试贴。

（8）较厚板或尺寸较大的板块应考虑在自重作用下如何保证每个板块垂直面的稳定性，受力分析包括板块和砂浆的自重、板块安装垂直度偏差、灌浆未硬化时的水平推力、水分可能入侵后的冻胀力等。

（9）由于石材单位面积较重，因此轻质砖墙不应直接作为石材饰面的基体。否则，应作加强措施。加强层应符合下列规定：

1）墙体的两侧均采用规格为1.5、孔目为15mm×15mm的钢丝网，钢丝网片搭接或搭入框架柱（构造柱）长度不小于200mm，并作可靠连接。

2）设置M8穿墙螺栓、30mm×30mm垫片连结和绷紧墙体两侧的钢丝网，穿墙螺栓纵横向的间距不大于600mm。

3）粘贴法镶贴，找平层用聚合物（如聚醋酸乙烯——乙烯共聚物，即EVA或VAE乳液）水泥砂浆与钢丝网结合牢固，厚度不应小于25mm。灌浆法（挂贴法）镶贴不抹找平层，M8穿墙螺栓可同时系固钢筋网，灌浆厚度约50mm。

（10）采用天然石材起薄复合板（自重大减），使用专用胶直接粘贴。

（11）注意成品保护，防止振动、撞击等外伤，尤其注意避免镶贴砂浆、胶粘剂早期受损伤。

4、治理方法

（1）避免空鼓。饰面工程完工之后，拆除脚手架之前，应全面检查有无空鼓、松动的板块。在使用期间定期维修、清洁工作之中，也应全面检查。

（2）为避免板块因修补而产生色差和减轻补疤，可雇请专业队伍用改性环氧树脂进行压力注浆（即化学灌浆），将空鼓、松动的板块重新粘合。

（3）加固或更换板块，也可采用不锈钢胀锚螺栓或钻孔插不锈钢螺栓（插筋可根据需要长度用环氧树脂植入基体内）将板块重新固定于墙上；因偷工减料造成镶贴质量无保证的板块，也可采用螺栓锁固法或植入钢筋销挂法。

（4）粘贴法施工的板块，一般都无绑扎或挂钩固定，如果出现较大面积的空鼓，应返工重做。否则，应用螺栓锁固；不得采用板背化学注浆。

（5）上述修补完毕，均应对饰面喷涂有机硅化合物或氟化物防护剂。

三、花岗石板块板缝析白流挂

1、现象

经过一段时间（水斑“增生”）之后，室外花岗石墙面沿着横竖板缝悬挂着长短不一的

"白胡子"，称"析白流挂"（或白华、白霜、泛白、析盐、析霜、盐霜）。随着时间的推移，"白胡子"不断增长，严重降低饰面的观感质量（见图 7-9）。"泛碱"和"析白"是不同的理化和时间概念。"泛碱"是水将镶贴、找平层砂浆和基体里的可溶性碱和盐溶解和带出，是物理变化，发生时间在"析白"之前。"析白"是"泛碱"物质（可溶性碱和盐）流出之后，在板缝和板块表面生成的白色结晶物质（晶化），是化学变化，时间是在"泛碱"之后。没有水就没有"泛碱"，没有"泛碱"就没有"析白"。外部水的入侵越多，"泛碱"、"析白"就越严重。

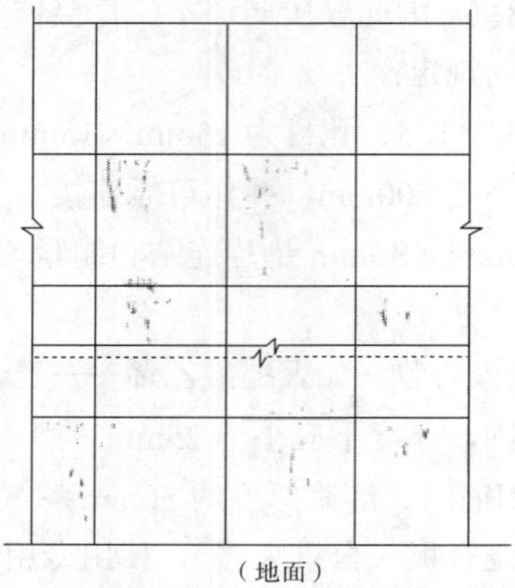

图 7-9　板缝析白流挂示意图

2、原因分析

由于墙体、板缝、板面无防水措施或施工缺陷，雨雪入侵，溶解并带出里面的氢氧化钙 $Ca(OH)_2$，其一部分渗透到石材里面，成为水斑；另一部分顺板缝流出，进而变成析白流挂。从板缝流出的 $Ca(OH)_2$ 溶液与空气中二氧化碳 CO_2 起化学反应生成不溶于水的白色沉淀物碳酸钙 $CaCO_3$，化学反应式为：

$Ca(OH)_2+CO_2+nH_2O=CaCO_3+(n+1)H_2O$

此外，空气中还可能有二氧化硫 SO_2、三氧化硫 SO_3 等酸性气体存在，它们将分别与 $Ca(OH)_2$

反应，生成亚硫酸钙和硫酸钙，其反应式分别为：

$Ca(OH)_2+SO_2+nH_2O=CaSO_3+(n+1)H_2O$

$Ca(OH)_2+SO_3+nH_2O=CaSO_4+(n+1)H_2O$

$Ca(OH)_2+Na_2SO_4\cdot 10H_2O=CaSO_4\cdot 2H_2O\downarrow+2NaOH+8H_2O$

其水分蒸发后，便在板缝及其下的板面上留下白色结晶体，形成"白胡子"。由于室外石材镶贴必须使用硅酸盐系列水泥基料的镶贴砂浆，因而白色的 $Ca(OH)_2$ 析出是必然的，但其表现形式有三，即水斑和析白流挂可能同时发生于室外同一墙面，也可能只有水斑而无析白流挂（当板缝防水严密时），也可能只有析白流挂而无水斑（当花岗石材质密实或颜色很深时或板块已作防碱、防水处理，仅板缝入水）。

3、防治措施

（1）从墙面、板块压接、板缝嵌填等方面落实防碱、防水措施，或采用天然石材起薄复合板，使用专用胶直接粘贴。

（2）地下水（或地面滞水）以下的台阶、踏步、石墙，不同于地面上的墙壁，最容易渗漏。石材板缝可用水溶性聚氨酯堵漏剂进行高压注浆。该堵漏剂是低粘度、单组分浆体，注入板缝或裂缝后，遇水（注水）产生交联反应，发泡生成多元网状封闭弹性体，产生二次渗压，达到止漏目的。

4、治理方法

室外花岗石墙面出现析白流挂之后，应全面检查渗漏点，进行补漏。然后清除析白流挂。

四、室外花岗石墙面板缝析白流挂

1、现象

室外花岗石墙面板缝析白流挂。参见图 7-10、图 7-11。

图 7-10　墙面板缝析白流挂

图 7-11　墙面板缝析白流挂

2、原因分析

没有按照下列质量标准作业：

（1）花岗石墙面板粘贴所用水泥的品种、性能和强度等级应符合设计的要求。

（2）饰面板砖的品种和性能应符合设计要求。

（3）饰面板表面应：无裂痕和缺损；不得有隐伤、风化缺陷；不得有泛碱等污染。

（4）采用湿作业法施工的饰面板工程，石材应进行防碱背涂处理。饰面板与基体之间的灌注材料应饱满、密实。

（5）饰面板粘贴工程的找平、防水、粘贴和勾缝材料及施工方法应符合设计要求及国家现行产品标准和工程技术标准的规定。

（6）饰面板接缝应平直、光滑、填嵌应连续、密实，宽度和深度应符合设计要求。

（7）有排水要求的部位应做滴水线（槽），滴水线（槽）应顺直，流水坡向应正确，坡度应符合设计要求。

3、防治措施

（1）镶贴可采用经检验合格的水泥基商品胶粘剂（干混料），它具有良好的保水性，能大大减轻水泥凝结泌水。

（2）镶贴用的水泥宜掺入减水剂，以减少 $Ca(OH)_2$ 析出到镶贴砂浆表面的数量，从而减免因镶贴砂浆水化而引起的初生水斑。

（3）为防雨水从板缝侵入，墙面板块必须安装平整，墙顶水平压顶板块必须压住墙面竖向板块。

（4）板块防碱防水处理：石材板底涂刷树脂胶，再贴化纤网格布，形成一层抗拉防水层；或采用石材背涂专用处理剂或石材防污染剂，对石材的底面和侧面周边作涂布处理。

（5）板缝嵌填防水耐侯密封胶（加阻水塑料芯棒），密封材料应采用中性耐侯硅酮密封胶；也可采用商品专用柔性水泥嵌缝料。嵌缝后应检查嵌缝材料本身及与石材接触面有无开裂。

（6）镶贴、嵌缝完毕，室外石材全面积应喷涂有机硅防水剂或其他无色护面涂剂。

4、优质工程示例

参见图 7-12。

图 7-12 外墙饰面板优质工程

第八章　饰面砖工程

第一节　饰面砖缺损

一、外墙砖饰面非整砖

1、现象

外墙砖主要立面和显眼部位（窗间墙、通天柱、墙垛）及阳角出现非整砖，边、角细部手工粗糙，板块切割边不齐整、破损，严重影响装饰外观效果。外墙饰面出现非整砖，细部粗糙。参见图 8-1、图 8-2、图 8-3、图 8-4。

图 8-1　非整砖宽度小于 1/4

图 8-2　墙面块料出现破损

图 8-3　预留洞口处没埋套管且做工粗糙

图 8-4　预埋套管处做工粗糙

（1）横排对缝的墙面，门窗洞口的上下；竖排对缝的墙面，门窗洞口的两侧；阳角以及墙面显眼部位的板块出现非整砖（“破活”）。阴角或其他次要部位出现小于 1/3 整砖宽度的板块。

（2）同一墙面的门窗洞口，与门窗平面相互垂直的内侧周边的面砖块数不等，宽窄不一，切割不一。

（3）外廊式的走廊墙面与楼板底（与顶棚接槎部位的面砖不水平、不顺直、板块大小不一，或最顶一行的板块一头大、一头小）。梁柱接头阴角部位和梁底、柱顶的板块非整砖多，或一边大、一边小。墙面与地面（或楼面）接槎部位的饰面砖不顺直、板块大小不一或“吊脚”（与地面或楼面仍有很大的空隙）。

（4）墙面阴阳角、室外横竖线角（包括阳台、窗台、雨篷、腰线）不方正、不顺直，墙面阴角、室外横竖线角的饰面砖出现非整砖，或阴角部位出现一行“一头大、一头小”的饰面砖；阴角部位出现干缝（即“瞎缝”，影响勾缝防水和观感）、粗缝（板缝太宽）、双缝或压接不当，详见图 8-5、图 8-6 所示。套割不吻合、缝隙过大，墙裙凸出墙面厚度不一致。滴水线不顺直，流水坡度不正确；倒淌水甚至滴水线（槽）在某些部位消失。

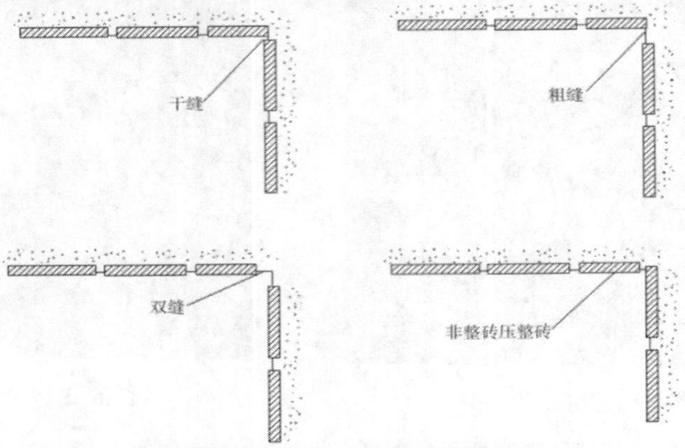

图 8-5　外墙砖竖向阴角部位砖缝疵病示意图

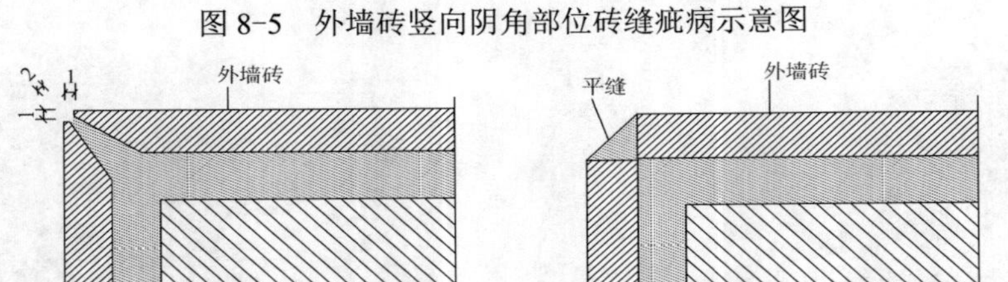

图 8-6　外墙砖竖向阳角作法

（a）45° 角砖夹窄缝，美观；（b）“海棠”角架平缝，太粗

（5）非整砖切割边不齐整、破损（釉面崩角、切割边犬牙状）。

2、原因分析

（1）饰面粘贴工程无专项设计，施工心中无数。

（2）主体结构或找平层几何尺寸偏差过大，如找平层挂线、贴饼、冲筋以及饰面砖粘贴标线（宜使用水平仪、经纬仪）均挂小麻线，容易受风和自重下挠的影响，距离长了准确性差。如檐口长度大，厚度小，而滴水线（或滴水槽）的截面尺寸更小；如果檐口边线几何尺寸偏差大，而饰面砖的规格尺寸是个定数，粘贴要求横平竖直，成为矛盾的两个方面：如果基体（基层）尺寸偏差大，若要保证滴水线的功能和截面尺寸，饰面砖就难免到处切割；若要饰面砖横平竖直，滴水线（槽）的截面尺寸和功能难以保证。

（3）施工无预见性，门窗框安装标高、腰线标高不考虑与大墙面的砖缝配合，窗台、雨篷等凸出物宽度不考虑能否整砖排版粘贴。

（4）因外墙脚手架或墙面凸出物（雨篷、腰线等）障碍影响，各楼层之间上下不能通线（挂线）。施工时只顾本层（或本施工段）的横竖线角，未考虑整幢楼房从上到下的横竖线角。

（5）竖向阳角的45°角砖，切角部位的角尖（刃脚）太薄（甚至近乎刀口）；或角尖远小于45°，粘贴时又未满挤水泥砂浆（或水泥净浆），阳角粘贴后空隙过大，产生空鼓，容易破损。竖向阳角若采用“海棠”角型式，其底胚侧面全部外露（釉面和底胚颜色深浅不一）；若加浆勾缝（尤其平缝），角缝还会形成一根粗线条，都会影响外观（见下图）。

（6）非整砖切割粗糙，伤痕累累。尤其无统一下料，在操作地点切割一块、粘贴一块，其尺寸偏差必大，切割缺陷必多。

3、防治措施

（1）做好质量控制措施。饰面砖粘贴工程必须进行专项设计和施工质量控制，才能避免非整砖，“缝格不均匀、不顺直”的预防措施。

（2）从主体结构、找平层抹灰、粘贴施工都必须坚持“三通”。

1）拉通大墙面三条线：室外墙皮线、室内墙皮线、各层门窗洞口竖向通线。

2）拉通门窗三条线：同层门窗过梁底线（包括窗楣鹰嘴、雨篷等）、同层窗台线、门窗洞口立樘线（包括窗下框标高、边框在洞口的座位）。

3）拉通外墙面凸出物三条线：檐口上下边线、腰线（及其他装饰线）上下线、附墙柱外边线。

为避免风吹、意外触碰、外墙脚手架、外墙凸出物等的不利影响，“三通”线可用水平仪、经纬仪打点，绞车绷紧细铁丝。如果“三通”有保证，不但能保证墙体大面的垂直度和平整度，还能保证墙体（尤其找平层抹灰后）厚度一致。

只有墙体各部位的厚度一致，同一墙面的各樘门窗框安装，在洞口就位后其位置才能进出一致。如果同一墙面的门窗框安装横平竖直，在洞口就位一致，洞口里的饰面砖必然块数相等。由于门窗洞口侧壁尺寸有限，即使经过各种调整，仍难免出现非整砖。出现非整砖就得切割（饰面砖是脆性材料，切割容易损伤），可把非整砖的切割边藏进门窗框里10～20mm，则能掩盖切割边的缺陷。

门窗框若是按某些地区习惯做法，切割边无法藏进门窗框里，则要认真修整切割边。门窗洞口周边有阴阳角、有凸出物，是横竖线条、长短线条汇集的部位是非整砖、阴阳角不方正、横竖线条不顺直等质量常见问题的多发部位。在减少主体结构、找平层抹灰等施工偏差的基础上，门窗框安装标高还要考虑与大墙面的砖缝配合，窗台、门窗雨篷的长宽尺寸等应考虑安排整砖粘贴，尽量减免非整砖。

（3）必须十分注意主体结构和找平层的施工质量。根据《外墙饰面砖工程施工及验收规程》（JGJ 126）的规定，找平层的表面平整度允许偏差为4mm，立面垂直度允许偏差为5mm。由于饰面砖施工的允许偏差比一般抹灰的“普通抹灰”的质量要求还高，因此找平层的施工偏差应从严要求。常用的拉线找准方法，因为风和线的自重下挠等因素，距离长了偏差较大；因此大墙面、高墙面应使用水平仪、经纬仪，尽量减少基线本身的尺寸偏差。才能保证阴阳角方正，阴角部位的板块不致出现大小边；墙面凸出物才能套割吻合，交圈一致；滴水线顺直，流水坡度正确。

（4）避免非整砖的出现。由于施工可能出现偏差，外廊式的走廊墙面开间可能大小不一，梁的高度、宽度可能不一。因此外廊式走廊墙面的两个上部位（楼板底、梁柱节点）及大雨篷下的柱等，如果盲目地将饰面砖满贴到顶，则十分容易出现非整砖（见图 8-7a）。一般情况，应以避免为好，即饰面砖粘贴至窗台（或门窗顶部）或到梁底即止（若梁柱节点部位的梁高不一，可要求设计变更，尽量等高）（见图 8-7b），这种合理作法，国内外都可见到，并能达到装饰效果。

如果饰面砖一定要满贴到顶，则要先控制走廊内同一墙面各开间的轴线位移不大于5mm，各开间楼板底的顶棚抹灰底线必须是同一水平标高（5m拉线检查允许偏差为2mm），梁柱节点的阴阳角部位的找平层必须按“普通抹灰”的标准要求施工，板块切割略有余地并通过磨边消除切割缺陷。此外，地面、楼面的最终标高需在饰面砖粘贴前定好（尤其有排水坡度的地面），才能使饰面砖粘贴到根，避免墙根饰面砖出现“吊脚”。

（5）阳角做法竖向阳角砖切角时，为减免棱角崩损，角尖部位要留下约1mm厚刃脚，斜度要割、磨准确，宜出现负偏差，即略小于1/2阳角，才能填入砂浆；粘贴时，角尖部位应刮浆满挤，保证阳角砖缝满浆严密；约小于45°的竖向阳角，两角刃之间的砖缝里宜“夹心”嵌进一根不锈钢小圆管，使竖向阳角不致太尖锐，又可护角。因外墙砖的釉面和底胚颜色深浅不一，竖向阳角不宜采用“海棠”角型式；若采用“海棠”角，其角缝不宜勾缝，更不应是平缝，否则会出现“粗缝”。

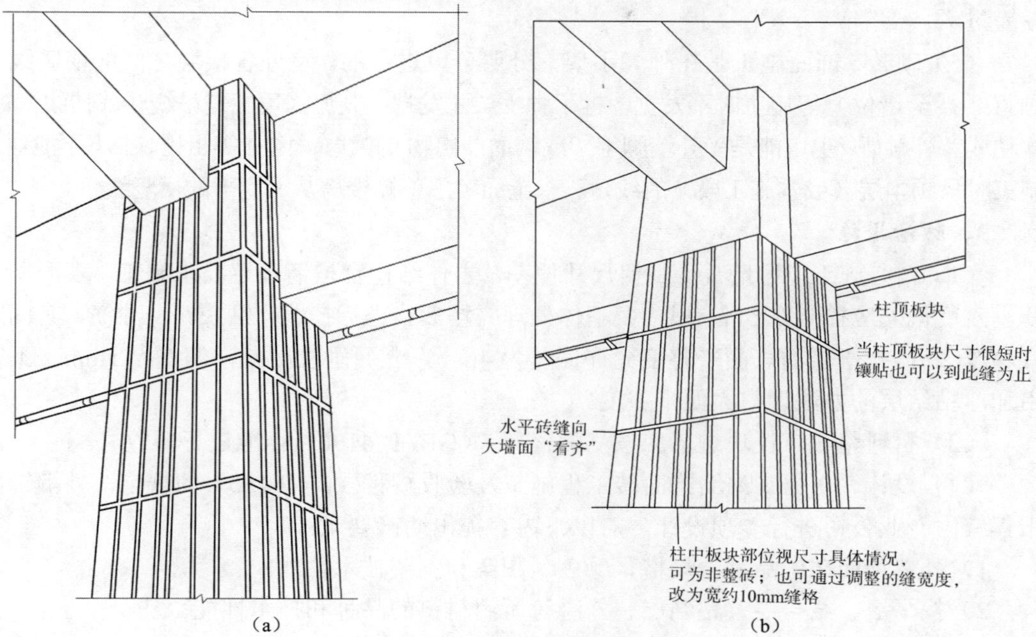

图 8-7　梁柱节点部位粘贴作法

（a）容易出现节点“破活”；（b）合理作法

（6）避免边角损坏。由于陶瓷板块脆性较大，为减免边角缺损，应边注水边切割；非整砖切割时应略有余地，供磨边时损耗，才能最终达到需要的、准确的尺寸和消除切割边的缺陷。为保证尺寸准确、减免切割缺陷，不应在操作地点边切割边粘贴，而应由专人在加工场所统一切割、磨边。或在粘贴时，用整砖边压住切割边，借以遮丑。

4、治理方法

墙面出现非整砖，细部不细致的情况，如不严重的可局部返工处理。但返工又要注意修补部位可能出现色差。因而应重在预防，发现早、损失少。

二、外墙砖饰面不平整、不顺直

1、现象

外墙砖粘贴之后，墙面凹凸不平；板块接缝横不水平、竖不垂直，板缝大小不一，板缝两侧相邻板块高低不平；套割不吻合，严重影响观感质量。

2、原因分析

（1）找平层平整度差。

（2）板块不方正、板面翘曲。

（3）传统的密缝粘贴，板缝积累偏差过大。

（4）板块编排无专项设计，盲目施工，贴满了事。施工标线不准确或间隔过大，施工偏差过大。

（5）砌砖、饰面施工是在外脚手架上分层分段进行的。室外各楼层之间的横竖线角不顺直（甚至错位）等施工时不发觉，拆了脚手架才发觉。其原因可能是吊线（或挂线）被风吹动或意外触碰；也可能是受外墙脚手架或墙面凸出物（腰线、雨篷）等阻碍、上下不能通线，施工时只顾本层（或本施工段）的线角，未全面考虑整幢楼房从上到下的横竖线角。

3、防治措施

（1）精心施工，尽量减少几何尺寸偏差。主体结构宜按清水墙要求施工，表面平整度和垂直度偏差应控制在5mm以内。基体处理完毕后，进行挂线、贴灰饼、冲筋、其间距不宜超过2m；找平层的表面平整度允许偏差为4mm，立面垂直度允许偏差为5mm。不得采用加厚粘结层的办法调整大面平整度。

（2）材料验收。板块进场应按《陶瓷砖》（GB/T 4100）标准进行验收。

（3）设计。根据《外墙饰面砖工程施工及验收规程》（JGJ 126）的规定，外墙饰面砖工程宜由专业公司进行专项设计，对以下内容提出明确要求：

1）外墙饰面砖的品种、规格、颜色、图案和主要技术性能。

2）找平层、结合层、粘结层、勾缝等所用材料的品种和技术性能。

3）基体处理。

4）外墙饰面砖的排列方式、分格和图案。

5）外墙饰面砖的伸缩缝位置，接缝和凹凸部位的墙面构造。

6）墙面凹凸部位的防水、排水构造。

（4）"量体裁衣"设计法。主体已完成，按建筑物实际外包尺寸进行专项设计，它是常规办法。其缺点是，主体结构尺寸已确定，板块材料在细部有时难以排版，可能出现"破活"，属被动式的设计。

（5）系统质量控制法。

1）确定设计方案。

①优化排砖板缝方案。

a. 精确计算各立面的水平及竖向外包尺寸，在电脑屏幕上画出各立面大样图。根据《外墙饰面砖工程施工及验收规程》（JGJ 126）的规定，应设置伸缩缝。竖向伸缩缝可设在门窗洞口两侧或横墙、柱轴线的相交部位（或6m左右设一道）；水平向伸缩缝可设在门窗洞口上、下或与楼层对应部位。伸缩缝宽度宜为10～15mm。伸缩缝太宽会影响美观，其合适宽度可先做样板对比确定，一般宜为10mm左右。

b. 因装饰美观的需要，或调整排版方案（使之减免非整砖），或方便施工，在伸缩缝之间可增设分格缝，缝宽同伸缩缝。建筑物立面先按伸缩缝进行大分格，在电脑图形上形成水平、竖向坐标方格网，把立面分成若干个大方块。以一个大方块为设计单元进行饰面砖试排模数计算。根据《外墙饰面砖工程施工及验收规范》（JGJ 126）规定，饰面砖接缝的宽度不应小于5mm（不得采用密缝），排版模数计算可根据设计要求的饰面砖规格尺寸，及适当调整板缝宽度进行；为避免出现非整砖（“破活”），可采用适当变动门窗洞口、雨篷、腰线等尺寸、位置，或加宽伸缩缝、分格缝或板缝的办法进行调整；但是，若因此而随意加大缝宽，又会影响观感质量，如某些部位板缝很宽，某些部位板缝很窄；或整块墙面板块显得细小，板缝显得粗大，不相配衬；因此合适的缝宽应根据样板对比选择。

c．同时，还可根据样板对比，精选饰面砖最佳规格和色泽。总的要求是饰面砖的排列应与建筑功能和立面型式相协调。可采用横排对缝、竖排对缝及横排错缝等方式（见图 8-8）。但对于圆弧形墙面应用长条形面砖竖排对缝；若面砖横排，则饰面无法圆顺，板块容易断裂。排版应尽量使用整砖，横排对缝的墙面，门窗洞口的上下不得出现非整块（由于门窗洞口尺寸和砖缝宽度的调整毕竟有限，大墙面的砖缝是主要矛盾）。

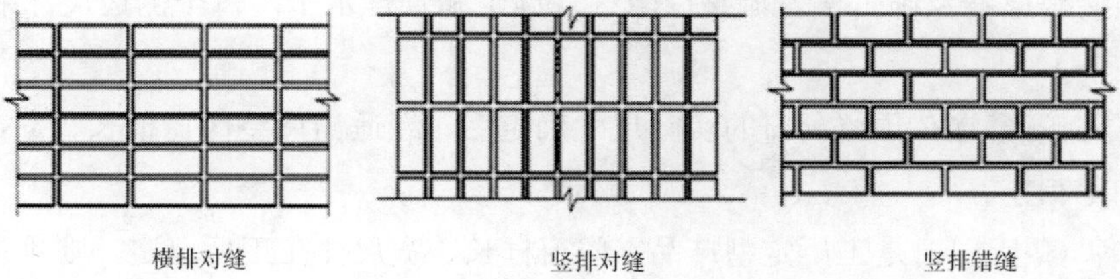

（a）

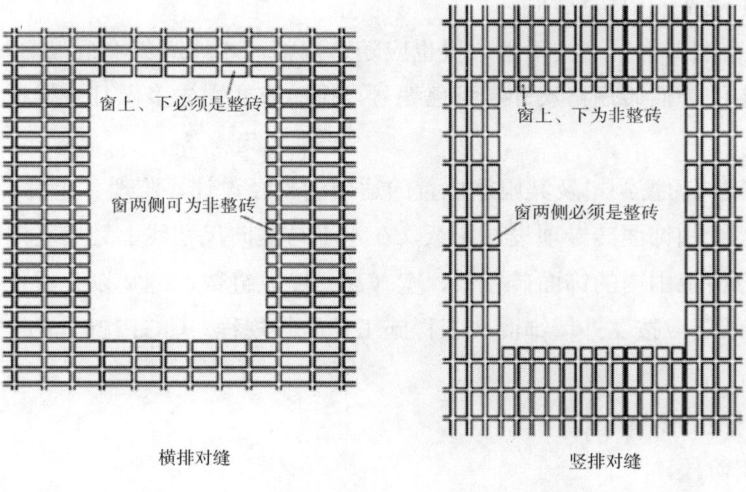

（b）

图 8-8　面砖排列方式及窗边合理排砖示意图

（a）排砖方式；（b）合理排砖

d．因此如 60mm×240mm 的长形的饰面砖在门窗洞口的两侧，仍难免出现非整砖；竖排对缝的墙面，门窗洞口的两侧不得出现非整砖（同理，长条形饰面砖在门窗洞口的上下，仍难免出现非整砖），如图 8-8（b）所示；建筑立面的大面及显眼部位（窗间墙、通天柱、墙垛）也不得出现非整砖（“破活”），在同一墙面上横竖排列，不宜有一行以上的非整砖。对必须使用非整砖的部位，非整砖宽度不宜小于整砖宽度的 1/3。非整砖应排在次要部位或阴角处。

e. 为美观起见，柱面（或开间尺寸小的墙面），非整砖应对称地安排在柱的四角（或墙的两端阴角部位），并且要求非整砖宽度一致。当柱面的非整砖仅为单块时，非整砖可安排在柱中间（如非整砖为小窄条时，可考虑设置分格缝）。

②确定窗台、鹰嘴泛水坡度和门窗外包尺寸及门窗的雨篷位置。

a. 按照窗台、鹰嘴的泛水需要确定窗（门）与各相应洞口尺寸缩小数值及鹰嘴和窗台泛水坡度。

b. 门窗洞口尺寸缩小数值（缩小后的尺寸即为门窗框的加工尺寸）应包括找平层、粘结层、饰面砖等厚度及施工偏差调整空隙（视施工和管理水平，每个侧边尺寸缩小数值可取 30mm 左右）。

c. 铝合金门窗宜在预留洞口的实际尺寸确定后，经适当调整门窗框长、宽，迁就洞口尺寸，再加工制作。

d. 塑钢、塑铝门窗是工厂定型产品，门窗框长、宽尺寸在工厂已定，则预留洞口应尽可能迁就定型门窗；如不能迁就可在门窗洞口里加设门窗套或装饰线条（如同材料的门窗副框或采用较小规格的板块粘贴）。

e. 调整门窗洞口位置，其雨篷位置也应随之调整，才能避免“歪戴帽”。

③初步选定的饰面砖规格尺寸、颜色编号，排砖方式需先多做几个样板，供选择和提出改进意见。

a. 排砖方案与门窗洞口及其雨篷位置的适当调整经设计、监理、建设、施工等单位会商认可后，即可绘制饰面砖专项设计图纸，在水平与竖向尺寸线上划出竖向与水平坐标界线，然后将各方格范围内的饰面砖行数、宽（高）度、缝数、缝宽以公式化标注出来。

b. 设计图纸还应按《外墙饰面砖工程施工及验收规程》（JGJ 126）的要求画出有关大样图。

2）现场预控措施。

①主体施工阶段

a. 在主体结构施工中，各门窗洞过梁（框架梁）的底标高必须以底层外围+0.5m 水平控制线为准，用检测过的钢尺一次到位传递标高，用弹簧秤均匀控制拉力为 100N，并测定温度，对尺长读数进行修正。从而减少标高传递积累偏差，提高窗上平预留饰面厚度的均匀度，以便鹰嘴坡度的统一控制。

b. 在墙体施工前，利用预设与外墙轴线相平行的坐标控制桩（一般距外墙皮 500mm）设置经纬仪，一人操作经纬仪，一人手持划有竖线的水平尺，经纬仪竖丝与水平尺竖线重合，在柱侧上下各划一点，弹线连通，即为墙体轴线位置。砌墙时以轴线为准，经常性尺量检查，以确保墙体的整体垂直度。在门窗口竖向节点部位，按饰面砖设计图，用经纬仪测定垂线于框架梁上，拉垂线砌筑，以保证窗洞侧边的总体垂直度。

②门窗安装阶段

a．门窗位置控制线的测定。正立面位置线的测定同外墙轴线经纬仪平行线投点法。门窗的雨篷宽度应能安排整砖（不宜出现非整砖）粘贴。各门窗洞口两侧分别弹线，即为门窗前后方位线。窗下框水平控制线，依据饰面砖设计所示的各窗台阳角标高约加15%～20%的泛水坡度，用大钢尺将此标高传递于各层上两点（测量精度控制同前所述）用水准仪抄测，弹线于各窗洞侧面上，即为窗上下方位控制线。门窗左右位置应采用经纬仪投测，弹出门窗洞口宽度中心线于墙体上。

b．门窗安装。门窗安装，应考虑与洞边墙体的饰面砖缝相配合，在前后方位控制线上的上下合适位置，各挂一条横向小白线（线绳），依据门窗底平线挂一根水平小绳线；并在窗框上精确量取1/2窗框宽度划线。安装时窗框以横线限制前后位置，水平线控制门窗底平，框宽度中心与墙上洞口中心线用直角尺对齐即为各门窗上下、左右、前后的全方位精确位置。此条件下安装的门窗其侧面垂直、上下水平能确保整体精度。

3）饰面砖粘贴

①坐标方格网的测定

a．水平坐标的测定：依据底层水平控制线和饰面砖设计图的各水平节点标高，用50m钢尺，使用弹簧称及温度计，拉力以150N为准，在±2℃温度下一次传递完毕，弹线连通各标高点。

b．竖向坐标的测定：以大角轴线为基线先测定各轴线点，弹线连通，再以饰面砖设计图所示的门窗口竖向阳角节点尺寸，分别自轴线向两侧水平精确量取，完毕后弹线连通，坐标方格网即可形成。

②饰面砖皮数杆的确定

a．依据饰面砖设计图所示的各坐标方格中的水平、竖向坐标尺寸线上的饰面砖划分模数，用小钢尺、计算器、铅笔划分皮数杆分格线（各线间距为一砖高或宽、再加一相应缝宽）并标明纵（横）坐标交会点，再在皮数杆各点上钉小钉即可（皮数杆厚度必须均匀一致，且为面砖厚度加粘结层厚之和），用钢钉将皮数杆钉牢于各相应坐标线上，然后在钉上挂聚乙烯线（小线绳）即可进行面砖粘贴。

b．由于饰面砖尺寸较小，挂线疏了影响板缝的横平竖直，挂线密了又影响操作；加上挂线还可能会因风吹、意外触碰、自重下挠等影响其准确性。为克服挂线的弊病，许多工程都在找平层上弹出每一块饰面砖的粘贴位置墨线，作为每一板块粘贴的依据，粘贴过程中可随时拉线检查。

c．挂线或弹线粘贴都是可行的。但是，在找平层上用墨线弹出每一板块的粘贴位置，直观可靠，方便粘贴和检查。虽然比较费工夫，但是粘贴的观感质量有保证。

③大面积粘贴之前先做样板墙。

④饰面砖粘贴整体顺序是自上而下进行，按层分段施工时是自下而上进行，独立部位宜一次完成。

a．面砖勾缝是自上而下进行。

b．粘贴操作时，应保持面砖上口平直，贴完一皮砖后，需将上口灰刮平，不平部位可用小木片（或竹签）等垫平，放上米厘条（嵌缝条）贴上一皮面砖。

c．横竖向的板缝都应以找平层上的预先弹好的灰缝墨线为准，随时检查核对。

d．为控制粘结层厚度，可根据厚度要求选用系列商品梳齿状铲刀刮灰（见图 8-9）。

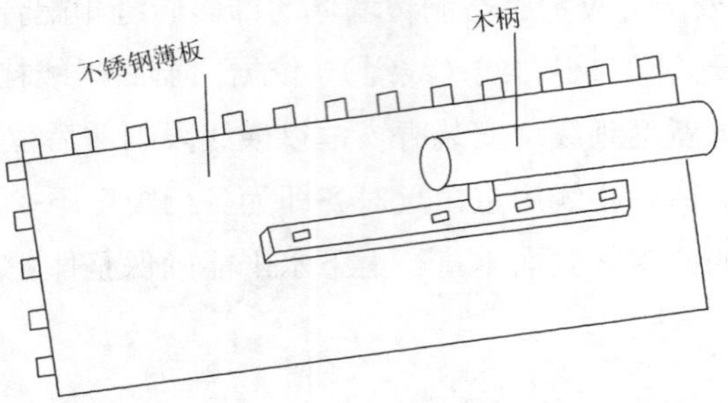

图 8-9　梳齿状铲刀

4、治理方法

饰面砖墙面若出现大面不平整，缝格不均匀，不顺直的情况，已难修整。因此应重在预防，发现早、损失少。

5、优质工程示例

参见图 8-10。

图 8-10　外墙饰面砖平整顺直

第二节　饰面砖外观缺陷

一、饰面砖及接缝不平整顺直

1、现象

室外花岗石墙和室内大理石饰面不平整、接缝不顺直。参见图 8-11、图 8-12。

图 8-11　装饰面表面不平整

图 8-12　饰面接缝不顺直

2、原因分析

没有按照下列质量标准作业：

（1）饰面板安装工程的预埋件、连接件的数量、规格、位置、连接方法必须符合设计要求，并应对饰面板的预埋件隐蔽工程进行验收。

（2）饰面板的品种、规格应符合设计的要求。

（3）饰面板孔、槽的数量、位置和尺寸应符合设计要求。

（4）饰面板表面应平整、无裂痕和缺损。

（5）饰面板接缝应平直、光滑、嵌缝应密实、连续、宽度和深度应符合设计要求。

（6）饰面板上的孔洞应套割吻合，边缘应整齐。

（7）表面平整度允许偏差 2mm。

（8）接缝直线度允许偏差 2mm。

（9）墙裙、勒脚上口直线度允许偏差 2mm。

（10）接缝高低差允许偏差 0. 5mm。

（11）接缝宽度允许偏差 1mm。

3、防治措施

（1）批量板块应由石材厂加工生产，不应在施工现场批量生产板块的落后做法。

（2）对墙面板块进行专项装修设计。

（3）作好施工大样图。

（4）室外墙面由于有防水要求，板缝宽度不应小于 5mm，并可采用适当调整板缝宽度的办法，减少板块制作积累偏差。

（5）采用“干接”缝的饰面，其板块外观检查不应超过优等品的允许偏差标准，否则会给安装带来困难。根据标准规定，板块长、宽只允许负偏差。面积较大的饰面，若板缝干接，其板缝可适当放宽至 2mm 左右。

（6）板块安装应先做样板墙，经建设、设计、监理、施工等单位共同确认后，再大面积铺开。

1）安装前应进行试拼，使板与板之间上下左右接缝平直均匀，试拼后由下至上逐块编写镶贴顺序，然后对号入座。

2）安装顺序是根据事先找好的中心线、水平通线和墙面线进行试拼、编号，然后在最下一行两头用块材找平找直，拉上横线，再从中间或一端开始安装，随时用托线板靠直靠平，保证板与板交接部位四角平整。

3）板块安装应找正吊直，采取临时固定措施，以防板位移动。

4）板块接缝宽度宜用商品十字塑料卡控制，并应确保外表面平整、垂直及板上口平顺。突出墙面勒脚的板块安装，应待上层的饰面工程完工后进行。

5）大面镶贴宜用经纬仪及水平仪沿板缝打点，使墙面石材板缝在竖向和水平方面都能通线，再沿板缝两侧用粉线弹击板缝边线，以便施工和保证质量。

二、湿贴天然石材墙面泛碱

1、现象

面砖、大理石与花岗岩饰面表面泛白色结晶物，产生不规则的花斑，污染饰面。参见图 8-13。

图 8-13 大理石饰面泛碱

2、原因分析

（1）天然石材结晶相对较粗，存在许多肉眼看不到的毛细管，水可由通过石材中的毛细管浸入面传到另外一面，为粘接材料中的水、碱、盐等物质的渗入和析出并形成泛碱提供了通道。

（2）粘结材料产生含碱、盐等成分物质，沿石材的毛细孔游离入侵板块，拌合水越多，移动到砂浆表面的$Ca(OH)_2$就越多，水分蒸发后，$Ca(OH)_2$就存积在板块里。

（3）水的渗入。并溶入$Ca(OH)_2$和其他盐类物质进入石材毛细管形成泛碱。

3、防治措施

（1）设计上考虑消除泛碱，尽可能设计成干挂形式；考虑好结构的防水处理；选择吸水率及其他物理性能符合要求的石材板等。

（2）施工前要充分考虑可能发生泛碱的各施工工艺环节，提前作好预防措施，如无把握应先做样板。

（3）有关材料应先检验后使用，不但要求外观、尺寸合格，而且其物理性能指标也要合格。

（4）石板安装前在石材背面和侧面背涂专用处理剂，该溶剂将渗入石材堵塞毛细管，使水、$Ca(OH)_2$、盐等其他物质无法侵入，切断了泛碱现象的途径。

（5）在石材板底涂刷树脂胶，再贴化纤丝网格布，形成抗拉防水层，但切不可忘记在侧面作涂刷处理。

（6）镶贴用的水泥砂浆宜掺入减少剂，以减少$Ca(OH)_2$析出，粘贴法砂浆稠度宜为6～8cm，灌浆法砂浆稠度宜为8～12cm。

（7）室外镶贴可采用水泥基商品胶粘剂（干混料），它具有良好的保水性，能大大减轻水泥凝结泌水。室内镶贴可采用石材化学胶粘剂点粘。

（8）作业前不可大量对石材和墙面淋水。

（9）地面墙根下应设置防潮层、卫生间、浴室等用水房间的外壁如有石材装饰，其内壁应需作防渗处理。

（10）外墙石材装饰面，为防止从板缝侵入，墙面板块必须离缝镶贴，缝宽不应小于5mm，使用石材专用硅硐耐候密封胶密封。

（11）室外施工搭设防雨蓬，处理好门窗框周边与外墙的接缝，防止雨水渗漏入墙。

（12）镶贴完成后，室外石材全面积喷涂有机硅防水剂或其他无色护面涂剂。

4、治理方法

（1）尽快对墙体、板缝、板面等全面进行防水处理，防止水分继续入侵，使泛碱不再扩大。

（2）使用石材泛碱清洗剂，该清洗剂是由非离子型的表面活性剂及溶剂等制成的无色半透明液体，对于部分天然石材表面泛碱的清洗有一定的效果。但是在使用前，一定要先作小样试块，以检验效果和决定是否采用。

三、外墙砖饰面色泽不匀

1、现象

面砖粘贴之后，面砖与面砖、板缝与板缝之间呈色深浅不一，勾缝砂浆脱皮变色、开裂析白，致墙面色泽不匀，影响装饰效果。

2、原因分析

（1）厂家难以控制色差，即是同一编号（同色号）的颜色，几乎每一炉批产品的呈色都有较为明显的差异。如果发生混批，就会出现影响观感的色差：

1）粘贴面积太大，厂家同一炉批产品不够供应。

2）在运输、保管过程中发生产品混杂。

3）卷扬机进料口、大型设备预留口或施工缺陷返工部位等，未预留足够的同一炉批产品。

（2）不重视板缝的设计和施工。板缝粘贴宽窄不一，勾缝深浅不一或使用不同的品种、批号的水泥勾缝（预留口或返工部位最为多见）。用水泥净浆糊缝或水泥砂浆不坚持“二次勾缝”（致表层浮浆），水泥净浆或表层浮浆最容易先开裂、后析白，或水泥浮浆表层局部脱皮，变得面目全非，详见“外墙砖墙面渗漏”的勾缝部分。用稀盐酸清洗墙面，板缝砂浆表面被酸腐蚀，留下伤疤。

（3）“金属釉”的釉面砖（即“金光砖”），反光率很好，如果粘贴的平整度差，反射的光泽零乱，加之距离远近不同，视线角度不同、阳光强弱不同，周围环境不同，观感（装饰效果）会有差异，甚至面目全非，得出相反效果。

3、防治措施

（1）订货之前应先有装饰设计预算。同一炉批产品如不能满足整幢建筑物的需要，则应分别按不同立面需要的数量订货，保证同一立面不出现影响观感的色差；相邻立面可采用不同炉批产品，但应是同一颜色编号的产品，以免出现过大的色差。

（2）运输、保管过程中谨防混杂。

（3）后封口的卷扬机进料口、大型设备预留口，应预留足够数量的同一炉批饰面砖；精心施工，避免返工。预留口或返工部位勾缝砂浆应使用原批水泥和配合比。

（4）勾缝质量保证，不单是防水、防脱落的要求，也是饰面工程外表观感的要求，因此必须十分重视板缝的施工质量。认真搞好专项装饰设计，粘贴保证板缝宽窄一致，勾缝保证深浅一致。不得采用水泥净浆糊缝；优先采用专用商品（水泥基）墙砖专用勾缝材料或胶粘剂作勾缝材料，并坚持“二次勾缝”，详见“外墙砖墙面渗漏”的预防措施。同一立面勾缝材料必须是同一批号材料；清洁墙面，不应酸洗。

（5）“金属釉”的饰面砖（金光砖）应特别注意板块外观质量检验，十分重视粘贴的平整度和垂直度，并先做样板墙，经远近、视角、阴晴观察检查色差情况，与周围环境是否相衬。满意之后，方可大面积粘贴。

4、治理方法

外墙饰面出现色泽不匀，为时已晚。应重在预防，发现早，损失少。

四、外墙砖墙面污染

1、现象

饰面板块在运输存放过程中出现外侵颜色。饰面粘贴之后，墙面出现析白流挂、铁锈褐斑、电焊火花灼伤。建筑物使用之后，墙面出现污渍脏物。

2、原因分析

（1）重视墙面污染的饰面砖材料质量原因。吸水率反映了陶瓷砖产品的材质和坯体是否容易脱层；即使无冬地区，劣质釉面也会自行爆裂剥离。因此饰面砖进场检验，无论是哪个气候区都必须严把吸水率（即是广东、广西无冬地区，吸水率都不宜大于 6%）和表面质量关。否则污染侵入坯体之后，有如“风寒入骨”，去污困难，成为永久性污染。

（2）由于工种不同，管理不严等原因，电焊时，饰面无防护遮盖，任由电焊火花灼伤饰面砖的情况相当普遍，必须坚决阻止这种野蛮施工。

（3）材料保管不慎引起发黄。陶瓷砖、马赛克从工厂至工地的运输过程中，包装的纸箱或草绳被雨淋湿，水分浸透板材而生成黄色斑点。

（4）门窗雨篷、窗台等由于找坡不顺，雨水从两侧流淌至墙壁上。因此上述部位排水找坡必须保证雨水从正前方排出；为防止雨水从两侧流出，可加设小“灰埂”挡水。

3、治理方法

清洗污染之前需先做腐蚀性检验，检验清洗效果（能否除污，清洗剂在墙面上停留的合适时间）和有无副作用（有无损伤饰面板、接缝砂浆或墙面上的门窗、铁件等），以便采用比较合适的清洗剂和清洗方法及防护措施。宜由专业清洁公司进行清洗。

（1）未上墙的板块被污染的颜色浅且污染面不大者可用 30%浓度的草酸溶液泡洗。或表面涂抹商品专用防污剂（液），可去除污渍和防止污渍的渗透。

（2）未上墙的板块污染严重者要用双氧水（H_2O_2）泡洗。经实践证明，一般被污染的建材经 12～24h 后就可见效，再用清水淋洗干净。通过强氧化剂氧化褪色的瓷砖，不会损伤建材光泽。

（3）对施工期间出现的水泥浆和析白流挂的清洗：草酸清洗。先初步铲除饰面墙上的硬结垢，用钢丝刷和水先行洗刷墙面，（为减轻酸腐蚀，应先让勾缝砂浆饱水），然后用滚刷蘸 5%浓度的草酸水对污染部位进行滚涂处理。再用清水和钢丝刷洗净。如一次不理想，可反复进行。

（4）对使用期间出现析白流挂和脏渍的清洗（盐酸或溴酸清洗）。先初步铲除饰面墙上的硬结垢后，用钢丝刷和水对面砖表面进行刷洗（为减轻酸腐蚀，应先让勾缝砂浆饱水）然后滚刷稀盐酸或溴酸（浓度约 3%～5%），其在墙面停留时间一次不超过 4～5min，使泛白物溶解，最后用清水冲洗干净。

但酸洗方法有下述（有害）副作用，应尽量避免。盐酸不仅会溶解泛白物，而且对砂浆和勾缝材料等水泥硬化物也有侵蚀作用。造成表面水泥硬膜剥落，光滑的勾缝面被腐蚀成粗糙面，甚至露出砂粒；如果盐酸侵透到面砖的背面，就无法再清除掉。为预防稀酸入侵板缝和板背，酸洗之后应及时用清水冲洗墙面。

另外稀盐酸溅到铁制品上会生锈，因此酸洗法应逐渐淘汰。

第三节　饰面砖工程其他质量问题

一、墙砖及石材施工质量缺陷

1、现象

墙砖及石材施工质量缺陷。参见图 8-14。

图 8-14　石材幕墙板面翘曲、色差大

2、原因分析

墙砖及石材和构配件进场验收不严格，施工时未试拼，操作不当。

3、防治措施

（1）材料进场应认真进行验收检查，面砖、石材的表面应光洁、方正、平整、质地坚固，其品种规格、尺寸、色泽或图案应均匀一致，按规定进行抽验。

（2）施工前应作样板，屋面机房处墙面试拼，检验后（抗拔）合格后方能大面积施工，面砖拼缝宜采取勾缝。

（3）外墙干挂石材幕墙应对龙骨和后置埋件进行严格的隐蔽验收（节点、防锈等检查）石材的连接件应为不锈钢，严禁使用镀锌件。

二、外墙砖空鼓（找平层剥离破坏）

1、现象

墙面水泥砂浆找平层与基体粘结不牢，成为“两张皮”，用小锤轻击检查，有响鼓声（严重的常伴有开裂现象）。随着时间的推移，找平层空鼓范围可能会逐渐扩大，导致面砖连同找平层成片脱落，甚至伤害人和物。参见图 8-15。

图 8-15　外墙砖空鼓

2、原因分析

（1）基体未清理干净或表面太光滑。

（2）基体材料强度低（如轻质墙体），或因基体自身干缩变形开裂（轻质墙体尤其多见），致找平层粘结不牢。外墙外保温系统盲目粘贴饰面砖。

（3）基体构造措施失当（或失效），如砖墙漏放拉结钢筋，填充墙填塞不紧，致接槎部位变形开裂，找平层局部空鼓。找平层未设置伸缩缝。

（4）混凝土表面比较光滑，或使用含有憎水成分的脱模剂（尤其钢模板刷废机油），润湿比较困难，抹灰层不易黏附，容易出现脱层空鼓；抹灰后，抹灰层表面仍然可能渗出油脂。若基体界面处理失当，如不洗净基体表层的油脂，仅将混凝土基体表面凿毛，人为因素太多，常常因凿点稀疏和肤浅而使粘结失败；又如用108胶水泥细砂砂浆喷或甩到混凝土基体表面作毛化处理，但是108胶不耐水，固化成膜后仍可被水溶解，致粘结强度降低。

（5）施工粗糙，墙体表面垂直度、平整度偏差大，致找平层总厚度超过20mm（或更多）；或施工操作中，一次过厚，抹灰层下坠空鼓开裂。

（6）水泥安定性不合格，或水泥砂浆强度低（如大量掺入黏土、石灰膏）。由于找平层是一薄层，养护要求较高（立面养护又诸多不便），若使用矿渣水泥、火山灰水泥、粉煤灰水泥等，早期强度低，加上干缩量较大，毛病更多。

（7）抹灰前基体未洒水湿润，或找平层砂浆无湿养护，找平层砂浆不能正常水化。或墙面湿润后水迹未干即行抹灰，界面间隔着一层水膜或稀浆。

（8）不重视施工环境。夏季太阳直射，墙上的水分容易蒸发（若遇湿度小，风速大的环境，水分蒸发更快），致找平层砂浆严重失水，不能正常水化，砂浆强度大幅度降低，找平层与基体形成“两张皮”。

（9）面砖粘贴前，对找平层空鼓无检查，无处理。

3、防治措施

（1）基体处理是保证室外面砖墙面质量的重要工序，应针对不同的基体采取相应的处理措施。其要求如下：

1）黏土砖墙、混凝土等墙体必须清理干净，无油污脏迹，无残留脱膜剂等。抹找平层前必须提前湿润，抹灰时墙面应无水迹流淌，表干里湿。

2）砖墙基体：将基体用水湿透后，用外墙饰面砖工程“专项设计”要求的找平砂浆打底，木抹子搓平，隔天喷水养护。

3）混凝土基体处理应按《外墙饰面砖工程施工及验收规程》（JGJ 126）第4章的规定进行，可用界面处理剂处理基体表面，边刷界面剂边抹饰面工程“专项设计”要求的打底砂浆，木抹子搓平，隔天喷水养护；或用聚合物（如聚醋酸乙烯——乙烯共聚物，即EVA或VAE乳液）水泥砂浆或商品干粉砂浆做结合层，以提高界面间的粘结力。混凝土基体表层含有机油的，应先用碱水洗刷，去除油脂（或其他憎水材料），再清水洗净；表面过于光滑的应先用聚合物水泥细砂砂浆适当“甩毛”。蒸压灰砂砖表面光滑，基体处理同上。

4）基体的抗拉强度如不能保证外墙饰面砖粘结的粘结强度时，应进行加强处理；加气混凝土、轻质砌块及轻质墙板等墙体干缩量大，且抗拉强度低，不宜采用外墙饰面砖饰面。如采用，必须对基体进行加强，可采用在外墙面满钉金属网片，大尺寸陶瓷板块饰面，可用Φ1.5mm、孔目约15mm×15mm的镀锌钢丝网片；小尺寸陶瓷板块、马赛克饰面，可用Φ1.0mm、孔目约10mm×10mm（网片在外墙饰面变形缝格留设部位应断开），抹聚合物水泥砂浆（掺EVA乳液或商品干粉砂浆）（见图8-16），且应做粘贴样板和进行强度检测，确保粘结强度符合设计要求。

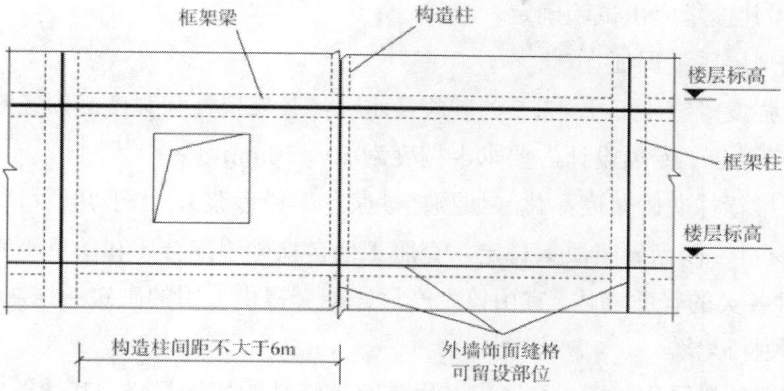

图 8-16　轻质墙体表面加强示意图

5）外墙外保温体系粘贴饰面砖，目前争议较大，应按有关行业标准进行设计和施工，如应采用双网构造增强抗裂性，和抗裂砂浆等特别措施，不得在保温层上直接粘贴面砖等；或改用薄型柔性面砖或水性涂料。

6）设置伸缩缝，竖直向伸缩缝可设在洞口两侧或横墙、柱轴线部位，相邻伸缩缝间距可根据各地区的气候条件确定，一般不宜超过 12m。水平向伸缩缝可设在门窗洞口上、下或楼面处。采用预制法粘贴外墙饰面的伸缩缝应设在预制墙板的接缝处。伸缩缝深度应至基体表面，宽约 10～15mm（10mm 较为美观）。

（2）施工质量保证。

1）砖墙拉结筋间距沿墙高不得少于 0. 5m，填充墙必须填塞紧密。具体要求，填充墙砌至接近梁、板底时，应留一定空隙，待填充墙砌筑完毕并应至少间隔 7d 后，或在抹灰前，采用侧砖斜砌挤紧，其倾斜度宜为 60° 角左右，砌筑砂浆应饱满。只有保证墙体构造措施，才能减少接槎部位的变形开裂。

2）砖墙的垂直度和表面平整度允许偏差为 5mm。宜按清水墙的要求才能防止抹灰层超厚，或减少抹灰层的厚度。抹灰层总厚度超过 20mm 者，应加强抹灰层，可钉金属网并绷紧。

3）坚持分层抹灰，每遍抹灰厚度宜为 5～7mm。并应待前一层的抹灰层终凝后，方可涂抹后一层。只有这样，才能保证抹灰层不因自重而下坠、开裂。

4）重视施工环境。当室外气温高于 35℃时，应有遮阳设施，并宜避开中午施工。

5）找平层砂浆养护。

①各种砂浆的抹灰层，在凝结前，应防止快干、水冲、撞击和振动；凝结后，应采取措施防止玷污和损坏。

②水泥砂浆的抹灰层，应在湿润的条件下养护不少于 7d。

③冬期施工，抹灰砂浆应采取保温措施。涂抹时，砂浆的温度不宜低于5℃。掺入混凝土防冻剂，其掺量应由试验确定。

（3）找平层质量保证

1）采用强度等级不低于42.5的硅酸盐水泥，其安定性和强度必须经复检合格。水泥砂浆配合比应符合“专项设计”要求，稠度为50～70mm。

2）积极推行抹灰砂浆商品化（如预拌砂浆、干粉砂浆），由于其原材料质量保证和掺有保水增稠材料，商品砂浆质量稳定，克服工地自拌砂浆配合比和质量不稳定、材料落后等弊病。各种各类的轻质墙体，宜由该生产厂家配套提供专用的砌筑和抹灰砂浆干拌料（干粉砂浆）或预拌砂浆。

3）在建筑气候区Ⅲ、Ⅳ、Ⅴ区应采用具有抗渗性的找平材料，其性能应符合现行行业标准《砂浆、混凝土防水剂》（JC 474-2008）的技术要求。市场上已有墙体专用的商品水泥基防渗材料。

4）现场检验。找平层的抗拉强度不应低于外墙饰面砖粘贴的粘结强度0.4MPa。可用饰面砖粘结强度检测仪进行现场检验。

5）找平层“严禁空鼓”。找平层施工后宜有14d的干缩期，在粘贴饰面砖之前应对找平层的质量进行检查，把空鼓、裂缝等问题处理好后再行粘贴。在干热气候条件下施工，抹找平层、刷防渗结合层、粘贴饰面砖三道工序可连续进行，以增强各层间结合力；找平层砂浆由于表面封闭，有利于找平层砂浆养护，可预防空鼓开裂。这是该方法的优点，缺点是不能及时发现空鼓缺陷。

4、治理方法

（1）找平层施工14d之后，全面用小锤轻击检查，将空鼓部位画上记号。用手提电锯切去空鼓部位，剔除空鼓的抹灰层；再检查有无在切割、剔除过程中新出现的空鼓。在修补部位涂刷界面处理剂，分层修补，湿养护。

（2）在拆除外墙脚手架之前，全面检查；在使用期间定期检查饰面有无空鼓部位。

三、外墙砖空鼓（粘结层剥离破坏）

1、现象

面砖粘贴之后，面砖与粘结层（或粘结层与找平层）砂浆因粘结力低或失效，发生局部剥离脱层，用小锤轻击检查，有响鼓声。随着时间的推移，脱层空鼓范围可能逐渐扩大，导致面砖松动脱落，甚至伤害人和物。参见图8-17。

图 8-17　外墙砖空鼓

2、原因分析

（1）找平层表面不干净或不够粗糙。

（2）找平层表面不平整，靠增加粘贴砂浆厚度的办法调整饰面的平整度，造成粘贴砂浆超厚，因自重作用下坠而粘结不良。

（3）粘贴前，找平层未润湿或饰面砖未浸泡，表面有积灰，砂浆不易粘结，而且干燥的找平层和饰面砖会把砂浆里的水分吸干，粘贴砂浆失水后严重影响水泥的水化和养护。

（4）板块背面出现水膜。

1）准备原因。临粘贴前才浸水，板块未晾干就上墙，板块背面残存着水迹，使板块与粘结层砂浆之间隔着一道水膜，严重削弱砂浆对板块的粘结作用。

2）砂浆原因。粘结层砂浆如果保水性不好，尤其水胶比过大或使用矿渣水泥拌制砂浆，其泌水性较大，泌水会积聚在板块背面，形成水膜。

3）操作原因。如果基层表面凹凸不平或分格线弹得太疏，或采用传统的 1∶2 水泥砂浆粘结。由于较难贴平、校正，也由于砂浆水分易被基层吸收，若操作较慢，板块的压平、校正都比较困难。故技工必须熟练、手法稳快，否则板块上墙后，多摸、多敲、多拨动，水泥浆会浮至粘结层表面，造成水膜。

（5）板块背面砂浆填充不饱满。

（6）不重视施工环境。夏季太阳直射，墙上的水分容易蒸发（若遇湿度小，风速大的环境，水分蒸发更快），致粘结层砂浆严重失水，不能正常水化，粘结强度大幅度降低。

（7）对砂浆的养护龄期无定量要求，板块粘贴之后，找平层仍有较大的干缩变形；勾缝过早，操作时挤迫板块，使粘结层砂浆早期受损。

（8）传统的粘贴砂浆为 1∶2 水泥砂浆，成分比较单一，也无粘结强度的定量要求和检验。如果水泥、砂质量不好，配合比不好，稠度过大，养护不良，则粘结力无保证。据广东沿海四市 38 幢建筑物室外饰面砖工程实例抽样试验结果，饰面砖粘结强度不合格率为 55. 3%，总体情况是粘结强度偏低，且离散性大。

（9）地砖墙用，如抛光砖，板块尺寸大（单位面积自重较大），吸水率低，板背不够粗糙，比较类似石材板块，与砂浆的粘结力较差。

（10）不设置伸缩缝，受热胀冷缩影响。

（11）墙体变形缝两侧的外墙砖，其间的缝宽小于变形缝的宽度，致外墙砖的一部分贴在外墙基体上，另一部分则骑在变形缝上，受温差、干湿、冻融作用，其空鼓脱落屡有发生。

3、防治措施

（1）找平层必须干净，无灰尘、油污、脏迹，表面刮平搓毛，找平层的表面平整度允许偏差为 4mm，立面垂直度允许偏差为 5mm。

（2）外墙饰面砖宜采用背面有燕尾槽的产品。地砖不宜用于墙面。

（3）预防板块背面出现水膜。

1）粘贴前找平层应先浇水湿润，粘贴时表面无水迹，找平层含水率宜为 15%～25%。

2）陶瓷板块镶贴前应将砖的背面清理干净，并浸水 2h，晾干后方可使用，找平层必须找准标高，垫好底尺，确定水平位置及垂直竖向标志，挂线镶贴。避免因基层表面凹凸不平或弹线太疏，一次粘贴不准，来回拨动、敲击。

3）安排熟练技工操作。

4）传统的 1∶2 水泥砂浆用作粘贴，由于其成分简单，不可避免凝结泌水，应推广使用商品专用墙砖胶粘结剂（干混料）。由于其砂浆里配有高分子聚合物改性成分，其粘结性、和易性、保水性都有很大的改善，凝结时间可以变慢，操作工就有充分的时间对饰面板块进行压平、校正，不致因过多拨弄而造成水膜。

（4）重视养护龄期控制。找平层施工后宜有 14d 的干缩期（包括 7d 湿润养护），面砖粘贴前应对找平层进行质量检查，把空鼓开裂等问题处理好。面砖粘贴完毕应先喷水养护 2～3d，待粘结层砂浆达到一定强度后才能勾缝。如果勾缝过早，容易造成粘结砂浆早期受损，板块滑移错动或下坠。

（5）粘结砂浆质量保证。传统的 1∶2 水泥砂浆用作粘贴，它由水泥、砂、水搅拌而成，拌合物初粘性低，和易性、保水性都较差，材料干硬后收缩大，刚性大。由于拌合物初粘性低、干散，施工时砂浆里的水泥浆体在面砖粘结面上较难扩散、展开；由于保水性差，如果面砖浸泡不透，抹在面砖背面的水泥砂浆的水分易被面砖迅速吸收，从而造成水泥砂浆与面砖离层。由于干硬后材料收缩大，刚性大，变形应力也大，当这一应力大于粘结层抗剪强度时，便会出现面砖脱落。砂浆中加入 108 胶虽能改善材料的粘贴性能，但却降低了粘贴材料的耐水（108 胶固化成膜后，仍可被水溶解，即可逆性）和耐老化性能。

现行行业标准《外墙饰面砖工程施工及验收规程》（JGJ 126）的规定，使粘贴砂浆有了质的飞跃：

1）外墙饰面砖粘贴应采用水泥基粘结材料，其质量标准应符合现行行业标准《陶瓷墙地砖胶粘剂》（JC/T547）规定的C类产品，即水泥基陶瓷墙地砖胶粘剂（C），它由水硬性胶凝材料、矿物集料、有机外加剂组成的粉状混合物（即干粉砂浆或干混料），使用前需与水或其他液体拌合。外墙饰面砖粘贴不得采用有机物作为主要粘结材料。

2）水泥基粘结材料应符合现行行业标准《陶瓷墙地砖胶粘剂》（JC/T547）的技术要求，并按现行行业标准《建筑工程饰面砖粘结强度检验标准》（JGJ 110-2008）的规定，在试验室进行制样、检验，粘结强度不应小于0.6MPa。为减少摸索，保证质量，宜采用经检验合格的专用商品聚合物水泥干粉砂浆。大尺寸的外墙砖，为保证安全可靠，应采用经检验合格的适用于大尺寸板块的“增强型”聚合物水泥干粉砂浆（粘结强度大于或等于1.0MPa），其找平层砂浆的粘结强度亦应与之相匹配。

3）水泥基粘结材料应采用普通硅酸盐水泥或硅酸盐水泥，其性能应符合现行国家标准《通用硅酸盐水泥》（GB 175-2007）的技术要求，其强度等级，硅酸盐水泥不应低于42.5。水泥基粘结材料中采用的砂，应符合现行行业标准《普通混凝土用砂、石质量及检验方法标准》（JGJ 52）的技术要求，其含泥量不应大于3%。

（6）饰面砖粘贴施工操作要求。

1）《外墙饰面砖工程施工及验收规程》（JGJ 126）规定，“在外墙饰面砖工程施工前，应对找平层、结合层、粘结层及勾缝、嵌缝所用的材料进行试配，经检验合格后方可使用”。为减少材料试配摸索，节约时间，保证材料质量，宜优先采用经检验合格的水泥基专用商品材料。

2）面砖接缝的宽度不应小于5mm，不得采用密缝粘贴。缝深不宜大于3mm，也可采用平缝。

3）面砖宜自上而下粘贴（传统施工方法，总体上是自上而下大流水，每步脚手架上粘贴则是自下而上进行），粘结层厚度宜为4～8mm。

4）在粘结层初凝前或允许的时间内，可调整面砖的位置和接缝宽度，使之附线并敲实；在初凝后或超过允许的时间后，严禁振动或移动面砖。

5）重视施工环境。施工应在日最低气温在0℃以上。当低于0℃时，必须有可靠的防冻措施；当高于35℃时，应有遮阳设施，并宜避开中午施工。

（7）检验饰面砖背面粘结砂浆的填充率（饱满度）。饰面砖背面凹槽内的砂浆填充率要进行检验，检验的时间、数量、方法如下：

1）检验时间及数量。在粘贴外饰面砖施工期间，每天检验一次，每次检验两块砖。

2）检验方法。趁饰面砖背面砂浆还软的时候，把饰面砖剥下来，根据目测或尺量记下砖背面凹槽内砂浆的填充率。

3）填充率的规定。50mm×50mm 以上的正方形砖时，填充率应大于 60%；如为 60mm×108mm 以上的长方形砖时，填充率应大于 75%。

4）合格的判定。在抽检的两块饰面砖中，如都能达到规定的填充率即为合格；如两块或其中一块的填充率没有达到规定的填充率时，即判为不合格。

遇有上述判为不合格情况时，即再剥离 10 块饰面砖，如 10 块砖的填充率全部达到规定，即将剥离下来的砖重新粘贴上；如 10 块砖中，有一块砖的填充率没有达到规定，则这一天所粘贴的饰面砖要全部返工。

（8）严格控制饰面砖空鼓。饰面砖在粘贴后的 3d，各楼层的各个墙面要分别检查 15m 长的饰面砖是否有空鼓，是否超出规定的空鼓率。

检验方法是用检验小锤轻轻敲打砖表面，听其是否有空鼓声。如没有或 15m 长内有空鼓声的砖数是小于或等于检验砖数的 1%时，即判为合格。如大于 1%时，即判为不合格。判为不合格的楼层墙面，就要全面地敲打检验，空鼓的砖要剥离重新粘贴，或在有空鼓声的砖背面注入改性环氧树脂化学浆液。

（9）现场检验饰面砖的粘结强度。相关工程经验表明：对饰面砖的粘结强度检验，要求在粘贴的28d后进行（如非要在28d前拆除脚手架时，也可在不得已的情况下缩短为14d），但必须在勾缝之前。检验抽样是每 300m^2 面积范围内抽检 5 块。拉拔前，先用刀具将检验的饰面砖周边砂浆切断至基层上，然后再装上拉力试验机进行检验。

我国《建筑装饰装修工程质量验收规范》（GB 50210）“饰面板（砖）工程”规定，外墙饰面砖粘贴前和施工过程中，均应在相同基层上做样板件，并对样板件的饰面砖粘结强度进行检验，其检验方法和结果判定应符合《建筑工程饰面砖粘结强度检验标准》（JGJ 110-2008）的规定，现场粘贴外墙饰面砖，施工前应对饰面砖样板件粘结强度进行检验，监理单位应从粘结外墙饰面砖的施工人员中随机抽选一人，在每种基层上应各粘贴至少 1m^3 饰面砖板件，每种类型的样板件应分别取一组 3 个饰面砖粘结强度试样。可使用国产手摇式加压的“饰面砖粘结强度检测仪”进行现场检验（见图 8-18）。在建筑物外墙上粘贴的同类饰面砖，其粘结强度同时符合以下两项指标时可定为合格：

图 8-18　饰面砖粘结强度检测示意图

1）每组试样平均粘结强度不应小于 0. 4MPa。

2）每组可有一个试样的粘结强度小于 0. 4MPa，但不应小于 0. 3MPa。

当两项指标均不符合要求时，其粘结强度应定为不合格。

（10）根据《外墙饰面砖工程施工及验收规程》（JGJ 126）规定，面砖墙面应“设置伸缩缝”，伸缩缝应采用柔性防水材料嵌缝。墙体变形缝两侧粘贴的外墙饰面砖，其间的缝宽不应小于变形缝的宽度（见图 8-19）。因装饰美观的需要，或调整排版方案（使之减免非整砖），或方便施工，在伸缩缝之间还可增设分格缝。伸缩缝或分格缝太宽会影响美观，其合适宽度可先做样板对比确定；分格缝的宽度一般宜为 10mm 左右。

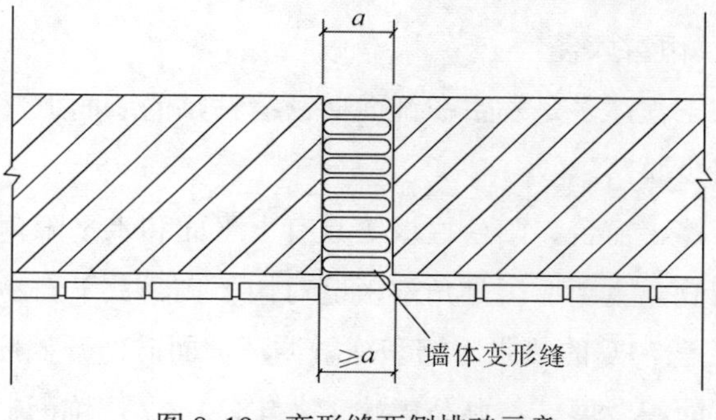

图 8-19　变形缝两侧排砖示意

4、治理方法

（1）《外墙饰面砖工程施工及验收规程》（JGJ 126）规定“外墙饰面砖必须粘结牢固，不得出现空鼓”，检查方法为小锤敲击。发现空鼓部位应返工重做或查明空鼓的层次（在粘结层或找平层）之后进行改性环氧树脂压力注浆弥合剥离部位。

（2）在使用期间定期检查，及早发现，及时处理。已拆除外墙脚手架的检验，可借助载人吊篮进行。目前已有可全面进行检测的红外线检测仪、附着式振动检测仪、机器人自爬式检测仪，通过图像、数据显示或传感信号处理，检测的可达性好、可靠性高。

四、外墙砖空鼓（冻融破坏）

1、现象

室外釉面面砖墙面受冻融作用，墙面出现空鼓开裂、松动脱落或板块表面变色、爆皮、裂纹、风化剥落，严重影响外观，还可能伤害人和物。主要发生在我国的三北地区，尤其东北地区。

2、原因分析

（1）外部环境水或雨雪入侵。冬期，入侵水分在粘结层、找平层部位结冰冻胀：春天融化，冻融作用使砂浆结构变松，粘结力削弱甚至破坏。

1）找平层砂浆强度低。如浑江市某办公楼外墙饰面砖，只经一冬春，维修面就达外饰面的60%以上，原因之一就是基层的水泥砂浆强度太低（水泥过期失效，砂含泥量过大，搅拌砂浆时水泥用量过少，抹灰前砖墙未浇水）。

2）不少地方习惯采用素水泥浆粘贴面砖。素水泥浆没有骨料，干缩性、脆性大，粘结力小，是造成脱落的一个原因。据吉林浑江市质监站资料，同一个操作者用同品种材料，用素水泥浆粘贴的面砖，三个月后检查，空鼓率为45%；而用1∶2水泥砂浆粘贴的面砖空鼓率仅11%。某宾馆工程饰面砖大部分用素水泥浆粘贴，在三个月后竣工验收时，有50%以上发生空鼓。

3）板缝对接不良，雨雪入侵。

①出现整块脱落的工程，多是发生在饰面砖密缝粘贴的墙面上，而离缝粘贴并满勾缝的外墙面砖则不脱落或少脱落。

②女儿墙檐口、雨篷、窗台、阳台栏板等具有上平面和水平阳角的部位以及水落管出水口的下部等易发生问题。主要原因是角部板缝对接不良、上平面易积存雨雪水，这些水分侵入缝隙中，经年温差70℃的热胀冷缩和冻融循环，面砖便开始脱皮、脱落。一旦饰面边缘开始脱落，便向大面积发展。某办公楼竣工4年，1～7层饰面砖完好无损，而阳台栏板却严重爆皮、脱落。

（2）饰面砖吸水率过大。釉面面砖是多孔材料，由于毛细管的作用，水会被吸到砖坯中去，水在0℃以下时结冰，体积增大约9%，可能造成面砖破坏。因此吸水率是决定面砖抗冻性的重要指标，而吸水率的大与小，取决于釉面砖本身的密实性。水在直径0.1mm的毛细管中吸入高度约为15m，所以，釉面砖的孔隙率决定着面砖的吸水率，釉面砖越密实吸水率就越小或不吸水，就可能不产生冻害。反之吸水率越大，冻害就越严重。工程实践表明为防止冻害必须对釉面砖的吸水率进行检验，加以严格限制。应严格控制釉面砖吸水率的限值，因为釉面砖是一种非均一性的物体，它是由坯体和釉面两部分组成。陶瓷的线膨胀系数在5×10^{-6}～10×10^{-6}，坯体的线膨胀系数约4×10^{-6}～9×10^{-6}两者相差虽不大，但仍有区别，这种差异在环境温度变化时，会导致釉和坯体之间出现内应力。若釉的膨胀系数大（收缩较多）时，会造成釉面开裂或使坯体向外弯曲；若膨胀系数小（收缩小）时，会造成釉层爆皮或使坯体向内弯曲；在釉和坯体之间的内应力不超过它们的抗拉、抗压强度，弹性及中间胶结作用所能承受时，不会出现裂纹。但是，往往在出厂较长时间，用于工程之后，由于外界的敲击、碰撞、釉面受损或坯体吸水膨胀等因素，会造成釉面砖出现裂纹或网状纹路，此称为陶瓷衰老现象。不同吸水率釉面砖的冻融试验数据表明，要使釉面砖保证不受冻害，其吸水率必须小于7.0%以下或更小。

（3）不重视施工环境。当室外气温低于0℃时，无可靠的防冻措施，致砂浆上墙后冻结，不能正常水化。

3、防治措施

（1）找平层、粘结层砂浆质量保证详见“外墙砖空鼓脱落（找平层剥离破坏）”和“外墙砖空鼓脱落（粘结层剥离破坏）”的预防措施。

（2）板缝、基层防水质量保证详见“外墙砖墙面渗漏”的预防措施。

（3）饰面砖材质保证，《外墙饰面砖工程施工及验收规程》规定外墙饰面砖工程中采用的干压陶瓷砖、陶瓷劈离砖、陶瓷锦砖，对不同气候区必须符合下列规定：

1）在Ⅰ、Ⅵ、Ⅶ区，吸水率不应大于3%；在Ⅱ区，吸水率不应大于6%。在Ⅲ、Ⅳ、Ⅴ区，冰冻期一个月以上的地区吸水率不宜大于6%。吸水率应按《陶瓷砖试验方法》（GB/T 3810.3）和《陶瓷砖》（GB/T 4100）规定进行试验。

2）在Ⅰ、Ⅵ、Ⅶ区，冻融循环应满足50次；在Ⅱ区，冻融循环应满足40次。抗冻性应按《陶瓷砖试验方法》（GB/T 3810.12）进行试验。

（4）窗台、檐口、装饰线、雨篷、阳台和落水口等墙面凹凸部位，应采用防水和排水构造。

（5）在水平阳角处，顶面排水坡度不应小于3～5%；应采用顶面砖压立面砖，立面最低一排面砖压底平面面砖等作法，并应设置滴水构造。

（6）重视施工环境。无论是找平层或是面砖粘贴，环境最低气温应在0℃以上。当低于0℃时，必须有可靠的防冻措施。

（7）加强成品保护。饰面的成品保护亦很关键，特别是拆除脚手架时，最易碰损饰面砖。有时碰出裂痕或碰去一角，成为雨水侵入的渠道，留下冻融隐患。所以应格外注意，一经碰损须及早更换。

4、治理方法

室外面砖墙面发生冻融损坏之后，要搞清损坏出自找平层、粘结层、板缝还是板块材质问题，然后对症下药进行维修。维修之后，表面喷涂有机硅防水剂或其他无色护面涂料。

五、外墙饰面砖质量常见问题

1、现象

外墙饰面砖空鼓、松动脱落、开裂、渗漏。参见图8-20、图8-21、图8-22。

图 8-20 样板房外墙砖脱落

图 8-21 建筑外墙瓷砖脱落

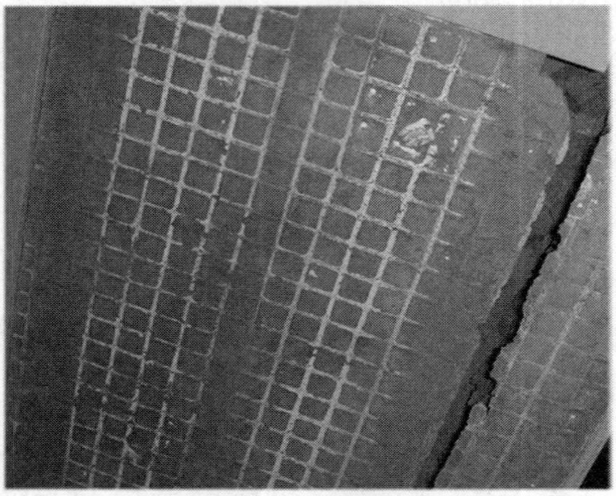

图 8-22 饰面砖空鼓

2、原因分析

（1）外墙基层没有清理干净并淋水湿润就进行抹灰，导致抹灰层空鼓、开裂。

（2）外墙找平层一次成活，抹灰过厚，导致抹灰层空鼓、开裂、下坠、砂眼、接槎不严实，成为藏水空隙、渗水通道。

（3）外墙砖粘贴前找平层及饰面砖未经淋水湿润，粘贴砂浆失水过快。影响粘结质量。

（4）饰面砖粘贴时粘贴砂浆没有满铺（仅靠手工挤压上墙），尤其砖块的周边（特别是四个角位）砂浆不饱满，留下渗水空隙和通道。

（5）粘贴（或灌浆）砂浆强度低，干缩量大，粘结力差。

（6）砖缝不能防水，雨水易入侵，砖块背面的粘结层基体发生干湿循环，削弱砂浆的粘结力。

3、防治措施

（1）因冬期气温低，砂浆受冻，到来年春天化冻后容易发生脱落。因此在进行室外贴面砖操作时应保持正温，尽量不在冬期施工，夏季镶贴时要防止暴晒。

（2）找平层应具有独立的防水能力，找平层抹灰前可在基面涂刷一层界面剂，以提高界面的粘结力，并按设计要求在外墙面基层里铺挂加强网。

（3）外墙面找平层至少要求两遍成活，并且养护不少于3d，在粘贴墙砖之前，将基层空鼓、开裂的部位处理好，确保找平层防水质量。

（4）镶贴面砖前，应将基层残留的砂浆、尘土和油污等清理干净，要镶贴在粗糙的基体或基层上，光滑的基体或基层表面镶贴前应进行处理。用水充分湿润，待表面阴干至无水迹时，即可涂刷界面处理剂（随刷随贴），粘贴砂浆宜采用聚合物砂浆。

（5）首先要控制结构施工时外墙面的垂直平整度，对于基层表面平整偏差较大的，要进行处理，对极个别凸出的点要剔平，对凹墙面要分层找平，以防找平层薄厚不一致，发生收缩。

（6）外墙砖接缝宽度宜为3～8mm，不得采用密缝粘贴。

（7）外墙砖勾缝应饱满、密实，无裂纹，选用具有抗渗性能和收缩率小的材料勾缝，如宜采用商品水泥基料的外墙砖专用勾缝材料，其稠度小于50mm，将砖缝填满报实，待砂浆泌水后才进行勾缝，确保勾缝的施工质量。

（8）面砖的压向应大面压小面，在阴阳角处，应有防止水渗入的措施。

4、治理方法

（1）查清饰面砖空鼓和脱壳的范围，用红笔划好周围线，用手提切割机沿缝割切；也可用小扁薄口的錾子，沿缝隙轻轻凿开，然后将空鼓、脱壳部分铲除，刮除灰疙瘩，冲洗扫刷干净。

（2）根据返修面积的多少计算用料数量并备料；需选用检测合格的32.5级普通硅酸盐水泥，洁净的中砂和原有的规格、色泽相同的面砖。

（3）针对不同基体，处理基层和抹好找平层。

（4）粘结层的做法必须和原有方法相同。一般粘结层，采用108胶水泥砂浆，配合比为108胶：水：水泥：细砂=1：4：10：8。认真计量搅拌均匀，随拌随用。粘结层厚度掌握在3～4mm。也可采用JCTA系列陶瓷粘合剂粘贴。单组分直接加水搅拌均匀成糊状，即可粘贴。操作方便，粘结强度比较高。

（5）贴面砖。按原有面砖的垂直和水平拉线粘贴牢固，确保平整与垂直度。隔日用粘结砂浆擦缝或勾缝，必须密实，防止雨水渗入缝内，并及时将墙面清扫干净，及时喷水养护。

六、外墙砖墙面渗漏

1、现象

雨水从面砖板缝侵入墙体，致外墙的室内墙壁出现水迹，室内装修发霉变黑；还可能“并发”板缝析白流挂。

2、原因分析

（1）设计原因

图纸缺乏细部大样，说明不详，外墙面横竖凹凸线条多，立面变化大，疏水不利。

（2）墙体原因

墙体因温差、干缩产生裂缝，尤其房屋顶层墙体、轻质墙体。砌体灰缝不饱满，砖墙的黏土砖属多孔材料，《砌体结构工程施工质量验收规范》（GB 50203-2011）规定，水平灰缝“饱满度不得小于 80%”，竖向灰缝饱满度无定量指标。因此墙体本身的防水性能是有限的，珠江三角洲地区的房屋多用 180mm 厚砖外墙，其中 1/3 的墙体要用侧砖砌筑；侧砌砖的砂浆饱满度普遍较差。此外，空斗砖墙、空心砌块、轻质砖等墙体的防水能力也较差。又，混凝土墙拆模后，墙上的螺栓孔未堵严；砖墙上的预留进料口、设备口后砌时，接缝砂浆不严实。

（3）板块原因

1）饱满度问题。《外墙饰面砖工程施工及验收规程》（JGJ 126）规定，饰面砖工程“不得出现空鼓”。实际上，不少工程达不到要求，饰面砖通常是靠板块背面满刮水泥砂浆（或水泥浆）粘贴上墙的，它靠手工挤压板块，粘结砂浆不易全部挤满，尤其板块的四个周边（特别是四个角）砂浆不易饱满，致留下渗水空隙和通路。

2）拼缝问题。有些饰面层要求砖缝疏密相间，即由若干板块密缝拼成小方形图案，再由横竖宽缝连结组成大方形图案（即“组合式”）。其密缝粘贴的板块形成“瞎缝”（“干缝”、“盲缝”），其密缝的板块接缝无法勾缝（只能擦缝），自然达不到规范要求“填嵌密实，以防渗水”。因此“组合式”的面层最容易渗漏。

3）疏水问题。卫生间室内瓷砖传统的施工方法虽然采用密缝法粘贴、擦缝，但它无大凹缝，有利于疏水。条形饰面砖勾缝处是凹槽，对疏水不利，容易滞水，滞水就从缺陷部位渗漏入墙。如某宾馆外墙采用 60mm×240mm 规格的饰面砖，勾缝砂浆满布裂缝，严重者一块饰面砖的四周包围着 44 条裂缝，活像一条蜈蚣；宾馆内塑料壁纸大面积变色霉烂。

（4）工艺原因

1）一次成活。涂抹水泥砂浆每遍厚度宜为 5～7mm。但是，在施工现场约 20mm 厚的外墙找平层一次成活的，经常出现。由于一次涂抹过厚，结果“毛病百出”，如抹灰层下坠、空鼓、开裂、砂眼、接槎不严实、表面不平整等等；其后果必然“漏洞百出”，上述毛病成为藏水空隙、渗水通道。有些工程墙体表面凹凸不平，抹灰层超厚，毛病更多。

2）基体不平整。楼层圈梁（或框架梁）凸出墙面或墙体表面凹凸不平，以及框架结构的填充墙墙顶与梁底之间填塞不紧密等，也会造成抹灰裂缝、滞水、藏水、渗水。

（5）标准问题

1）混合砂浆找平。饰面砖墙基层，应用 1∶3 水泥砂浆打底，在Ⅲ、Ⅳ、Ⅴ气候区应用具有抗渗性能的找平材料。而有的墙面找平层设计采用 1∶1∶6 水泥混合砂浆，其防水性能显然差。

2）用水泥净浆勾缝。不少工程用普通水泥加水的净浆作勾缝材料，不仅会增多 $Ca(OH)_2$ 等水溶成分，而且硬化后的收缩率也大。净浆硬化以后，经过时间变化，很容易在板缝部位产生裂缝或在净浆与面砖之间产生缝隙。为减少渗漏和析白现象，作为勾缝材料，很重要的一点是减少材料中的水溶成分，选用硬化后收缩低和透水性小的配合比（如聚合物水泥专用勾缝砂浆）。

3）少一层防水。同一地区、同一队伍，为何施工马赛克面层渗漏的不多，关键是预算定额，马赛克的背后有一层满涂的稠水泥浆（“水泥膏”），它封闭了找平层可能出现的裂缝和砂眼，等于多了一层防水措施。而饰面砖以往的预算定额却没有这一层，等于少了一层防水。

3、防治措施

（1）专项设计，并有节点大样图。对窗台、檐口、装饰线、雨篷、阳台和落水口等墙面凹凸部位，应采用防水和排水构造。在水平阳角处，顶面排水坡度不应小于 3%～5%（或再陡一些，有利于排水）；应采用顶面面砖压立面面砖，立面最低一排面砖压底平面面砖等作法，并应设置滴水构造等；45° 角砖、“海棠”角等粘贴作法适用于竖向阳角，由于其板缝防水不易保证，故不宜用于水平阳角（见图 8-23）。

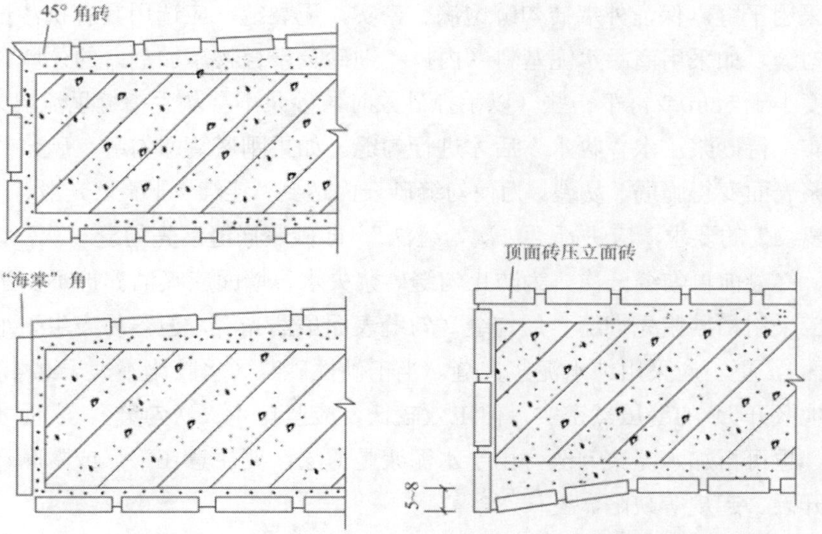

（a）不妥的作法　（b）正确的压接作法

图 8-23　水平阳角防水排水构造示意图

（2）加强处理。墙体材料为空心砖、轻质砖，在基本风压大于或等于 0.6kPa 的条件下，一般的工业与民用建筑外墙面上涂刷 1.2mm 厚的聚合物水泥基复合防水材料，效果很好。轻质墙体应作加强处理。

（3）多遍成活。外墙面找平层至少要求两遍成活，并且喷雾养护不少于 7d，粘贴之前再检查找平层抹灰质量。北京某工程施工质量要求严格，规定找平层做完 14d 之后才能进行外墙砖施工，才能确认找平层的质量；在粘贴外墙砖之前，先将基层空鼓、裂缝处理好，确保找平层的施工质量。

（4）表面平整。精心施工结构层和找平层，保证其表面平整度和填充墙紧密程度，使饰面层的平整度完全由基层控制。从而避免基层凹凸不平，致粘结层局部过厚或饰面不平整带来的弊病，也避免填充墙顶产生裂缝。

（5）找平层应具有独立的防水能力。《外墙面砖工程施工及验收规程》（JGJ 126）5. 2. 3 规定"宜在找平层上刷结合层"。在找平层上涂刷一层结合层，旨在提高界面间的粘结力，效果上它是一道防渗层，它可兼封闭找平层上的残余裂纹和砂眼、气孔。其材料可用商品专用水泥基料的防渗材料，或刷聚合物水泥砂浆、界面处理剂。根据《外墙饰面砖工程施工及验收规程》（JGJ 126）规定，在我国建筑气候区Ⅲ、Ⅳ、Ⅴ区应采用具有抗渗性的找平材料，其性能应符合《砂浆、混凝土防水剂》（JC 474-2008）的技术要求，宜使用经检验合格的商品材料聚合物水泥干粉砂浆。找平层完成之后、外墙砖粘贴之前，外墙面也可作淋水试验。其方法，可在房屋最顶层安装喷淋水管网，使水自顶层顺墙往下流淌，喷淋水时间不少于 2h。及早发现渗漏点，及早处理，使找平层具有独立的防水能力。

（6）认真勾缝。外墙砖接缝宽度不应小于 5mm，不得采用密缝粘贴。缝深不宜大于 3mm，也可采用平缝。保证外墙砖勾缝饱满、密实，无裂缝，应选用具有抗渗性能和收缩率小的材料勾缝，如采用商品水泥基料（内掺粉细砂及聚合物添加剂）的外墙砖专用勾缝材料；其稠度小于 5cm 或再干一些（以手抓砂浆时，砂浆不会从手指缝里流出为好），将板缝填饱压实，待砂浆泌水"收水"后才进行勾缝。如果刚嵌缝即勾缝，砂浆的泌水浮浆会使板缝砂浆表面变得脆弱、易裂。为使勾缝砂表面达到"连续、平直、光滑、填嵌密实、无空鼓、无裂纹"的要求，应进行"二次勾缝法"，即砂浆嵌缝后先勾缝一次，待勾缝砂浆"收水"后、终凝前再勾缝一次。为防止勾缝砂浆失水，墙面应喷洒养护不少于 3d，并防止曝晒。不应采用稀砂浆先糊缝、后勾缝（勾缝表面虽然光滑，但容易产生干缩裂缝和渗漏及擦伤釉面），更不应采用纯水泥浆糊缝。半干硬性砂浆（水胶比不大于 0. 4，砂浆"手抓成团，落地散开"）勾缝虽然密实，但工效较低，应坚持"二次勾缝"，表面才能光滑；为表面光滑，也可再加水泥浆勾缝，由于水泥浆是薄层，要注意在干燥或曝晒环境中容易失水，引发开裂、起皮等缺陷。

良好的勾缝质量，不但能防水，而且有助于外墙砖的粘贴牢固，以及勾缝砂浆表面不开裂、不起皮，板缝减免析白流挂（白华）等。根据《外墙饰面砖工程施工及验收规程》（JGJ 126）规定，外墙饰面砖接缝不分气候区，均应采用具有抗渗性的粘结材料勾缝，其性能应符合《砂浆、混凝土防水剂》（JC 474-2008）的技术要求。宜使用经检验合格的专用商品抗渗材料（优先采用商品专用勾缝材料）。

4、治理方法

（1）局部渗漏的治理：对发生局部渗漏的外墙面，可采用高压灌注水溶性聚氨酯浆液封堵墙体细裂缝、不饱满的灰缝及铝合金窗框周边空腔，具体实施：

1）在外墙内、外侧（外侧用吊篮配合）渗水点、细裂缝处、窗框四角及框边每隔500mm钻孔，埋设注浆针头，调整注浆压力，往墙中注入聚氨酯浆液至冒浆。

2）结合室内装修，剥离注浆处墙内侧抹灰，用防水砂浆重新粉刷。检查注浆效果，对不到位的可以再注，同时修复原先抹灰层裂缝。

3）对外墙外侧注浆孔眼、细裂缝用弹性腻子嵌填，同时清理面砖表面的污迹。

（2）大面积渗漏的原理对发生大面积渗漏的外墙面可全面积喷涂有机硅憎水剂。

1）施工工艺

①空鼓板块需先返修，板缝的洞孔和裂缝须用勾缝专用砂浆或密封膏嵌填修补。墙面要求干燥，清除浮灰、积垢、苔斑等污物。

②将乳液和水按1：（10～15）的比例拌匀，用农用喷雾器或刷子直接喷（刷）在干燥的墙面上，连续重复2次，使墙面充分吸收乳液，应注意避免漏喷。

③喷涂顺序为先下后上，或先喷下一段，再由上而下分段进行，不得跳跃或无序喷洒。

④陶瓷饰面砖墙面的喷涂重点是板块间的缝隙。先用毛刷沿纵横缝普遍涂刷一度，再按上条规定喷涂一度。

⑤施工时，要求24h内无雨、雪、霜冻，风力在6级以下。

2）注意事项

①严格掌握乳液和稀释水的配比。稀释后乳液含水量不易判定，若配比不当，防水会失效。乳液稀释宜当天用完。

②对墙面腰线、阳台、窗台等凸出部位，要充分喷涂，以免雨水在该处滞留向室内渗透。

③喷涂时应顺风向，遇大风、雨天应停止施工。

④喷涂后，经泼水或雨水冲淋试验，未见渗漏，验收合格。室内墙壁如发现水痕，应找准渗源，补喷处理，直至合格。

七、室外墙砖缝隙析“白流挂”

1、现象

室外贴砖缝析“白流挂”现象。参见图8-24、图8-25。

图 8-24 室外贴面砖大面积“缝析白流挂”

图 8-25 室外贴面砖“缝析白流挂”

2、原因分析

没有按照下列质量标准作业：

（1）粘贴所用水泥的凝结时间、安定性和抗压强度要进行复验，要求合格。

（2）饰面砖的品种和性能应符合设计要求。

（3）饰面砖粘贴工程的找平、防水、粘结和勾缝材料及施工方法应符合设计要求及国家现行产品标准和工程技术标准的规定。

（4）饰面砖粘贴必须牢固。

（5）饰面砖表面应无裂痕和缺损。

（6）阴阳角处搭接方式应符合设计要求。

（7）饰面砖接缝应平直、光滑，填嵌应连续、密实；宽度和深度应符合设计要求。

3、防治措施

（1）室外粘贴可采用经检验合格的水泥基商品胶粘剂（干混砂浆），它具有良好的保水性，能大大减轻水泥凝结泌水；如果不采用干混砂浆，而是采用水泥砂浆，则宜掺入减水剂，以减少 $Ca（OH）_2$ 析出致粘贴砂浆表面的数量，从而减免因粘贴砂浆水化而引发的初生水斑，砂浆稠度宜为 6～8cm。

（2）地面墙根下应设置防潮层。

（3）对窗台、檐口、装饰线、雨蓬、阳台和落水口等墙面凹凸部位应采用防水和排水构造。

（4）为防雨从缝侵入，贴块必须安装平整，必须离缝粘贴，缝宽不应少于 5mm，不得采用密缝粘贴；只有离缝粘贴，缝才能嵌填密实，勾缝应采用具有抗渗性的粘结材料，并坚持“二次勾缝”，勾缝应填嵌密实、无空鼓、无裂纹、连续、光滑。只有防水，才能防止粘贴砂浆、找平层、基体的可溶性碱和盐类被水带出，才能预防增生水斑和析白流挂。

4、优质工程示例

参见图 8-26。

图 8-26　外墙饰面砖优质工程

第九章　幕墙工程

第一节　玻璃幕墙工程

一、玻璃幕墙型材质量常见问题

1、现象

（1）金属型材材质不符合设计要求。

（2）金属型材力学性能不符合标准要求。

（3）金属型材壁厚不符合规范要求，几何尺寸超差，型材有弯曲、扭曲现象。

（4）表面氧化膜不符合标准要求，表面有划伤、磨伤现象。

2、原因分析

（1）承包商偷工减料，选用不合格材料。

（2）材料运输、存放保管不当，造成材料弯曲，表面划伤。

（3）材料加工过程中，工作台、运输车不清洁，搬运不当造成表面划伤。

3、防治措施

（1）按照《玻璃幕墙工程技术规范》JGJ 102 的规定，玻璃幕墙适用于设防烈度 6-8 度、建筑高度不大于 150m 的民用建筑工程。幕墙工程应按规范要求进行建筑、结构设计并附计算书，其计算结果应经原设计单位审查确认。有节能要求的，应采用断热型材。幕墙工程施工前，应按要求编制专项施工方案，超过一定规模的，应按《危险性较大的分部分项工程安全管理办法》（建质[2009]87 号）规定的程序组织专家论证。

（2）进场的金属型材，必须查验其规格、型号、出厂合格证及产地证明，核对其是否符合设计要求；检查化学成分和力学性能测试报告，验证其是否符合国家标准要求。钢构件：当幕墙高度超过 40m 时，宜采用高耐候结构钢，表面涂刷防腐涂料；采用冷弯薄壁型钢时，其壁厚不得小于 3. 5mm。铝合金型材：应符合《铝合金建筑型材》GB/T 5237. 1 中有关高精级的规定，表面阳极氧化膜厚度不得低于现行国家标准中规定的 AA15 级。

（3）型材下料前，应认真核对图纸，并对建筑物进行复测，按实际尺寸对型材下料尺寸进行调整。

（4）严格工艺管理，保持工作环境清洁有序。半成品交接要坚持工序检验制度，及时剔除不合格品；幕墙构件必须经验收合格后方可进入组装、安装工序，严禁不合格的产品使用到工程上。

（5）型材加工的截料尺寸精度、槽（豁、榫）加工精度、装配精度等应符合相关标准的规定。

（6）型材装配应牢固，各连接缝隙要进行可靠的密封处理。铝型材连接用的自攻螺丝应采用不锈钢制品，螺丝尖部不得突入框槽内，以防局部挤压而使玻璃破碎。

二、玻璃幕墙材质不合格

1、现象

（1）幕墙使用的玻璃不是安全玻璃。

（2）玻璃没有磨边、倒棱，有爆边、缺角现象。

（3）玻璃加工几何尺寸超差。

（4）镀膜玻璃有针孔、斑点、脱模现象。

（5）玻璃有霉点、锈迹。

2、原因分析

（1）承包商偷工减料，未按规范要求选用玻璃。

（2）玻璃加工不合格。

（3）玻璃运输、保管不当。

3、防治措施

（1）玻璃幕墙宜采用半钢化玻璃、钢化玻璃或夹层玻璃。玻璃的外观质量、性能应符合现行国家标准的规定：

热反射镀膜玻璃，应采用真空磁控阴极溅射镀膜玻璃或在线热喷涂镀膜玻璃。用于热反射镀膜玻璃的浮法玻璃其外观质量和技术指标，应符合现行国家标准《平板玻璃》（GB 11614）中优等品或一等品规定。

夹层玻璃，应采用聚乙烯醇缩丁醛（PVB）胶片干法加工合成夹层玻璃，其性能应符合现行国家标准《建筑用安全玻璃 第3部分：夹层玻璃》（GB 15763.3）的有关规定。

钢化玻璃，其性能应符合现行国家标准《建筑用安全玻璃 第2部分：钢化玻璃》（GB 15763.2）的有关规定。

（2）夹丝玻璃，裁割后玻璃边缘应及时进行修理和防腐处理。当加工成中空玻璃时，夹丝玻璃应朝向室内一侧。

（3）中空玻璃，其内外层玻璃均应为安全玻璃，边沿应采用双道密封。明框幕墙的中空玻璃的密封胶应采用聚硫密封胶和丁基密封腻子；半隐框和隐框幕墙的中空玻璃的密封胶应采用结构硅酮密封胶和丁基密封腻子。中空玻璃性能应符合现行国家标准《中空玻璃》（GB/T 11944）的有关规定。

（4）钢化、半钢化和夹丝、夹网玻璃均应按设计尺寸在工厂制作，不允许在现场切割。钢化、半钢化玻璃的热处理必须在玻璃切割、钻孔、挖槽等加工完毕后进行。

（5）所有幕墙玻璃必须进行倒棱、倒角、磨边等边缘处理，防止因外力和温度变化造成应力集中而产生破裂。

（6）玻璃的切割、开孔、边缘切口不允许有明显的缺陷，其效果必须符合玻璃加工的质量要求。

（7）玻璃运输贮藏应有防雨防潮措施。

三、玻璃幕墙玻璃炸裂

1、现象

建筑玻璃幕墙的玻璃产生爆裂。参见图9-1、图9-2。

图9-1 幕墙玻璃爆裂

图9-2 幕墙玻璃爆裂

2、原因分析

（1）因玻璃材质不良问题或玻璃加工工艺问题造成自爆。

（2）横梁、立柱安装质量差，引起附加应力。

（3）未设防震垫块。

（4）设计未验算挤压应力。

3、防治措施

（1）选材：应选用国家定点生产厂家的幕墙玻璃，优先采用特选品和一级品的安全玻璃。

（2）玻璃要用磨边机磨边，否则在安装过程中和安装后，易产生应力集中。安装后的钢化玻璃表面不应有伤痕。钢化玻璃应提前加工，让其先通过自爆考验。

（3）立柱安装标高偏差不应大于3mm，轴线前后偏差不应大于2mm，左右偏差不应大于3mm。横梁同高度相邻的两根横向构件安装在同一高度，其端部允许高差为1mm。

（4）玻璃安装的下构件框槽中应设不少于两块弹性定位橡胶垫块，长度不应小于100mm，以消除变形对玻璃的影响。

四、玻璃幕墙板块安装缺陷

1、现象

（1）玻璃安反，如镀膜玻璃面朝向室外；明框幕墙玻璃嵌槽不清洁，嵌槽深度和宽度设计不合理。

（2）定位块放置不当，橡胶条有收缩现象。

（3）隐框幕墙结构胶没有完全固化，玻璃不清洁，周边缝隙不均匀；幕墙玻璃板块和幕墙立柱横梁连接不可靠。

（4）板面不平整，板缝不平直。

（5）玻璃、铝合金型材表面有污染。

2、原因分析

（1）玻璃没有明显标识。

（2）玻璃选用和金属型材断面设计不匹配。

（3）工艺不合理，操作不当。

（4）打胶工技术水平低、工作不精细，幕墙单元板块组装超出允许误差。

（5）幕墙成品保护差。

3、防治措施

（1）玻璃出厂前，应有明显的标识，标明室内、室外面：镀膜玻璃的镀膜面应朝室内方向；不同配置的玻璃合成中空或夹层玻璃时，更应标明室内、外面；中空玻璃采用安全玻璃时，其内外面均应为安全玻璃。

（2）玻璃面积在 $3m^2$ 以内时，可采用人工安装；否则，玻璃面积、重量较大时，应采用真空吸盘等机械安装。

（3）玻璃与构件不得直接接触，玻璃四周与构件凹槽底应保持一定空隙。每块玻璃下部应设不少于两块弹性定位垫块，垫块的宽度与槽口宽度相同，长度不应小于100mm；玻璃两边嵌入量及空隙应符合设计要求。

（4）玻璃四周橡胶条应按规定型号选用，镶嵌应平整，橡胶条长度宜比边框内槽口长1.5%～2%，其断口应留在四角；斜面断开后应拼成预定的设计角度，并应用胶粘剂粘结牢固后嵌入槽内。

（5）隐框幕墙构件下部要设金属支托，支托不得突出到玻璃的外面。

（6）隐框玻璃幕墙的玻璃板块应待完全粘接固化后方可进行安装。安装前应清除板块周边的胶迹和污物；板块和立柱、横梁贴合要密实，板块间缝隙要一致，压板分布要均匀，胶线应横平竖直、粗细均匀，目视应无明显弯曲扭斜，胶缝外应无胶渍。

（7）幕墙安装后，应做好成品保护。严禁水泥砂浆污染幕墙表面，电焊落花烫伤幕墙表面，外露表面不得有明显擦伤、腐蚀、斑痕。

第二节　石材幕墙工程

一、石材幕墙安装质量常见问题

1、现象

（1）石材安装的垂直度、平整度超标，接缝不平、不畅通，板缝不均匀。

（2）板材质地颜色不均匀，有裂纹、缺棱掉角，相邻板块色差较大。

2、原因分析

（1）石材在安装前未对龙骨进行检测，龙骨垂直度、平整度较差。

（2）施工无准备，对板块来料未做检查、挑选、试拼，板块编排无专项设计，施工标线不准确或间隔过大。

（3）计划不周或施工无序，在饰面安装之后又在墙上开凿孔洞，导致饰面出现犬牙和裂缝。

（4）板块局部风化脆弱，或加运输过程中造成隐伤，安装前未进行修补。

3、防治措施

（1）安装施工测量应与主体结构的测量相配合，及时调整误差。

（2）立柱、横梁的安装应符合下列规定：

立柱安装标高偏差不应大于 3mm，轴线前后偏差不应大于 2mm，左右偏差不应大于 3mm。

相邻两根立柱安装标高偏差不应大于 3mm，同层立柱的最大标高偏差不应大于 5mm，相邻两根立柱的距离偏差不应大于 2mm。

横梁两端的连接件、垫片应安装在立柱的预定位置，安装牢固，接缝严密。

相邻两根横梁的水平标高偏差不应大于 1mm。同层标高偏差：当一幅幕墙宽度小于或等于 35m 时，不应大于 5mm；当一幅幕墙宽度大于 35m 时，不应大于 7mm。

（3）石材幕墙安装应符合下列规定：

应对横竖连接件进行检查、测量、调整。

石板安装时，左右、上下的偏差不应大于 1. 5mm。

石板空隙安装时，必须有防水措施，并应有符合设计要求的排水出口。

填充硅酮耐候密封胶时，石板缝隙的宽度、厚度应根据硅酮耐候密封胶的技术参数，经计算后确定。

（4）幕墙钢构件施焊后，其表面应采取防腐措施。

（5）幕墙竖缝及墙面垂直度、幕墙平整度、竖缝直线度、横缝直线度、缝宽度、两相邻面板之间接缝高低差等允许偏差应符合现行规范的规定。

（6）幕墙安装过程中宜进行接缝部位的雨水渗漏检验。

（7）幕墙安装施工应对下列项目进行验收：

主体结构与立柱、立柱与横梁连接节点安装及防腐处理。

幕墙的防火、保温安装。

幕墙的伸缩缝、沉降缝、防震缝及阴阳角的安装。

幕墙的防雷节点的安装。

幕墙的封口安装。

（8）石材幕墙工程观感质量检验应符合下列规定：

胶缝应横平竖直，表面光滑无污染。

石材颜色均匀，色泽与样板相符，花纹图案符合设计要求。

沉降缝、伸缩缝、防震缝的处理应保持外观效果的一致性，并应符合设计要求；石材表面不得有凹坑、缺角、裂缝和斑痕。

（9）石材幕墙工程验收时应提交下列资料：

设计图纸、计算书、文件、设计更改的文件等。

材料、零部件、构件出厂质量合格证书、硅酮结构胶相容性试验报告及幕墙的物理性能检验报告。

石材的冻融性试验报告。

隐蔽工程验收文件。

施工安装自检记录。

预制构件出厂质量合格证书。

其他质量保证资料。

二、幕墙石材材质及加工质量常见问题

1、现象

（1）板块之间色泽不匀，色差明显，个别板块甚至有明显的杂色斑点、花纹。

（2）有花纹的板块，花纹不能通顺接通，横竖突变，杂乱无章。

（3）板块边角部位破损、裂缝较多，影响美观和耐久性。

（4）板块厚薄不一，板面凹凸不平，板角不方正，板块尺寸超出允许偏差。

2、原因分析

（1）板块东拼西凑，色差明显；选择板材时，对杂色斑纹、石筋石胆以及裂缝等缺陷未注意剔除。

（2）板块材质局部风化脆弱，或加工运输过程中造成隐伤，安装前未进行检查和修补。

（3）板块外形尺寸偏差大，加工设备落后或生产工艺不合理，以及操作人为因素多，导致石材制作加工精度差，质量难以保证。

（4）弯曲面或弧形平面板块，在现场用手提切割机加工时，尺寸偏差失控。

3、防治措施

（1）板块进场时，严格检查板块的外观尺寸、平面度、角度、外观等质量缺陷，并核查其型号、出厂合格证及产地证明，确保符合规范和设计要求。

（2）根据《天然花岗石建筑板材》（GB/T 18601）、《金属与石材幕墙工程技术规范》（JGJ 133）等相关规定，石材厚度：普通平面型板材不得小于25mm，曲线型板材不得小于40mm，毛面石材的厚度应比抛光石板厚3mm；石材的表面治理方法应根据环境和用途确定；当石材含放射物质时，应符合《建筑材料放射性核素限量》（GB 6566）的规定。

（3）幕墙石材宜选用火成岩。装修前，外墙花岗石应经法定检测机构检测，其弯曲强度不应小于8.0MPa，吸水率应小于0.8%。

（4）幕墙表面应采用机械加工，加工后的表面应用高压水冲洗或用水和刷子清理，严禁用溶剂型化学清洁剂清洗石材。

（5）石材幕墙上使用的石材单块板面面积不宜大于1.5m^2。

（6）幕墙选用石材的纹理、色调、构图、线型等应与建筑物立面其他部位相协调。

（7）板块运输、存放保管要分类摆放，防止混淆；板块要轻拿轻放，防止板块因碰撞造成破损。

（8）加工的石板，石板连接部位应无崩坏、暗裂等缺陷，其他部位崩边不大于5mm×20mm，或缺角不大于20mm时可修补后使用，但每层修补的石板块数不应大于2%，且宜用于立面不明显部位。石板加工应符合下列规定：

石板的长度、宽度、厚度、直角、异型角、半圆弧形状、异型材及花纹图案造型、石板的外形尺寸均应符合设计要求。

石板外表面的色泽应符合设计要求，花纹图案应按样板检查，石板四周围不得有明显的色差。

火烧石应按样板检查火烧后的均匀程度，火烧石不得有暗裂、崩裂情况。

石板的编号应同设计一致，不得因加工造成混乱。

石板应结合其组合形式，并应确定工程中使用的基本形式后进行加工。

石板加工尺寸允许偏差应符合现行行业标准《天然花岗石建筑板材》（GB/T 18601）的有关规定中一等品要求。

（9）钢销式安装的石板加工应符合下列规定：

钢销的孔位应根据石板的大小而定。孔位距离边端不得小于石板厚度的3倍，也不得大于180mm；钢销间距不宜大于600mm；边长不大于1.0m时每边应设两个钢销，边长大于1.0m时应采用复合连接。

石板的钢销孔的深度宜为22～33mm，孔的直径宜为7mm或8mm，钢销直径宜为5mm或6mm，钢销长度宜为20～30mm。

石板的钢销孔处不得有损坏或崩裂现象，孔径应光滑、洁净。

（10）通槽式安装的石板加工应符合下列规定：

石板的通槽宽度宜为6mm或7mm，不锈钢支撑板厚度不宜小于3.0mm，铝合金支撑板厚度不宜小于4.0mm。

石板开槽后不得有损坏或崩裂现象，槽口应打磨成45°倒角，槽内应光滑、洁净。

（11）短槽式安装的石板加工应符合下列规定：

每块石板上下边应各开两个短平槽，短平槽长度不应小于100mm，在有效长度内槽深度不宜小于15mm；开槽宽度宜为6mm或7mm；不锈钢支撑板厚度不宜小于3.0mm，铝合金支撑板厚度不宜小于4.0mm，弧形槽有效长度不应小于80mm。

两短槽边距离石板两端的距离不应小于石板厚度的3倍且不应小于85mm，也不应大于180mm。

石板开槽后不得有损坏或崩裂现象，槽口应打磨成45°倒角，槽内应光滑、洁净。

（12）石板的转角宜采用不锈钢支撑件或铝合金型材专用件组装，并应符合下列规定：

当采用不锈钢支撑件组装时，不锈钢支撑件的厚度不应小于3mm。

当采用铝合金型材专用件组装时，铝合金型材壁厚不应小于4.5mm，连接部位的壁厚不应小于5mm。

（13）单元石板幕墙的加工组装应符合下列规定：

有防火要求的全石板幕墙单元，应将石板、防火板、防火材料按设计要求组装在铝合金框架上。

有可视部分的混合幕墙单元，应将玻璃板、石板、防火板及防火材料按设计要求组装在铝合金框架上。

幕墙单元内石板之间可采用铝合金“T”形连接件连接，“T”形连接件的厚度应根据石板的尺寸及重量经计算后确定，且其最小厚度不应小于4.0mm。

幕墙单元内，边部石板与金属框架的连接，可采用铝合金“L”形连接件，其厚度应根据石板尺寸及重量经计算后确定，且其最小厚度不应小于 4. 0mm。

（14）石板经切割或开槽等工序后均应将石屑用水冲洗干净，石板与不锈钢挂件应采用环氧树脂型石材专用结构胶粘结。

（15）已加工好的石板应立存放于通风良好的仓库内，其角度不应小于 85°。

三、幕墙石材干挂件质量常见问题

1、现象

（1）幕墙挂件、连接板材的金属件损坏，或连接件与主体结构的锚栓松动或损坏。

（2）石材与挂件部位存在崩坏、暗裂、疏松或板块破损、板块掉落、表面凹凸不平、大面变形等缺陷。

2、原因分析

（1）石材加工工艺粗糙，开孔、开槽、打眼等造成石材损伤。

（2）干挂件选择不当，超出规定限值；干挂件的强度不符合要求。

3、防治措施

（1）应充分考虑干挂后的安全性、抗震性、美观性以及对建筑物的维护等综合因素，根据建筑物的高度、立面形状、材质等选用安全、可靠、耐久的石材干挂形式：

1）销针式干挂件（图 9-3）。此种方法的挂件主要靠销针受力并传导到墙上，在削孔处应力比较集中，在装饰大块板材或异型材时容易造成销针处石材的破损。该方法适用于石材单块面积小的墙体、柱体，不宜用于大面积装饰的单块板材较大时。

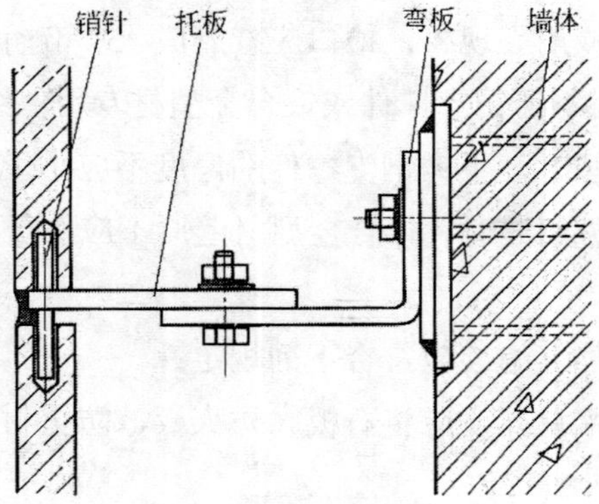

图 9-3 销针式石材干挂件结构示意

2）蝴蝶式干挂件（图 9-4）。蝴蝶式干挂件在加工时需将上下翻开地用力，使挂件在使用前其强度就受到破坏，而且上下的翻头和弯度，必须使石材装卡挂件的切槽加宽，故而使石材在安装中容易损坏。该方法不宜使用在高层建筑，只可在低层或一般场所的装修时采用。

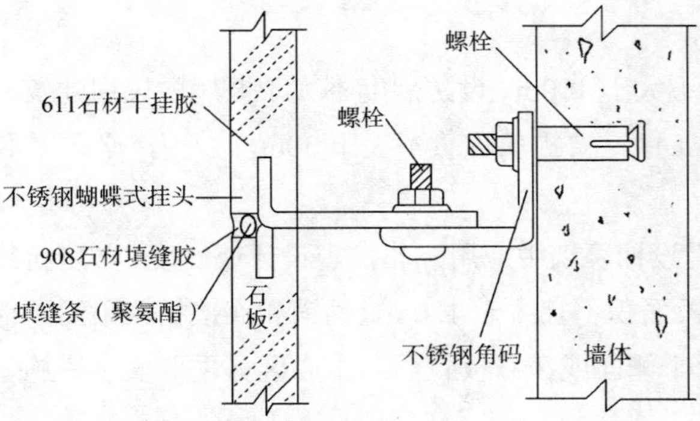

图9-4　蝴蝶式石材干挂件示意

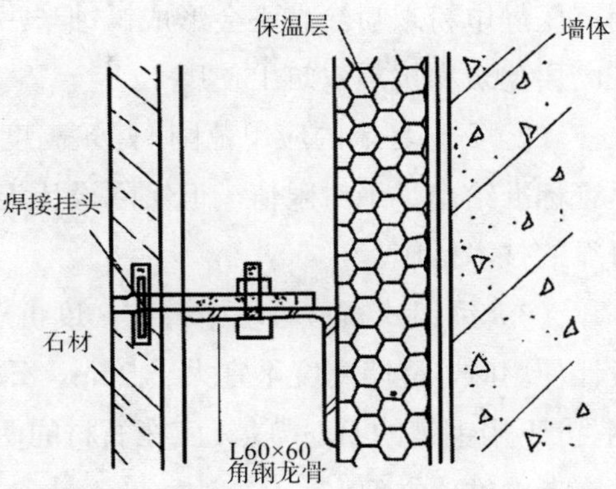

图9-5　焊接式石材干挂件挂装石材示意

3）焊接式干挂件（图9-5）。是一种用不锈钢直接将挂装石材的挂装头焊接成“T”形的构件。这种方法一体性强，可有效降低石材的安装破损；但由于其系用高温焊接制作而成，会因材料“退火”降低钢材承载强度，且焊缝、焊点处易产生锈蚀，石材装饰面易造成污染。该方法宜使用在低层或要求不很严格的建筑，否则应采用全冲压整体式干挂件。

4）背栓式干挂件（图9-6）。它是在每一块板的背面打孔嵌入锚栓，锚栓再与金属件、龙骨连接的固定方式。该方法属于机械式锚固结构，金属与金属、石材与金属均为硬性接触，抗温度变形能力相对较差，且安装用工较多。

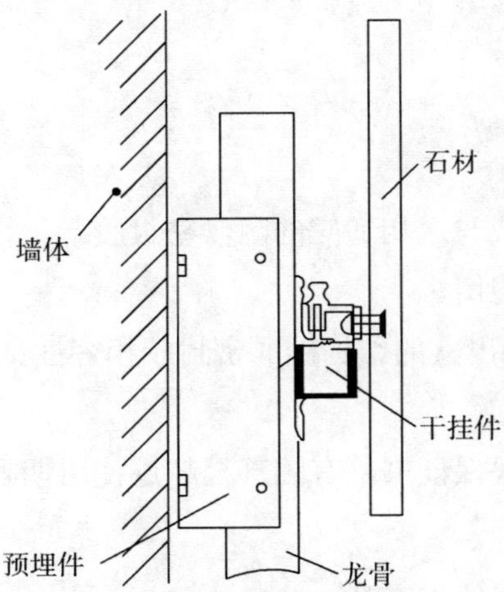

图9-6　背栓式挂装石材示意

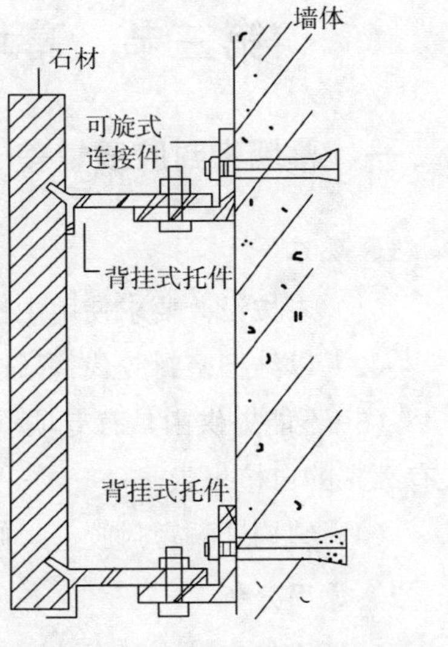

图9-7　背挂（隐藏悬吊）式石材干挂件安装示意

5）背挂式干挂件（图9-7）。该方法采用7075铝合金原料经挤压成型的轻质金属挂件，它可使每一块板材形成单独固定单元，板与板之间均为嵌缝软连接，不存在因相互连接而造成的应力积累、应力集中等附加应力，能充分利用板材的抗弯刚度，再加上挂件的表层用高压静电粉末喷涂，不会形成锈蚀与污染，广泛应用于永久建筑的外装修，尤其适用于在高层建筑和抗震建筑上使用。

（2）石材幕墙的应用范围：建筑高度不大于100m、设防烈度不大于8度的民用建筑。尽管标准给出了绝对限值，但实际设计施工中是要提倡尽量不大于30m，否则，必须采取可靠的技术措施。

（3）钢销式石材幕墙不得在8度抗震设计幕墙中应用，非抗震设计或6度、7度抗震设计使用时，幕墙高度不宜大于20m，石板面积不宜大于1.0m，钢销和连接板应采用不锈钢。上下用钢销的石材幕墙，应在石材的两个侧面或在石板背面的中心区另采取安全措施，并应考虑维修方便。

上下通槽式、上下短槽式的石材幕墙，均宜有安全措施，并应考虑维修方便。

小单元幕墙的每一块石板构件都应是独立的，且应安装和拆卸方便，同时不应影响上下、左右的构件。

（4）干挂件产品必须附有材质质量证书。施工现场应对干挂件的质量进行表面质量和尺寸的开箱检验：干挂件表面不得有气泡、裂纹、结疤、折叠、夹渣、端面分层、氧化层、变色等现象；冷加工后缺陷清理深度、配件厚度减薄量不得超过厚度公差的一半；冷压冲孔的边加工后不得有毛刺和毛边；高温焊接的干挂件不得有退火、氧化现象。

第三节　幕墙附件、连接件安装质量问题

一、幕墙密封胶质量差

1、现象

（1）未按设计要求使用中性结构硅酮密封胶或与之相适应的耐候密封胶。

（2）以结构密封胶代替耐候密封胶，或二者混用。

（3）不能提供由具有专项资质的试验检测机构出具的结构硅酮密封胶相容性试验报告，仅有厂家的自检报告。

（4）结构硅酮密封胶、耐候密封胶无耐用年限保证书，有的甚至超过使用期限。

2、原因分析

（1）承包商以次充好，以劣代优，使用了假冒伪劣产品。

（2）采购人员对结构密封胶、耐候密封胶的性能不了解，管理人员缺少必要的监管知识，造成工程的混用、误用。

（3）有意识降低费用，不按规定的程序、内容委托试验。

3、防治措施

（1）把玻璃固定到金属框上，将玻璃承受的风荷载、地震作用、自重和温度变化等预计环境力量通过胶来传递到金属框上的，其胶粘剂必须采用中性结构硅酮密封胶。强度、延性、粘接性能等力学性能要求是其重要的考量指标，其性能应符合现行国家标准《建筑用硅酮结构密封胶》（GB 16776）的规定。

（2）耐候密封胶主要有硅酮密封胶、氯丁密封胶和聚硫密封胶，它们之间的相容性差，不宜混用或配合使用。耐候密封胶主要用于外部建筑密封，耐大气变化、耐紫外线、耐老化则是其主要的考量指标。

（3）同一幕墙工程应采用同一品牌的单组份或双组分硅酮结构密封胶，采用同一品牌的硅酮耐候密封胶配套使用；不得用结构密封胶代替耐候密封胶，更不得用过期结构密封胶降级为耐候密封胶使用。

（4）硅酮结构密封胶进货前必须认真进行其与接触材料的相容性试验和性能检测。若无此报告，应督促承包商立即委托具有此项资质的检测机构进行专项试验，合格后方可使用。

（5）硅酮结构密封胶和硅酮耐候密封胶，自进场之日起直至幕墙施工结束，必须保证在有效期时间范围内使用。

（6）浅色、彩色、透明的硅酮结构密封胶的耐紫外线性能较差，只适用于室内工程；室外一般应采用黑色的。

（7）存放胶的环境，应满足温、湿度要求。

二、低发泡间隔双面胶带质量差

1、现象

（1）低发泡间隔双面胶带硬度不适中。

（2）低发泡间隔双面胶带厚度不符合设计要求。

（3）低发泡间隔双面胶带粘接不可靠。

2、原因分析

（1）低发泡间隔双面胶带型号选择不当。

（2）低发泡间隔双面胶带尺寸规格选择不当。

（3）低发泡间隔双面胶带存放不当或存放时间过长。

3、防治措施

（1）该胶带主要用于幕墙之间防风、防水的连接。根据玻璃幕墙的风荷载、高度和玻璃的大小并结合玻璃、型材的重量以及注胶厚度来选用双面胶带。当玻璃幕墙风荷载大于

1.8KN/m²时，宜选用中等硬度的聚胺基甲酸乙酯（又称聚氨酯）低发泡间隔双面胶带；当玻璃幕墙风荷载小于1.8kN/m²时，宜选用聚乙烯低发泡间隔双面胶带。

（2）考虑到玻璃粘接在金属框上时双面胶带会被压缩10%左右的现实情况，施工时，双面胶带的厚度应比结构胶的厚度大1.1倍，其宽度根据结构胶宽度和结构要求确定。

（3）低发泡间隔双面胶带应存放在洁净、无污染的环境里，并在保质期内使用。

三、预埋件安装质量差

1、现象

（1）幕墙立柱与混凝土结构连接的埋件，全部采用后置埋件。

（2）埋设位置偏差过大。

（3）预埋件加工粗糙，锚筋偏细或偏短、锚板不平整，焊接质量不符合要求。

2、原因分析

（1）缺少通盘考虑，主体结构施工完毕后才安排幕墙的设计和施工，没有做到事先预埋。

（2）预埋件位置放线不准确，定位不牢靠。

（3）施工单位对幕墙预埋件制作加工不重视，操作人员技术水平较差。

3、防治措施

（1）幕墙与主体结构连接的预埋件，应在主体结构施工时埋入，并确保其埋设牢固、位置准确；当没有条件预埋不得不采用后置埋件时，后置埋件应按要求做拔出力试验，通过试验决定其承载力，合格后方可作业。

（2）严格预埋件的测量定位。做好预埋件偏差情况记录，消除累积误差；预埋件确有遗漏、位置偏差过大时，应采取改正补强措施。

（3）预埋件的制作加工要按设计要求进行，焊工要有操作证，确保尺寸正确，形状规整，焊接符合设计要求。现场制作的预埋件，一般其钢板厚度不宜小于8mm，锚筋不少于4根，直径不小于8mm。

四、幕墙预埋件质量差

1、现象

（1）预埋件埋深不符合规范要求。

（2）预埋件加工不合格，锚板不平整，焊接不符合设计要求。

（3）预埋件埋设位置偏差太大。

2、原因分析

（1）设计人员对幕墙预埋件的重要性认识不足，对规范不理解。

（2）焊工技术水平差。

（3）预埋件位置放线不准确，定位不牢靠。

3、防治措施

（1）幕墙的预埋件设计要符合规范要求，如设计不合理，应要求修改设计，当主体结构设计不能满足埋设要求时，应要求修改主体结构设计。

（2）预埋件的加工要有专业人员进行，焊工要有操作证，要尺寸正确，形状规整，焊接符合设计要求。

（3）预埋件放置后，应按幕墙安装基准线校核预埋件的准确位置，然后用钉子牢固地将预埋钢板固定在模板上，并用铁丝将锚筋或构件主钢筋绑扎牢固，防止预埋件在浇筑混凝土时位置变动。也可以将预埋件或锚筋点焊在主钢筋上予以固定。拆模后，应尽早将预埋钢板表面的砂浆清除干净。

预埋件允许偏差：标高±10mm，轴线左右偏差±10mm，轴线前后偏差±10mm。

（4）必须做好预埋件偏差情况记录，预埋件有遗漏、位置偏差过大时，应采取修补办法，一般可采用化学粘着安卡螺栓（见图 9-8、图 9-9）。修补办法应得到监理工程师同意，修补后应检查并做好记录。

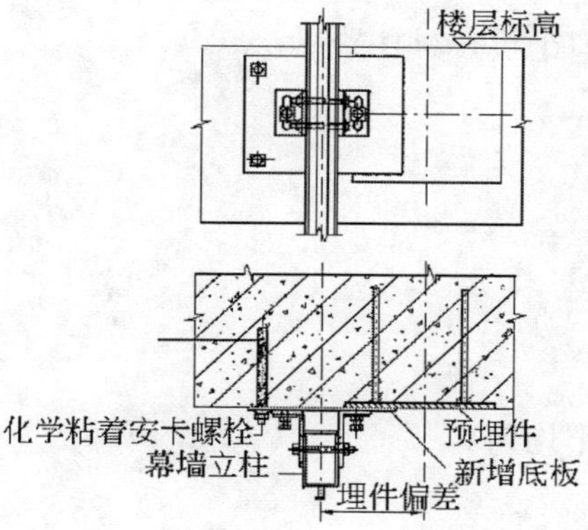

图 9-8　幕墙预埋件偏移修补

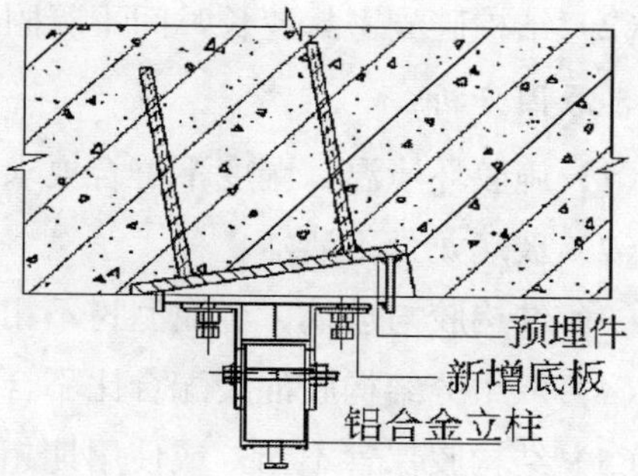

图 9-9　幕墙预埋件歪斜修补

五、构件式幕墙横梁与立柱安装质量差

1、现象

（1）立柱固定点间距过大。

（2）立柱接头构造处理不符合要求。

（3）横梁与立柱连接处不做弹性处理。

2、原因分析

（1）幕墙骨架设计不细致，对立柱、横梁的连接未做详细的交待。

（2）操作人员不了解节点构造，不按设计、规范要求施工。

3、防治措施

（1）测量放线应与主体结构测量放线相结合，水平标高要逐层自地面向上引测，以免累积误差；测量应在每天定时进行。应沿楼板外沿弹出墨线或用钢琴线定出幕墙平面基准线，确定立柱的前后位置，从而决定整片幕墙的位置。

（2）立柱作为竖向构件，是幕墙安装施工的关键。立柱通常为一层或两层楼高为一整根，上下接头之间应有不小于15mm的缝隙，采用芯柱连接（又称伸缩节，芯柱总长度不小于400mm，芯柱与下柱采用不锈钢螺栓固定），缝隙上下应做接地跨接，以适应和消除建筑挠度及温度变性的影响。连接件与预埋件的连接，立柱与主体结构的连接应每层设1-2个支承点，混凝土墙面应予加密。

（3）横梁作为水平构件，应分段在立柱中嵌入连接，横梁两端与立柱连接处应垫弹性橡胶垫，橡胶垫应有20～35%的压缩性。横梁的安装应自下而上进行，横梁与立柱用螺栓连接。

六、玻璃板与骨架粘结质量差

1、现象

（1）结构硅酮密封胶与玻璃、金属型材粘结力不符合设计要求。

（2）结构硅酮密封胶长时间不凝固。

2、原因分析

（1）施胶环境温、湿度不符合要求。

（2）玻璃龙骨不清洁。

（3）结构胶与玻璃、金属型材不相容。

（4）双组分结构胶混胶配合比不合理，混胶不均匀。

（5）结构胶保管不当，或使用期超过有效期。

3、防治措施

（1）打胶应在封闭、清洁的专用车间内进行，车间内应有空调设备，温、湿环境应符合工艺要求。

（2）使用的结构硅酮密封胶牌号应符合设计要求，并有相容性试验报告，使用的型材、玻璃、双面胶条应与相容性试验报告一致。结构硅酮密封胶应在保质期内使用。

（3）混胶机混胶应比例准确，混胶均匀。每班打胶前应采用蝶型试验检查混胶均匀性，采用折断试验检验胶的固化时间。

蝶型试验是将混合好的胶挤在一张白纸上，胶堆直径约20mm，厚15mm，将纸折叠，折叠线通过胶堆中心，然后挤压至3～4mm厚，摊开白纸，可见胶堆形成8字形蝴蝶形。

如果打开纸后见胶块有白色斑点、白色条纹，则说明结构胶没有充分混合，不能注胶，一直要到颜色均匀，充分混合，才能注胶。在生产全过程中，都要将蝴蝶试样编号记录。

折断试验亦称胶杯试验，用来检查双组分密封胶与固化剂的配合比例。在一个小杯中装入3/4深度的混合后的胶，插入1根小棒或1根压舌板，每5min抽一次棒，记录每次拔棒时间，一直到胶被扯断为止，此时间称为扯断时间。正常的扯断时间应为20～45min。应调整基剂与固化剂的比例，使扯断时间保持在上述范围内。

不论单组分结构胶还是双组分结构胶，均应留下剥离试验样品和切开试验样品。剥离试验样品是用清洁工序中同样的清洁剂清洁300mm×400mm的铝板或玻璃板，注上截面为15mm×15mm、长为200mm的胶条，准备作剥离试验。切开试验样品则在上述铝板或玻璃板上注上截面为70mm×6mm、长为150mm的胶带，以上两种试件都与板材按同条件养护。

（4）半隐框、隐框幕墙中对玻璃及支撑物的清洁工作应按下列步骤进行：把溶剂倒在一块干净布上，用干净布将粘结物表面的尘埃、油渍、霜和其他脏物清除，然后，用第二块干净布将表面擦干，对玻璃槽口可用干净布包裹油灰刀进行清洗。清洗后的构件，应在1h内进行密封，当再污染时，应重新清洗。清洗一个构件或一块玻璃，应更换清洁的干布。清洁时不应将擦布放在溶剂里，应将溶剂倾倒在擦布上，使用和储存溶剂，应用干净的容器。

（5）每次混合后开始注胶时，都要记录本批注胶开始的玻璃板材编号。停工时，也要记下最后一块板材的编号。在加工的玻璃板材上，清洁工与注胶工都应留下自己的工号以备查验，工号可用钢印打在铝框边缘。

（6）打胶后玻璃板块应水平静置养护，养护环境应清洁、平整、无振动，环境温度18～28℃，湿度为65%～75%较适宜：

要判断胶的固化程度，可利用混胶时留下的切口试验样品。切口胶体表面如果闪闪发光，非常平滑，说明尚未完全固化；反之切口胶体表面平整，颜色发暗，则说明完全固化，可以搬运。未完全固化的板块不能搬运，以免粘结力下降。经21d达到强度后，可用剥离试验检验其粘结力，试验时拉住胶样品一端，用刀在胶条中间开50mm，再用手拉住切口的胶条向后撕扯，如果沿胶体中撕开，则为合格；反之，如果在基材表面剥离，而胶体未被破坏，则说明粘结力不足，该批材料不合格。

（7）贮胶的房间温度不得过热或过冷，夏季不宜超过27℃。

七、幕墙立柱、横梁安装缺陷

1、现象

（1）立柱和主体结构连接不可靠，转接件没有防腐措施，转接件和立柱接触处没有绝缘垫片，连接螺栓没有防松措施，螺栓有松动。

（2）立柱和立柱对接没有伸缩缝，芯柱强度不能满足要求，芯柱太短。

（3）横梁和立柱连接不可靠，连接件强度不能满足要求，横梁和立柱间没有伸缩缝，连接螺栓没有防松措施，螺栓有松动。

（4）幕墙立柱、横梁安装尺寸误差超出允许偏差。

2、原因分析

（1）设计不合理，没有进行强度验算，没有考虑幕墙的伸缩性能。

（2）安装工责任心不强，工作不细心。

（3）测量仪器、量具不准确，测量方法不正确，施工放线有误差。

3、防治措施

（1）如设计不合理，应按规范要求修改设计。

（2）安装工要进行岗前培训，熟练掌握安装工艺，加强工艺监督，强化质量管理。

（3）测量仪器、量具要先鉴定后使用，施工放线要准确。

（4）立柱和主体结构联结的转接件一般采用 Q235 钢材加工，表面应采取热浸镀锌或其他防腐措施，转接件和立柱接触处应垫绝缘垫片，以防电化学腐蚀，连接螺栓要旋紧，要有弹簧垫圈或双螺母防松措施。

（5）立柱和立柱对接、立柱和横梁连接要留有合理的伸缩缝隙，立柱对接芯柱要和立柱等强设计，芯柱插入上下立柱的长度不小于 $2h_0$，h_0 为立柱截面高度。

（6）幕墙立柱、横梁安装尺寸允许偏差见表 9-1。

表 9-1　幕墙立柱、横梁安装尺寸允许偏差及检验方法

序号	项目	尺寸范围/m	允许偏差/mm	检查方法
1	相邻两竖向构件间距尺寸（固定端头）	—	±2.0	用钢卷尺检查
2	相邻两横向构件间距尺寸	间距≤2 间距＞2	±1.5 ±2.0	用钢卷尺检查
3	分格对角线差	对角线长≤2 时 对角线长＞2 时	3.0 3.5	用钢卷尺或伸缩尺检查
4	竖向构件垂直度	高度≤30 时 高度≤60 时 高度≤90 时 高度＞90 时	10 15 20 25	用经纬仪或激光仪检查
5	相邻两横向构件的水平标高差	—	1	用钢板尺或水准仪检查

续表

序号	项目	尺寸范围/m	允许偏差/mm	检查方法
6	横向构件水平度	构件长≤2 时	2	用水准仪或水平尺检查
		构件长＞2 时	3	
7	竖向构件直线度	2. 5	用 2m 靠尺检查	
8	竖向构件外表面平面度	相邻三立柱	≤2	用激光仪检查
		宽度≤20	≤5	
		宽度≤40	≤7	
		宽度≤60	≤9	
		宽度＞60	≤10	
9	同高度内主要横向构件的高度差	长度≤35	≤5	用水准仪检查
		长度＞35	≤7	

八、后置锚固件施工质量常见问题

1、现象

（1）幕墙连接在砖石砌体上或与轻质墙连接。

（2）混凝土基材崩裂，造成锚固失效。

（3）锚固件使用时松动。

（4）后置埋件埋设深度不够。

（5）后置锚固件的施工和现场抗拉拔力测试还存在问题。

2、原因分析

（1）轻质墙体上安装后锚固件，有的工程楼层跨度较大，立柱的挠度计算或强度计算未能通过，因此有的设计人员则在上下层梁之间增加一个支点，如果这一支点是在钢筋混凝土（或钢结构）构造梁（柱）上是有效的。有的框架结构建筑物其砌体通常都选用轻质填充墙，若把增加的支点放在轻质填充墙上，即使是采用钢板加穿墙螺栓，也则无法起到有效的支承作用。所以规范规定：幕墙不应连接在砖石砌体上，更不得与轻质墙连接。

（2）锚固基体不实不可靠，如混凝土体基材强度不够，边距不够，都会导致混凝土基材崩裂造成锚固失效。

（3）后置锚固件偏位。钻孔经常遇到钢筋时产生偏位和偏斜，还有孔洞粉屑碎渣清除不净，造成锚固件使用时松动。

规范规定：后加螺栓必须在现场进行单体拉拔试验和节点（群体）拉拔试验，试验所加荷载应达荷载设计值的 1. 5 倍而无明显滑移，必要时应在检测单位进行极限拉拔试验。

试验的结果应与设计计算进行校核，要求锚栓承载力设计值不应大于其极限承载力的50%。

（4）后置埋件埋设深度不够。后置埋件的应保证其最小的有效埋入深度，并应是去除粉刷层后的深度。参见图 9-10。

图 9-10 去除粉刷层（20mm）埋深不够

1）有的工程没有预埋件，采用多种规格的化学螺栓作为处理后置预理。在可观察到的部位，螺栓的外露长度不一，有的明显感到螺栓与混凝土基体的有效接触长度不够。在旧楼改造时，墙面存在粉刷层（正常情况下为 20mm），螺栓埋设有效深度还应考虑粉刷层厚度。如有一旧楼改造工程，原墙面是贴面砖，为补偿结构构造的不垂直，采用增加墙面粉刷层厚度方法，使其厚度最大可到 7～10mm，如果此工程采用化学螺栓作为后置埋件应非常谨慎，应采用穿墙螺杆加锚板或采用其他可靠的连接方法。

2）有的工程仅在试验室用试块上进行拉拔力检测，没有进行现场拉拔力检测，或仅进行其中 1～2 种螺栓检测，如某一工程使用 4 种不同规格化学螺栓，而只有 2 种规格的螺栓进行检测。

3）螺栓现场拉拔力检测数量不够，有的工程仅进行一组（3 件）象征性的检测。

按规定螺栓现场拉拔力检测应在同型号、同规格、基本相同的部位组成一个检验批，抽批数量按每批螺栓总数的 1‰，且每批不少于 3 个。

4）对检测结果没有与设计计算进行校核。确保锚栓承载力设计值不应大于其极限承载力的 50%。

（5）槽形预埋件问题

槽型预埋件具有调节性好、连接灵活、无须焊接和易干埋的优点，已经在广泛的建筑幕墙工程上使用，但槽型预埋件与其他预埋件一样，埋设时也容易偏移、倾斜和进入结构墙体内等故障。参见图 9-11。

图 9-11　墙面不平造成接触不良螺钉垫片应加大、加厚

第十章　涂饰工程

第一节　涂饰工程观感质量问题

一、漆膜发花

1、现象

浮色是指涂装后，湿漆膜中的颜料呈水平方向层状分离；漆膜中多种颜料的一种或几种以较高的浓度集中于表层，呈均一的分布，但却与原配方的颜色有明显的差别。发花是指涂装后漆膜中存在多种颜料的不均匀分布，通常呈条状斑纹或蜂窝状，可以理解为颜料在垂直方向发生分离。参见图 10-1、图 10-2。

图 10-1　漆膜发花

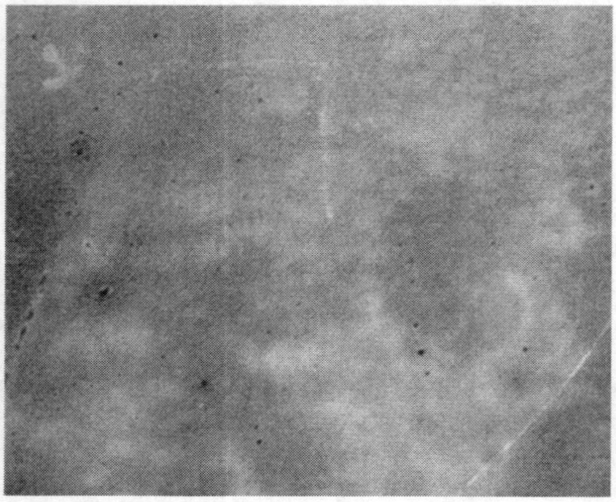

图 10-2　漆膜发花

2、原因分析

（1）漆料中颜料密度及粉粒大小不同，重的下沉，轻的上浮；颜料的湿润性不好，与液料不易混合，颜料中仍含有空气，因而上升；颜料的吸潮性大，如炭黑与铁蓝很容易在空气中吸收水气，并在漆膜面上出现不同颜色的斑纹、丝纹；颜料的溶解性大，如有机颜料大红粉易泛金光；由于颜料粉粒接近胶体微粒细度而凝聚；颜料的吸油量大的，以及使用桐油、梓油等都易产生浮色发花现象。

（2）溶剂过多或选择不当，溶解性过强会使漆料黏度急剧下降，漆料黏度低会引起颜料粒子沉降速度加快，出现粒径不同的颜料粒子的沉降差，引起漆膜颜色发花。

（3）施涂时，漆料未调合搅拌均匀就进行涂饰。刷子毛太粗、太硬，涂刷时易出现浮色和走线现象。

3、防治措施

（1）选择优良的漆料。对于新材料要试验后使用。遇有浮色发花的漆料，应针对浮色发花原因加入适量的浮色发花防止剂（表面活性剂类、流平剂类、增稠流变剂类、复合类），如铝脂磺酸盐、干酪素、乙基纤维素、聚乙烯醇等，或加入适量的润湿剂，如甲基硅油，或加入适量的低沸点溶剂，或将色漆贮存一定时间再用。

（2）使用含有密度大的颜料，宜选用软毛漆刷。涂刷时，要经常反复搅拌均匀，以防止沉淀。

4、治理方法

对于有浮色发花弊病的涂层，可以选择优良的漆料，用软毛漆刷再涂刷一遍面漆。

二、涂料流挂

1、现象

油漆饰面上漆膜干燥后收缩，形成皱纹，出现流坠现象。参见图10-3。

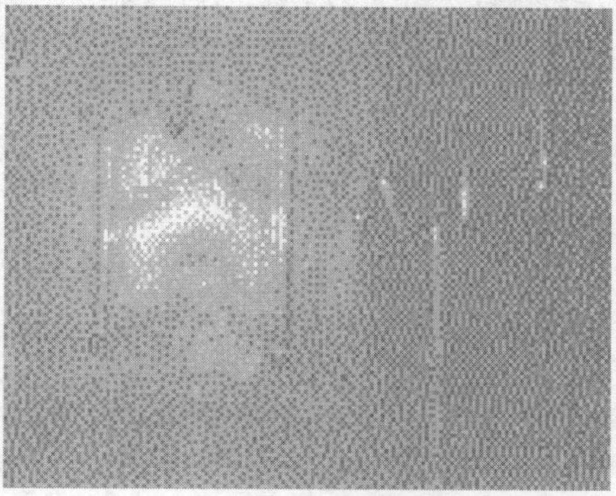

图10-3　涂料流挂

2、原因分析

（1）施工环境不适宜，刷漆时或刷完后遇高温、太阳曝晒，或底漆过厚，或在长油度漆膜上加涂短油度漆，以及催干剂加得过多等，使漆膜内外干燥不同步，沿漆表面先干燥结膜，内部后干燥，即“外干里不干”，就会形成漆膜表面皱纹。

（2）涂料中加稀释剂过多，或涂刷的漆膜太厚，或选用的漆刷太大，或喷嘴孔径太大，喷枪距离物面太近，或漆料中含重质颜料过多，或刷漆时温度过低，湿度过大等均会造成油漆流坠。

3、防治措施

（1）要重视漆料、催干剂、稀释剂的选择。一般选用含桐油或树脂适量的调和漆；催干剂、稀释剂的掺入要适当，宜采用含锌的催干剂。

（2）要注意施工环境温度和湿度的变化，高温、日光曝晒或寒冷，以及湿度过大一般不宜涂刷油漆；最好在温度15℃～25℃，相对湿度50%～70%条件下施工。

（3）要严格控制每次涂刷油漆的漆膜厚度，一般油漆为50～70μm，喷涂油漆应比刷漆要薄一些；要避免在长油度漆膜上加涂短油度漆料，或底漆未完全干透的情况下涂刷面漆。

（4）对于粘度较大的漆料，可以适当加入稀释剂；对粘度较大而又不宜稀释的漆料，要选用刷毛短而硬、且弹性好的油刷进行涂刷。

4、治理方法

（1）对已产生漆膜皱纹或油漆流坠的现象，应待漆膜完全干燥后，用水砂纸轻轻将皱纹或流坠油漆打磨平整。

（2）对皱纹较严重不能磨平的，需在凹陷处刮腻子找平。

（3）在油漆流坠面积较大时，应用铲刀铲除干净，修补腻子后打磨平整，然后再分别满刷一遍面漆。

三、漆膜色差

1、现象

漆膜表面有色差。

2、原因分析

（1）施工方法不一（施工工具，施工手法不同）。

（2）色浆选用不合理，涂料展色性差。

（3）底材表面状况不一。

（4）漆膜厚度不均匀。

（5）产品批次之间色差。

（6）产品光泽不同。

3、防治措施

（1）同一工程尽可能使用同种施工方法。

（2）施工前要确保底材符合要求。

（3）不同批次的产品不要在同一面墙上施工，可混合均匀后施工。

4、治理方法

消除色差的原因后，严格按工艺重涂。

四、漆膜呈白雾状

1、现象

漆膜干燥后表面无光泽，或有一层白雾状物凝聚在漆膜上。参见图 10-4。

图 10-4　漆膜颜色呈白雾状

2、原因分析

（1）物面不平整或物面吸油不一致而失去光泽。

（2）底漆未干透就涂饰面漆，面漆中的强力溶剂使底漆回软，失去光泽。

（3）漆质不良或稀释剂过量，使漆膜光泽不能持久。

（4）油漆未干受到烟熏，或水蒸气凝结在漆膜中。

（5）施工环境温度太低，涂刷的油漆干后也容易失去光泽。

（6）湿度太大（相对湿度 80%以上），挥发性漆膜吸收水分后泛白失光。

3、防治措施

（1）加强腻子基层表面光滑处理，主要用腻子批刮光滑，并选用优良漆料，不得任意加入稀料。

（2）涂刷油漆时，必须在前遍漆干透后再涂刷下遍漆。

（3）选择良好施工环境，潮湿或烟雾大的情况下不宜施工。

（4）涂刷挥发性漆时，宜在相对湿度 60%～70%环境下进行。

五、漆膜有针孔

1、现象

漆膜上出现圆形小圈，形成周围向中心凹陷的病态，状如针刺的小孔（较大的像麻点），称为针孔。一般是以清漆或颜料含量比较低的磁漆，用喷涂或滚涂法涂装时容易出现；硝基漆、聚氨酯漆施工时，漆膜经常会出现针孔，即在涂刷的物面上留下的一滴滴小气泡，经打磨后易破，留下犹似针孔般的小洞，针孔降低了漆膜的密闭性和抗渗透性，影响了漆膜的寿命和美观。参见图 10-5。

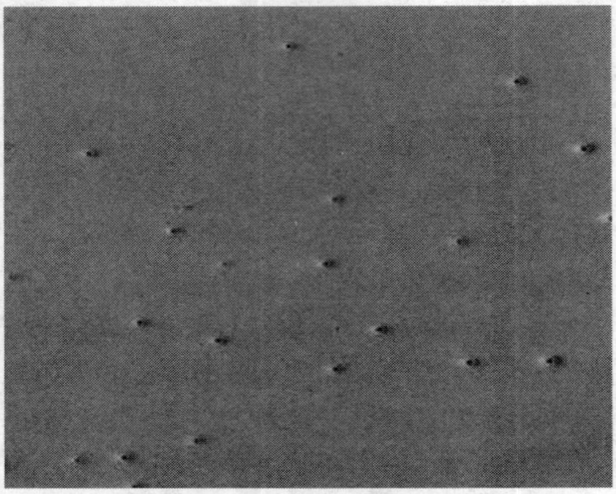

图 10-5 漆膜表面出现如针状大小的小孔

2、原因分析

（1）一般原因

1）溶剂搭配不当，低沸点挥发性溶剂用量过多。涂漆后在溶剂挥发到初期结膜阶段，由于溶剂的急剧挥发，使漆液来不及补充空档，而形成一系列小穴及针孔。溶剂使用不当或温度过高，如沥青漆用汽油稀释就会产生（部分树脂析出）针孔，经烘烤时则更严重。

2）烘干型漆进入烘箱太早或烘烤不均匀，特别受高温烘烤时，漆液本身来不及补足空档。

3）施工不够细致，腻子层不光滑，未干透；或底层污染，或未涂底漆或二道底漆，急于喷面漆。硝基漆比油基漆更容易出现针孔。

4）施工环境湿度过高，喷涂设备油水分离器失灵带有水分，喷涂时水分随压缩空气经由喷嘴喷出，也会造成漆膜表面针孔，甚至起水泡。或者喷嘴距物面距离太远，压缩空气的压力过大，都容易出现针孔。

（2）硝基漆面出现针孔

1）配制漆料的稀释剂不佳，含有水分、挥发不匀衡。

2）涂刷或喷涂操作不佳，湿漆膜中混入空气。或漆层厚薄不一致，在漆膜干燥前不能流平，较厚的部位出现针孔。

（3）聚氨酯漆面出现针孔

1）被涂物或漆料、溶剂中含有水分，木材的含水率过高，腻子或底漆未完全干透，均易产生针孔。水分能与聚氨酯漆中的异氰酸酯反应，生成不稳定的氨基甲酸，它随即分解成胺而放出二氧化碳。二氧化碳从漆膜逸出时，使漆膜形成针孔。

2）填孔不良，如没有将木材表面的管孔填实，封闭底漆时未刷匀、没干透，空气从木材中逸出。

3）漆料中加入低沸点溶剂或干燥剂过多。

4）漆膜太厚，而表面结膜太快，致使外干内不干，溶剂挥发时易使漆膜出现针孔。

3、防治措施

（1）一般性防治措施

1）注意溶剂的搭配，控制低沸点溶剂的用量。施工黏度不宜过大。漆料搅拌后，应停置一段时间，待气泡消除后再使用。对于不同品种要采用不同办法，如沥青漆出现针孔时可用喷灯微温膜面，纤维漆中可加入一些甲基环己醇硬酯酸或氯化石蜡；在酯胶清漆中加入 10%的乙基纤维，既能防止针孔又改进了干性和硬度；对于过氯乙烯漆，可调整溶剂的挥发速度，来防止针孔的产生。

2）烘干型漆液黏度要适中，涂漆后在室温下静置 15min，烘烤时先以低温预热，后按规定控制温度和时间，让溶剂能正常挥发。沥青烘漆用松节油稀释，涂漆后静置 15min，烘烤时先以低温 30min，然后按规定控制温度和时间。

3）腻子涂层要刮光滑，喷漆前涂好底漆，再喷面漆。如要求不高，底漆刷涂比喷涂好，刷涂可以填补针孔。

4）喷涂面漆时，施工环境相对湿度以 70%为宜，检查油水分离器的可靠性，压缩空气需经过滤，杜绝油和水及其他杂质。

（2）硝基漆施工

1）匀称。

2）涂刷须均匀，漆层厚薄一致，在涂刷后的漆膜面上用排笔轻轻飘掸一下，以减少小气泡。遇有较为深凹的小针孔，即用棉球蘸腊克（硝基清漆、外用硝基清漆）在腊克面上揩平整即可。

（3）聚氨酯漆施工

1）被涂物必须充分干燥，木制品的含水率不得大于 12%。

2）腻子、底漆必须完全干燥后才能上漆。

3）加入漆中的溶剂，不能含有过多的水分，使用前必须先进行水分含量的测试。最简单的方法是将 1 份溶剂倒入 20 份 200 号溶剂汽油里，如果出现浑浊，则该溶剂水分含量过多。

4）增加溶解力强、挥发速度慢的高沸点溶剂。

5）不平整的漆膜不用水砂磨，因为砂磨后的漆面，水分不一定能从板面逸出，残留在物面上的水分会使下一道漆面产生针孔。

6）施工时，每次涂漆不可太厚。

4、治理方法

轻度的针孔须及时整治，如在漆面上用排笔轻轻飘掸一下。硝基漆针孔可用棉球蘸腊克在腊克面上揩平。沥青漆针孔可用喷灯微温膜面。严重的针孔应返工重做。

六、辊筒刷痕

1、现象

指漆膜上有明显的刷痕，使光泽减低，脏物容易积存。参见图 10-6。

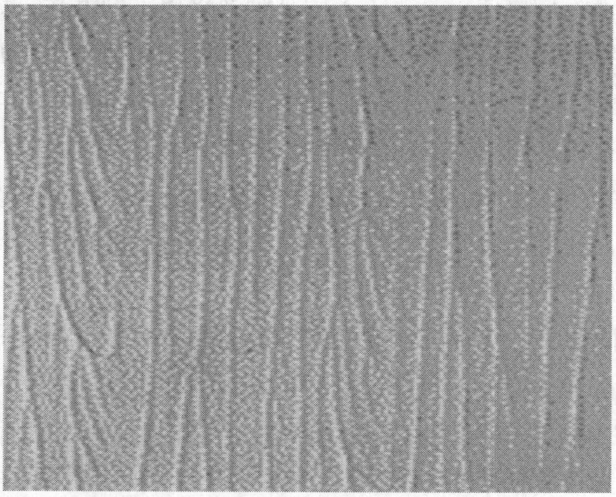

图 10-6　漆膜上刷痕明显

2、原因分析

（1）使用低质辊筒，辊筒毛长选择不当，辊筒使用技巧不佳。

（2）刷毛太硬或刷子使用时间过长，留有残漆。

（3）底层油漆没有涂好和干燥，在底层软漆膜上涂漆。

（4）涂料粘度高，未合理稀释。

（5）使用低质涂料。

（6）施工环境湿度高。

（7）一次上料太多。

3、防治措施

（1）使用优质的辊筒，选择适当长短的辊筒毛。

（2）停刷油漆时要仔细、正确。

（3）将刷子清洗干净或更换新刷。

（4）确定前一涂层干燥后再涂漆。

4、治理方法

（1）用湿布擦去所有的刷痕，或加少量水稀释至刷痕消失。

（2）打磨平整后重涂一道。

七、漆膜表面呈现许多半圆状突起

1、现象

漆膜表面呈现出许多半圆状突起，形如桔子皮。参见图 10-7。

图 10-7　漆膜表面呈现半圆状突起

2、原因分析

（1）在喷涂时，漆的黏度过大，压力太高，喷嘴太小，喷枪与物面距离远近不合适，以及施工温度太高或太低，都会使漆膜来不及流平就干燥而形成桔皮。

（2）低沸点的溶剂用量太多，漆料处于静止液态的膜层中，由于高挥发分溶剂急剧挥发，产生强烈对流，引发“贝纳德涡流”，使膜层破裂成四周凸起、中部凹陷的小穴，未及二度流平已经表面干结，造成粗糙桔皮弊病。

3、防治措施

（1）漆料与稀释液要配套，注意稀释剂中高低沸点溶剂的搭配。选用由脱水硝化纤维素和蒸发慢的溶剂配合起来的漆料，或采用沸点较高的溶剂（如环己酮）。黏稠的硝基漆应采用无苯稀释剂（或低毒苯类，如二甲苯或其代用品）适当对稀。过氯乙烯漆的施工黏度，如采用小口径喷枪，应比硝基漆的施工黏度低得多，一般可按原漆量的30%～60%过氯乙烯漆稀释剂来对稀使用。

（2）使用流平剂可以降低漆料的表面张力，防止“贝纳德涡流”的出现，使表面光滑平整，色彩均匀。

（3）施工现场温度应在20℃左右。喷漆使用压力不宜太高，黏度适中，喷嘴略大一些，喷枪与物面保持适当的距离。刷漆时，黏度也不宜过大，防止产生桔皮。

4、治理方法

有桔皮弊病的漆膜，用水砂纸将凸起部位磨平，凹陷部位抹补腻子，再满涂饰一遍面漆。

八、涂膜表面呈现泡沫及凹坑状

1、现象

在涂料施工和干燥的过程中产生气泡（泡沫），当气泡在漆膜中破裂后，形成了小而圆的凹坑（缩孔）。

2、原因分析

（1）摇动了未装满的涂料罐。

（2）使用了劣质或存放时间过久涂料。

（3）涂装（特别是辊涂时）速度太快。所用辊筒的绒毛长度不合适。

（4）在多孔表面上使用了高光或半光涂料。

3、防治措施

（1）使用优质涂料，所有涂料在涂装时都会产生一定程度的泡沫，而优质涂料会使气泡在涂料未干时破裂，从而得到良好的流平性和外观。

（2）避免过度辊涂或刷涂，或不要使用存放一年以上的涂料。

（3）涂装高光或半光涂料时要用短毛辊筒。

（4）在多孔的表面上涂装时，要上一道合适的封闭剂或底漆。

4、治理方法

有问题的地方在重新涂转前要先打磨。

九、漆膜粗糙、表面起粒

1、现象

油漆涂饰在物体上，漆膜中颗粒较多，表面粗糙，不但影响美观，还会造成粗粒凸出，部分漆膜提前损坏。各类漆膜都可能出现此类毛病，但油脂漆的漆膜较软、较粗糙，酚醛树脂漆的漆膜较脆，都比较容易产生小颗粒。有光漆由于外表面光滑，毛病最明显；亚光漆次之，无光漆不易发现。在光滑的基层上涂刷高级有光漆，要比在粗糙面上涂刷一般油漆容易发现。

2、原因分析

（1）漆料在调制过程中，研磨不够、用油不足等，都会产生漆膜粗糙；有的漆料调配时细度很好，但涂刷后即现出斑点，如酚醛与醇酸清漆，混色漆中蓝色、绿色及含铁蓝等漆料容易产生粗糙。

（2）漆料调制搅拌不均匀，或贮存时产生凝胶，油漆变质，过箩（或筛）不细致，将杂质污物混入漆料中；调配漆料时，产生的气泡混在漆内未经散开即施工，尤其在天气寒冷时，气泡更不易散开，漆膜在干燥过程中即产生粗糙。

（3）误将两种以上不同性质的漆混合，干燥快的漆即刻发生粗糙，有的在涂完后才发现漆膜表面粗糙。用喷过油性漆料的喷枪喷硝基漆料时，溶剂将残留漆膜咬起成渣带入硝基漆料里。

（4）施工环境不清洁，空气中有灰尘；刮风时将砂粒等飘落于漆料中，或沾在未干的漆膜上。

（5）涂刷油漆前，物体表面打磨不光滑，木毛、灰尘、砂粒未清除干净。油漆磨退不彻底。

（6）漆桶、刷子等工具不洁净，油漆表面沾有漆皮或其他杂物；油漆底部有灰砂，又未经过箩（或筛）就使用，都会使漆膜粗糙。

（7）使用喷涂方法时，枪口小、气压大，喷枪与物面距离太远，温度较高，漆粒未到达物面已开始干结，或将灰尘带入油漆中，使漆膜产生粗粒。

3、防治措施

（1）选用优良的漆料；贮存时间长的、材料性能不明的漆料，应做样板试验后再使用。

（2）漆料必须调制搅拌均匀，并过箩（或筛）将混入的杂物除净，等待气泡散开后再使用。

（3）注意漆料的混溶性，对于两种以上型号、性能不同的漆料，即使颜色相同，也严禁混合使用，只有相同性质的漆料才可混合在一起，喷硝基漆宜用专用喷枪。

（4）刮风或有灰尘的场所不得进行施工，刚涂刷完的油漆应防止尘土污染。

（5）基层在涂饰前，凸凹不平部位应刮抹腻子，并打磨光滑，擦去粉尘后再涂刷油漆。对有磨退要求的工艺，应用水砂纸认真打磨，达到要求的遍数。

（6）漆桶边缘不应有旧漆皮，并经常保持洁净。未使用完的油漆，其表面应加些溶剂，或用纸、塑料布遮盖，防止结皮或灰砂等落入。

（7）选用适宜的气压、喷枪口径及喷枪与物面的距离，熟练掌握喷涂施工方法，防止喷漆未到达基层表面就已干结成小颗粒。

（8）当发现底漆膜有粗粒时，应先进行处理后，再涂刷面漆。

4、治理方法

（1）漆膜出现颗粒，一般应待漆膜彻底干燥后，用细水砂纸蘸温肥皂水，仔细将颗粒打平、打滑、抹干水分、擦净灰尘（为避免划伤表面、遗留粉尘，不可使用普通砂纸干磨），在保证漆料质量的前提下，重新涂饰一遍。硝基漆面，可用棉纱团蘸稀释的硝基漆擦涂几次，再抛光处理。

（2）对于高级装修，可使用水砂纸或砂蜡打磨平整，最后上光蜡（汽车光蜡）或使用抛光膏出亮，消除粗糙弊病，提高漆膜的光滑及柔和感。

十、喷涂抹灰花纹不匀

1、现象

喷涂抹灰花纹不匀，局部出现流淌、接槎明显。参见图 10-8、图 10-9、图 10-10。

图 10-8　喷涂抹灰面接槎明显

图 10-9　喷涂抹灰面局部出现流淌

图 10-10　喷涂抹灰花纹不匀及表面裂

2、原因分析

没有按照下列质量标准作业：

（1）选用喷浆的品种、型号和性能应符合设计要求。

（2）选用喷浆的颜色、图案应符合设计要求。

（3）喷涂工程应涂饰均匀、粘结牢固，不得漏涂、透底、起皮和掉粉。

（4）喷涂工程的基层处理应符合：

1）新建筑物的混凝土或抹灰基层在喷涂前应刷抗碱封闭底漆。

2）混凝土或抹灰基层喷溶剂型涂料时，含水率不得大于 8%；喷乳液型涂料时，含水率不得大于 10%；木材基层的含水率不得大于 12%。

3）基层应平整、坚实、牢固、无粉化、无起皮和无裂缝。

（5）质量和检验方法应符合表 10-1 的规定。

表 10-1　质量和检验方法

项次	项目	中级	高级	检验方法
1	颜色	均匀一致	均匀一致	观察
2	泛碱、咬色	允许少量轻微	不允许	
3	流坠、疙瘩	允许少量轻微	不允许	
4	砂眼	允许少量轻微砂眼	无砂眼	
5	装饰线、分色直线度允许偏差（mm）	2	1	拉 5m 线，不足 5m 拉通线，用钢直尺检查

3、防治措施

（1）基层应干湿一致。

（2）喷枪压力宜控制在 0. 4～0. 8MPa 范围内。

（3）喷涂时喷枪与墙面应保持垂直，距离宜在 500mm 左右，匀速平行移动，两行重叠宽度宜控制在喷涂宽度的 1/3。

（4）喷涂应连续作业，保持工作软接槎，不到分格缝处不得停歇。

第二节　涂饰工程其他质量问题

一、涂料褪色

1、现象

涂料有褪色现象。参见图 10-11。

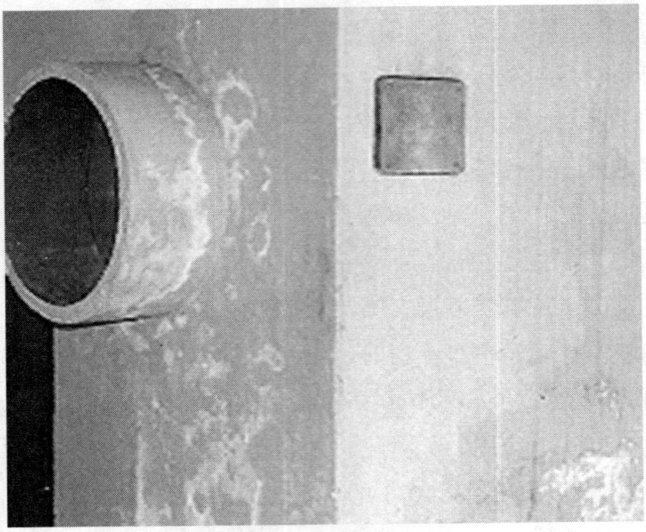

图 10-11 涂料褪色

2、原因分析

（1）没有使用底漆。

（2）漆膜粉化、泛碱引起。

（3）基底碱性过大，有裂缝产生。

（4）色浆耐碱性差。

（5）色浆耐候性差。

3、防治措施

（1）选用耐候性、耐碱性好的色浆。

（2）处理好基面。

二、漆膜粉化

1、现象

漆膜粉化是随着失光以后发生的一种弊病，是指暴露在大气的漆膜表面上出现疏松的细粉层，并脱落的现象，倘用手摸之，粉粒便粘于手上。这是因为含有颜料漆膜中的成膜物质——胶粘剂被破坏，其中的颜料就不能牢固地继续留在漆膜内，而从漆膜中脱离，产生一个粉末层，这种现象称为“粉化”。粉化起始于表面，每次脱粉很少，下面漆膜仍可保持完整。随着粉化过程的不断深入，全部漆膜将被破坏。参见图 10-12。

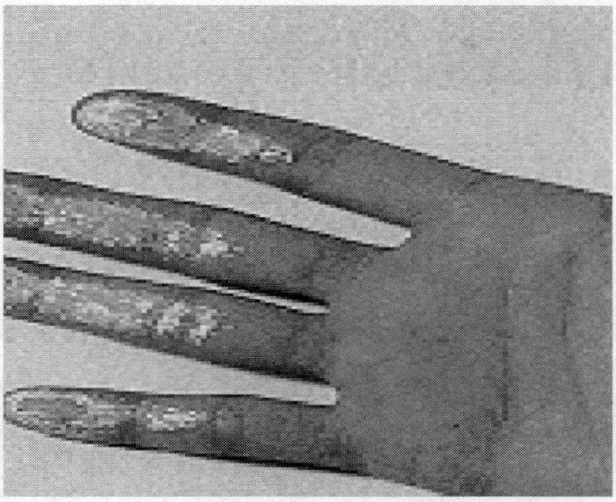

图 10-12　涂膜粉化

2、原因分析

（1）漆膜受紫外线、氧气、水气、腐蚀性气体、化学药品的作用，使颜料颗粒失去漆料的粘附力，或颜料本身分解。经长期曝晒后，铁红制漆的漆层容易产生粉化现象，特别是颗粒度较小的铁红粉化速度更快，所以要提高耐候性应选择颗粒度较大的铁红，但又容易使漆层光泽下降。

（2）在封闭不充分，有吸收能力的物面上涂漆料。

（3）在室外暴露的部位使用高色料醇性漆料、酚醛、环氧、沥青、聚氨酯漆等，或在室外使用室内漆料。其耐候性差，会出现提早粉化。

（4）不同种类的油漆混用，相互影响。

（5）施工涂层太薄。

（6）在低温下施工。

（7）将涂料过量稀释。

（8）未使用底漆。

（9）底材吸水过快。

（10）施工时湿度过大。

（11）选用劣质涂料。

3、防治措施

（1）涂饰时选用质量较高的漆料，不可随意稀释漆料，漆膜应达到足够的厚度，漆膜未干透不允许遭受雨淋日晒；还可加入一些碳酸钡等作防粉剂。

（2）修补填孔后可用树脂色浆等材料封闭有吸收能力的物面，并修补填孔。

（3）正确选择漆料，注意将室内和室外漆料分开。室外家具要尽可能避免日光曝晒。

（4）油漆应配套使用，不同种类的油漆不能混用。

4、治理方法

漆膜粉化之后，已失去装饰和保护功能。应查找原因，铲除病膜，返工重做。

三、漆膜龟裂

1、现象

在漆膜表面上出现类似鳄鱼鳞片的规则裂纹的现象。参见图 10-13、图 10-14。

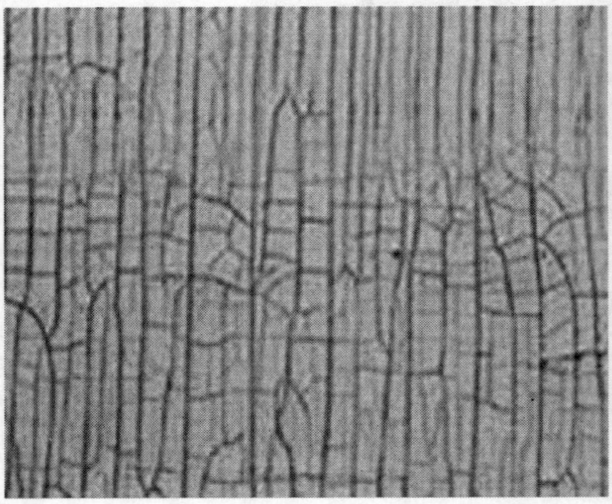

图 10-13 漆膜龟裂

图 10-14 漆膜龟裂

2、原因分析

（1）涂装时一次施涂过厚。

（2）在柔韧性较强的涂层（如乳胶底漆）上涂装了硬度极高的涂料（如醇酸磁漆）。

（3）在底漆未干时就涂面漆。

（4）油性涂料由于温度的波动而自然老化；持续的伸缩导致涂膜丧失了弹性。

（5）外墙涂料如采用平涂，就会使原抹灰裂缝（龟裂现象）更加突现和明显，采用喷涂工艺则利用光影效果使表面龟裂现象不再明显。

（6）东西山墙面因日照时间长，会更容易使裂缝产生。

3、防治措施

（1）选用合适的配套体系。

（2）严格控制重涂时间。

（3）按产品要求的施工温度施工。

（4）选用不易开裂的优质涂料。

（5）除了线条之外，大面墙面漆尽可能采用喷漆工艺，不可用平漆工艺施工。（除特殊要求且有可靠防开裂措施之外）。

(6)东西山墙(日光照射不到的东西山墙除外)为了防止因日照时间长所产生的裂缝，在底面层腻子之间要加一道纤维网格布用于加强防开裂措施。参见图 10-15。

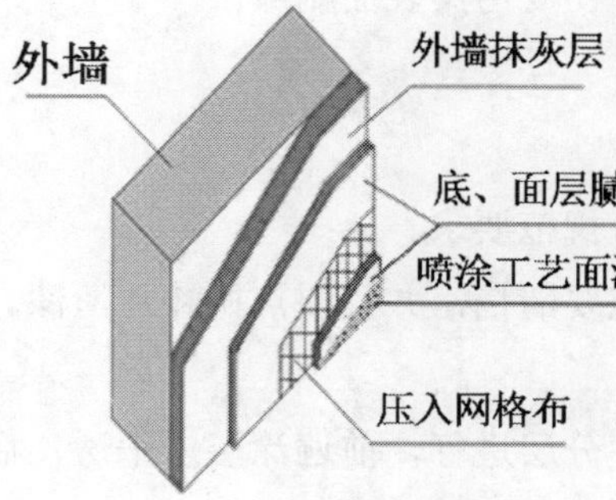

图 10-15　外墙涂料面层压入网格布构造做法示意图

4、治理方法

将旧漆膜彻底铲除并打磨表面。大面积施工时，可以使用热喷枪来提高施工效率，但注意避免点燃涂料或基材。表面要用优质乳胶漆或油性底漆打底，再涂装高质量的外墙用乳胶漆。

四、漆膜起泡

1、现象

由于漆膜局部失去附着力，与基材表面分离而鼓泡的现象。参见图 10-16。

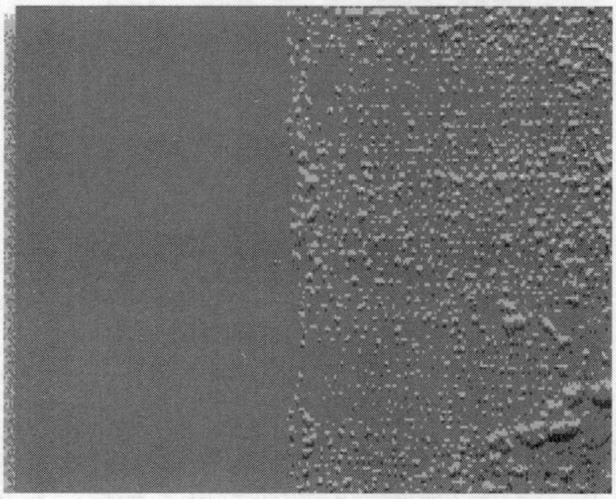

图 10-16　漆膜起泡

2、原因分析

(1)油漆涂饰太厚，漆膜表面已干燥而稀释剂还未完全挥发，则将漆膜顶起，形成气泡。

(2)环境温度太高或日光强烈照射，底漆未干透就罩上面漆，底漆干结就产生气体，将漆膜顶起。

（3）基层含水率较高，有的木材含有松香及挥发油，受热蒸发产生气体，漆膜顶起。

（4）基层处理不干净，在受污染表面刷漆。

（5）使用耐水差的腻子。

3、防治措施

（1）基层含水率要符合规范要求。

（2）木料的松脂和结疤要清扫，并且要点刷漆片清漆。

（3）不在高温下施工。

（4）涂漆不宜太厚，并分层进行，前遍涂层未干透，后遍不得涂刷。

4、治理方法

已起泡的涂层，要彻底清除，补好腻子，重新涂刷。

五、漆膜开裂、剥落

1、现象

漆膜干透后表面出现裂纹。参见图 10-17。

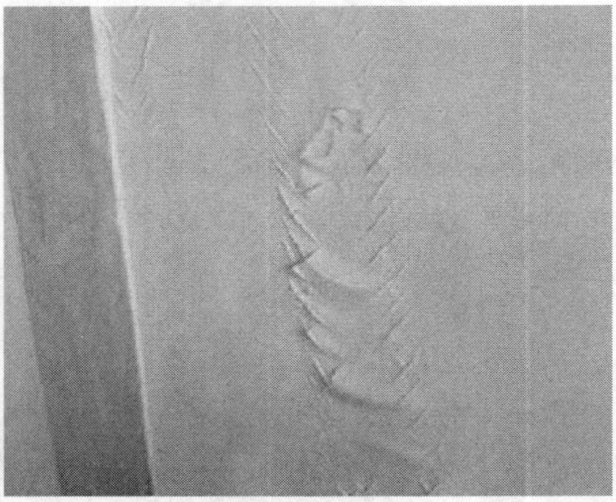

图 10-17　漆膜开裂

2、原因分析

（1）表面不洁，沾有油污、水分或污物。

（2）底层表面太光滑，底层打磨不充分或没打磨，如底层用聚酯漆，因为其硬度高，光泽好，手感好，打磨不充分，如同在玻璃上涂漆，自然导致层间附着差、剥离。

（3）底漆不配套或配套性差，如用聚酯漆打底，打磨不充分；用硝基打底而硝基漆未完全干透就使用含有强溶剂相对较多的中涂漆导致不明显咬底甚至面漆开裂；在受木械作用或温、湿度变化时里外层膨胀系数不同而导致开裂。

（4）底漆未干透就涂面漆，或第一层面漆过厚，未经干透又复涂第二层面漆，使两个涂层伸缩不一致。

（5）水泥底层未经充分干燥，pH 值过于（碱性过大）。

（6）施工环境恶劣，温度过低、温差大、湿度大，漆膜受冷热作用而伸缩，引起龟裂。

（7）受外界温度影响，木材和漆膜收缩膨胀不一致。

（8）使用劣质涂料。

（9）过分稀释或涂料过厚。

3、防治措施

（1）基材表面处理时要把油污、水分或其他污物彻底清除。

（2）选择配套的底漆、面漆。

（3）底层干透后再涂装下一道漆。

（4）水泥底要充分干燥，pH 值控制在 8 以下，最好用抗碱底漆封闭。

（5）在适宜的环境下施工。

4、治理方法

（1）刷去松脱物，打磨表面，重涂。

（2）未上漆的木头，应用底漆打底。参见图 10-18、图 10-19。

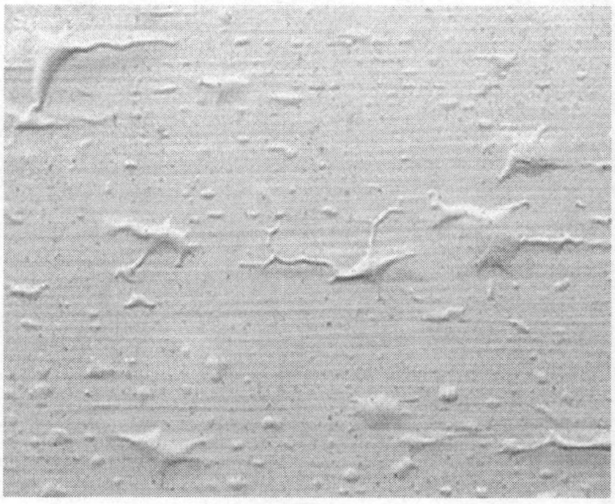

图 10-18 漆膜干透后表面出现大小裂纹

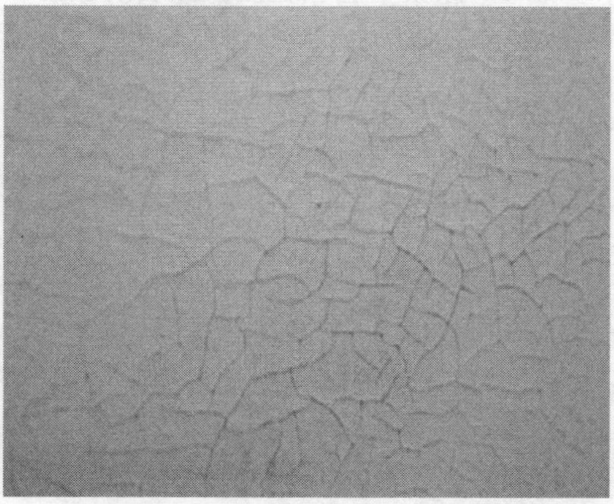

图 10-19 漆层产生开裂导致的墙面表面出现裂纹

六、涂料在施工中起泡

1、现象

涂料在施工中起泡。

2、原因分析

（1）包装桶过度振动。

（2）采用两种不同品质的涂料滚涂过快。

（3）辊筒的毛过长。

（4）涂料被反复辊涂或来回刷漆。

（5）在多孔表面辊涂涂料。

3、防治措施

（1）选用优质涂料。

（2）避免过度的反复辊刷。

（3）使用短毛辊筒。

（4）在多孔表面先使用底漆。

4、治理方法

打磨后重涂。

七、涂料遮盖力差

1、现象

干燥后的漆膜不能够遮盖被涂装的表面。

2、原因分析

（1）漏涂。

（2）使用劣质涂料。

（3）使用低质量的工具或辊筒。

（4）涂料被过度稀释。

（5）涂料流平性不好。

（6）所用涂料的颜色比基材的颜色浅得多，或主要含有遮盖力低的有机颜料。

（7）涂装速度比规定的高。

3、防治措施

（1）如果基材的颜色很深，或是带图案的墙纸，在涂面漆前要先上底漆。

（2）使用优质涂料以获得较好的遮盖力和流平性。

（3）使用优质工具；如果辊涂，使用推荐的辊筒绒毛。

（4）涂布率符合生产商的规定。

（5）如果使用调色漆，要选择正确的基漆。

（6）如果必须使用低遮盖力的有机颜料，应先上底涂。

（7）不要用水稀释涂料。

4、治理方法

打磨后用优质涂料按施工说明重新涂装。

八、涂料返碱风化

1、现象

涂料返碱风化，导致漆膜变色、褪色、表面残留结晶盐。

2、原因分析

（1）底材处理时未清除已有粉化物。

（2）墙体开裂，外部水份渗入。

（3）墙体碱性过大。

（4）墙体湿度高。

（5）未使用抗碱底漆。

（6）内部过量水分通过外墙逸出。

3、防治措施

彻底处理底材，底材湿度低于 10%。

4、治理方法

寻找并杜绝水分源头，清除风化物，重涂。

九、外墙外保温体系涂料饰面层开裂

1、现象

外墙涂料饰面层在自然环境下，承受着冷热循环、日光曝晒、风吹雨打甚至于酸碱侵蚀等考验，存在的条件非常严酷，所以，纵观应用外墙涂料饰面层的建筑物，大部分存在涂料饰面层开裂的现象，严重影响了建筑的外观质量和使用寿命。防治涂料饰面层开裂已成为一个热点问题。

2、原因分析

（1）外墙外保温体系自身不足造成开裂的原因分析

外墙外保温体系使主体结构所受的温差作用大幅度下降，温度变形大大减少，对结构墙体起到了很好的保护作用，并可有效阻断热桥。但由于其直接承受自然界各种因素的影响，所以对体系构造要求更高，设计时应充分考虑热应力、水、风、不均匀沉降等因素的影响。当前广泛应用的外保温体系由于自身的原因往往造成包含饰面层在内的整个体系的开裂。

1）聚苯板薄抹灰外保温体系自身不足的原因。

聚苯板薄抹灰外保温体系通常采用粘贴的方式（也可加锚固栓辅助锚固）固定于基层墙体上，再抹抹面砂浆并将增强网铺压在抹面砂浆中。此类构造体系最早起源于德国，到目前为止，已有较长的应用历史，做法成熟。而在我国实际施工中出现了较多的涂料饰面层开裂的问题，究其原因主要有以下几点。

①EPS板自身收缩变形时间长达60d，由于在自然环境条件下42d或在60℃蒸汽养护条件下5d的自身收缩变形已完成99%以上，所以，EPS板在自然环境条件下42d或在60℃蒸汽养护条件下5d后才能上墙。但在我们现实施工中很难保证这一点，一是EPS板长时间养护需占用大量场地，二是生产企业由于资金占用、成本控制等因素，通常养护不到7d就出厂，从而造成了EPS板上墙后继续收缩，且均集中在板缝处。

②保温板在昼夜及季节变化发生热胀冷缩、湿胀干缩时也会在板缝处集中产生变形应力，从而造成板间裂缝。

③当聚苯板的温度超过70℃时，会产生不可逆热收缩变形，造成较为严重的开裂变形，这种情况在高温的夏季更为突出。

2）水泥砂浆厚抹灰钢丝网架外保温体系的自身原因。

水泥砂浆厚抹灰钢丝网架外保温体系通常把带有钢丝网架的聚苯板与现浇混凝土整体一次浇筑，固定在基层墙体上，然后用厚20～30mm的普通水泥砂浆找平。此类做法开裂严重，其原因如下。

①普通水泥砂浆自身极易产生收缩变形，并且存在强度增大周期短（10多小时便已完成）、收缩周期长（几个月甚至上百天，收缩率为80%～10%）的矛盾，当收缩形成的拉应力超过水泥砂浆的抗拉强度时，就会出现裂缝。

②由于保温板平整度很难控制，会造成找平层抹灰厚度不均，局部每平方米荷载可达800N甚至1000N以上，在这样的情况下，局部收缩和温差应力不均，引起较多裂缝。

3）胶粉聚苯颗粒外保温体系自身的原因。

这类构造充分考虑了热应力、水、风、不均匀沉降的影响，采用了无空腔和逐层渐变柔性释放应力的技术路线，有效地解决了挤裂难题。胶粉聚苯颗粒外保温体系构造引起涂料饰面层开裂的常见问题如下。

①在构造中不用柔性腻子而采用刚性腻子。

②不采用压折比小于3的抗裂砂浆。而采用普通水泥砂浆或韧性不够的抹面砂浆。

③门窗洞口四角未铺设45°耐碱增强网。

④抹灰未分层，或虽分层但各层间隔时间少于24h。

（2）外保温体系构造中材料因素的原因分析

1）保温材料

①模塑聚苯板：密度低、易变形、抗冲击性差，造成保温层、防护层、饰面层开裂：不符合在自然条件下陈化42d或在60℃蒸汽中陈化5d的陈化时间要求；由于工期长或隔年施工等原因，造成聚苯板表面粉化，导致聚苯板粘结不牢。

②挤塑聚苯板：密度大、强度高，由于自身变形及温差变形而产生的变形应力也大，造成板缝处开裂。

③聚苯颗粒：是国家级火炬计划项目重点产品，但和易性差、易滑坠；强度高、干缩大，易空鼓、开裂。

2）防护层材料

由于抹面砂浆与增强网构成的防护层对整个保温体系的抗裂性能起到关键的作用。抹面砂浆的柔韧极限拉伸变形应大于最不利情况下的自身变形（干缩、化学、湿度、温度变形）与基层变形之和，从而保证防护层抗裂性要求。复合材料在抹面砂浆中的增强网（如玻纤网格布）的使用，一方面能够有效地增加防护层的拉伸强度，另一方面可以有效地分散应力。由于防护层材料造成开裂的原因分析如下。

①采用普通水泥砂浆做防护层。

②配制的抗裂砂浆柔韧性不够。

③抗裂砂浆层过厚，收缩开裂。

④使用了不合格的玻纤网格布，抗断裂强度低，耐碱强度保留率低，引起防护层开裂。

3）涂料饰面层材料

涂料饰面层应具有良好的防水、透气及抗裂性能。腻子与涂料应着重考虑柔韧抗变形性而不是强度。显然，从抹面抗裂砂浆、腻子到涂料，抗变形性逐层增加是保证保温体系抗裂性能的理想模式。而由于饰面层材料引起裂缝的原因分析如下。

①采用刚性腻子，腻子韧性不够，无法抵抗防护层的开裂。

②采用不耐水的腻子，受水浸渍后产生气泡、开裂。

③采用不耐老化的涂料，经过两年就会开裂、起皮。

④采用不透气的涂料，使得内部的水汽无法排除，造成起泡、起皮。

⑤采用与腻子不匹配的涂料，例如在聚合物改性腻子上面使用溶剂型涂料，造成腻子中的聚合物溶解而使腻子性能破坏。

（3）由于施工因素造成的开裂

由于外墙饰面层通常是在施工现场完成的，施工的质量对外墙饰面层质量的保证是非常重要的。外保温体系施工过程中由于施工因素造成的开裂如下。

1）增强布干搭接或搭接不够，造成搭接处开裂。

2）在门窗洞口四角处沿45°未加铺玻纤维网，未能消除这些关键部位出现的45°

裂纹。

3）冬期施工容易出现开裂、空鼓、脱落等质量常见问题。

4）粘贴聚苯板时，一端翘起，引起另一端的板面虚铺、空鼓；在施工过程中，敲、拍、振动板面引起胶浆脱落。

5）在太阳曝晒或在高温天气下抹面层，失水过快。

6）在腻子层尚未干燥或刚淋过雨的情况下，直接在上面涂刷透气性差的高弹性面层涂料，造成面层涂料起泡。

3、防治措施

（1）逐层渐变柔性释放应力的抗裂技术原则。某大学的专项课题研究表明：应努力做到保温层各相邻层性能、弹性模量变化指标相匹配，逐层渐变；抗裂砂浆应保证一定的柔韧性，以便释放变形应力；涂料饰面层应从里向外柔性变形逐渐增大。

（2）加强保温层施工前的基层处理，要求基层平整坚实；凸起、松动等部位应剔除，用1∶3水泥砂浆找平。

（3）严禁使用普通水泥砂浆作为保温构造的找平层、保护层的原则。

（4）严格控制防护层的施工质量，必须采用专用抗裂砂浆并辅以合理的增强网。

（5）应充分考虑各层材料的相容性及匹配性的原则。

（6）外保温体系材料供应商对体系材料成套供应的原则。

（7）提高施工质量保证率的原则。

十、仿瓷涂料表面龟裂

1、现象

仿瓷涂料越来越被广泛用于内墙装饰。但在使用过程中，也暴露出一些问题。最突出的就是使用半年至一年以后，涂料表面会出现细如发丝的龟裂。虽然裂纹不影响使用，但不美观且难以修补。

2、原因分析

裂纹多位于砖墙面上，而同期施工的混凝土面（如梁、板、柱等）则无此裂纹。将裂纹处的仿瓷涂料铲掉后，发现抹灰基层有同仿瓷涂料面层一样的裂纹。由此可见，仿瓷涂料裂纹是由基层抹灰裂纹引起的，而非仿瓷涂料本身产生的裂纹。基层抹灰裂纹是由干缩造成的。由于砖墙面抹灰前浇水较多，抹灰层一时难以干透，刮上仿瓷涂料以后，基层内仍含有大量的水分，随着水分的不断蒸发，抹灰层产生干缩裂纹，从而将仿瓷涂料而层拉裂。而混凝土面吸水性小，其表面抹灰干得快，刮仿瓷涂料时已基本完成干缩变形，故不再产生裂纹。

3、防治措施

（1）在抹灰层干透后再进行仿瓷涂料施工。

（2）抹灰材料宜选用干缩性小的白灰砂浆、混合砂浆。如采用水泥砂浆，其配合比不宜大于1∶3。严禁用素水泥浆压光，以减少裂纹产生。

（3）无论采用何种材料，抹灰面不要压得太光，在满足平整、垂直的条件下，宜搓成毛面，这样可以减少裂纹的产生。

十一、建筑涂料变质

1、现象

建筑涂料在使用过程中，由于储存方法不当或施工方法不正确，会造成涂料的变质。

2、存储变质及治理方法

涂料进场后，若没有马上施工或该材料生产日期离进场时间较远，可能产生以下质量变质。

（1）沉淀

颜料沉到底部不能再分散。产生的原因主要是：

1）涂料在储存期内搅拌或摇动不足。

2）储存过久或温度过高。

3）稀释不当或用不合适的材料稀释。

为了防止涂料产生沉淀现象，应该避免过热或长期储存，按生产商的指示储存涂料，并采用指定的稀释剂和稀释方法。

（2）结皮

涂料在储存期间，由于溶器不密闭、储存环境温度太高或涂料原本配方不良，会在容器内结皮。防止涂料结皮的方法为：

1）避免不必要的漆桶开启。

2）保证容器的密闭。

3）按指定的适当条件储存。

（3）黏度降低

涂料在储存期间如出现黏度降低并且产生异味，说明细菌降解了树脂的蛋白质和其他增稠剂，此时涂料已经变质，应将其弃掉。

3、施工过程中变质及治理方法

（1）慢干和回粘

涂料刷涂后，漆膜超过规定时间仍未干，称为慢干。若漆膜已形成，但仍有粘指现象，称为回粘。其产生的原因有以下几点：

1）刷涂的漆膜太厚。

2）前遍漆尚未干透又刷涂第二遍漆。

3）催干剂使用不当。

4）基层表面不洁净。

5）基层表面未完全干燥。

治理方法为：

1）对轻微的慢干和回粘，可加强通风，适当提高温度。

2）慢干或回粘较严重的漆膜，要用强溶剂洗净，重新刷涂。

（2）粉化

涂料刷后漆膜变成粉状。其产生原因主要是：

1）涂料树脂的耐候性差。

2）墙体表面处理不良。

3）涂刷时温度过低，导致成膜不好。

4）涂刷时涂料掺水太多。

解决粉化的办法是，先将粉化物清理干净，然后用性能好的油性封墙底漆打底，最后涂刷两道耐候性较好的内外墙涂料。

（3）变色和褪色

漆膜上出现变色或褪色是由于：

1）底材中湿度过高，水溶性盐结晶在墙的表面造成变色及褪色。

2）基底材料有碱性，侵害了抗碱性弱的颜料或树脂。

3）气候恶劣。

4）涂料选材不当。

在施工中如果见到这种现象，可选将出现问题的表面擦去或铲去，让水泥完全风干，然后加涂一层水性或油性封墙底漆。

（4）起皮和剥落

由于基底材料湿度太高，表面处理不干净，加上刷涂方法不正确或使用劣质底漆，会造成漆膜脱离基层表面。碰到这种情况，应先检查墙体是否渗漏，若有渗漏，应先解决渗漏问题。然后将脱落的漆及松动物质剥除，在有毛病的表面补上耐久性强的腻子，再用油性封墙底漆打底。

（5）起泡

漆膜干透后，表面出现大小不同突起的泡点，用手压，感到有轻微弹性。其产生原因是：

1）基层潮湿，水分蒸发引起漆膜起泡。

2）喷涂时，压缩空气中有水蒸气，与涂料混在一起。

3）底漆未干透，遇到雨水又涂刷面漆，当底漆干结时，产生气体将面漆顶起。

治理的方法是：轻微的漆膜起泡，可待漆膜干透后用水砂纸打磨平整，再补面漆；较严重的漆膜起泡，须将漆膜铲除干净，待基层干透，针对起泡原因进行处理，然后再刷油漆。

（6）流挂

在施工现场，经常可以发现漆从墙面上流挂或滴下来，形成眼泪状或波纹状的外观，俗称滴眼泪。造成这种现象的原因是：

1）漆膜一次涂得过厚。

2）稀释比太高。

3）在没有打磨的旧漆表面上直接涂刷。

治理方法：

1）多次涂覆，每次均涂薄薄一层。

2）降低稀释比。

3）用砂纸打磨被刷物体旧漆面。

（7）起皱纹

漆膜形成起伏的皱纹。产生的原因是：

1）漆膜过厚，表面收缩。

2）涂第二层漆时，第一层还未干透。

3）干燥时温度太高。为了防止出现这种状况，应避免涂得太厚，刷涂应均匀。刷涂两道漆间隔时间一定要足够，要保证待第一层漆膜完全干透后再进行第二道。

（8）起层

起层又称咬底。发生起层现象的原因是：刷涂时底层漆未彻底干透，面层的稀释剂溶胀下层底漆，使漆膜收缩和起皮。解决办法与防止起皱纹的方法一样，涂层施工须按指定的时间间隔进行，涂层不能涂得太厚，底漆完全干透后再涂面漆。

十二、清漆工程质量常见问题

1、漆膜缩边

（1）现象

指油漆或清漆涂层在表面形成断续的漆膜，漆膜以球形卷曲回去而留下小而圆的裸露斑点。

（2）原因分析

在油质表面涂饰，在非常光滑有光泽的表面涂饰，在油性中间涂层上涂刷面漆。

（3）防治措施

彻底刷洗、漂洗表面，打磨掉光泽，不要与中间涂层掺杂，轻轻湿磨。

2、开裂或裂纹

（1）现象

由于面层油漆的扩张与底层不一致而使表面开裂。

（2）原因分析

在软而有弹性的涂层上涂刷稠度大的油漆膜以球形卷曲回去而留下小而圆的裸露漆。在底层油漆干燥前即涂饰上一层油漆。干燥剂掺得过多。漆膜上沾有浆糊或胶水。

（3）防治措施

正确选择油漆品种。达到规定的干燥时间后，再涂饰一层油漆。干燥剂应掺得适量。漆膜上沾有的浆糊或胶水应立即除去。

3、咬底

（1）现象

涂饰面漆时，将已刷好的底漆咬起来。

（2）原因分析

底漆未干透，面漆涂刷过早。底漆与面漆不配套，底漆膜承受不了面膝强稀释作用，被咬起溶解。

（3）防治措施

选用配套的油漆材料。底层漆膜干透后，再涂饰面漆。

4、片落或脱皮

（1）现象

由于油漆胶粘剂失效，漆膜或片状脱落。

（2）原因分析

在潮湿面上，特别是含水率高的木料面上涂漆，在粉状易碎面上涂漆，如水溶性涂料面上，在容易冷凝的潮湿环境中涂漆。涂刷油漆表面的扩张和收缩。涂漆底层有锈。在平滑有光泽的表面涂刷油漆缺乏附着力。漆膜下有晶化物形成。

（3）防治措施

检验木料是否干燥。涂刷封闭涂料。不要在有雾、湿、霜的环境中涂漆。选用与表面收缩性相适应的漆。彻底清除基层上的污物和锈蚀，选用适当底漆。涂漆前，除去所有污物。

5、漆膜皱纹

（1）现象

漆膜干后表面不光滑、不光亮、表面收缩形成很多弯曲棱脊。

（2）原因分析

漆质不好，溶剂挥发太快，催干剂过多，或油漆调配不均匀。漆膜涂刷过厚，不均匀。在高温或烈日暴晒下施工。

（3）防治措施

选用优良漆料，不得随意加入催干剂。避免在烈日下施工选用较硬的毛刷涂饰，且应均匀一致。

6、漆膜表面起雾发白

（1）现象

指在罩面漆或瓷漆表面上有发白现象，同时伴有缺乏光泽现象。

（2）原因分析

在雨期和冬期涂刷油漆。洗毛刷时的水被吸入涂层里。暴露在含有污染物质的空气中时间过长。

（3）防治措施

在雨期和冬期涂刷油漆时，加适量的化白水（油漆专用原料）。在涂刷前应检验被涂物的表面是否干燥，未干燥不应涂刷油漆。除去表面结晶沉淀物，用亚麻油和醋酸的等量混合剂擦涂表面。

7、清漆变黑

（1）现象

清漆尤其是硝基清漆涂刷完后，一些特殊部位如漏雨的窗台处，出现木质罩面板漆膜局部变暗，钉眼处出现黑斑。如不及时处理，黑斑会越来越多，变暗的面积会越来越大。

（2）原因分析

1）嵌补钉眼后的第一遍硝基清漆涂刷时，空气相对湿度大于60%，或有水蒸气凝聚，钉眼处的腻子未彻底干燥。

2）木龙骨、面板的含水率过高，超过12%。

3）木工作业施工时，墙体潮湿，含水率大于8%，墙体的防潮处理不彻底，或墙体内埋设的木砖、木筋未做防腐处理。

4）木基层内进水。

（3）防治措施

1）潮湿的环境或严寒的天气不宜进行硝基清漆的涂刷。

2）木工作业时，应使用含水率不超过12%的木质线材和板材。

3）墙体湿度大时，最好不要进行木工作业。

4）一定要做好墙体的防潮及埋设木砖、木筋的防腐处理。

5）钉眼等处嵌补的腻子待干燥后再打磨、刷漆。

6）做好窗台等处与外部的密封处理，严防外部向木基层渗漏水。

十三、内墙涂料饰面质量常见问题

1、内墙涂料品种

（1）合成树脂乳液内墙涂料（俗称乳胶漆）。

（2）水溶性内墙涂料，以聚乙烯醇和水玻璃为主要成膜物质，包括各种改性的经济型涂料（俗称塑料浆）。

（3）多彩内墙涂料，包括水包油型和水包水型两种。

（4）此外还有梦幻涂料、纤维状涂料、仿瓷涂料、绒面涂料等。

涂料饰面在使用过程中，特别是经历较长时间后，会产生一些通病，破坏了饰面的整体效果，因此找出饰面易产生的通病及原因是十分重要的，这样才能有的放矢地采取相应的防治措施。

2、原因分析

（1）饰面发花，颜色不均匀

1)涂料本身质量原因，如涂料本身有浮色。这是由于在涂料中使用颜色密度相差过大，造成密度小的颜料颗粒漂浮于上面，密度大的颜料颗粒在下部聚集，使颜色分离。虽然施工时经过充分搅拌，但在涂刷及干燥过程中，涂层仍易产生色泽上的差异，涂料中颜料分散不好或几种颜料分散不均匀，在刷涂或滚涂施工时，在刷、辊方向上易产生条纹色差。

2）施工不当造成涂刷不均匀、厚薄不均匀，施工技术不熟练也会造成颜色深浅不一。颜料与基层比例不合适，颜料填料过多，树脂成分过少，展色不均匀。基层碱性过大，涂料中使用不耐碱的颜料也易造成色泽不均匀。

（2）涂料饰面起皮、开裂、脱落

1）涂料本身成膜不好，如乳胶涂料施工时温度过低，乳液本身不能形成连续涂膜造成龟裂，遇水或湿气即会脱落。再如多彩涂料在高温高湿条件下施工也易造成涂膜不好，以至脱落。

2）涂料组分中，颜料、填料含量过高，树脂含量过低，造成涂膜附着力差。

3）基层疏松，有浮尘、油污等污物，涂膜与基层粘附不好。

4）基层找平处理时，腻子强度低，耐水性很差，遇水易膨胀，以至起包、开裂进而脱落。

5）基层过于平滑，易造成涂膜附着力不好。

6）施工不当，第一道涂层未完全干燥，即施涂第二道涂料。由于内外干燥速度不同，造成涂膜开裂。

3、治理方法

（1）涂料发花、色调不匀的预防措施

1）选用适宜的颜料分散剂，最好将有机、无机分散剂匹配使用，使颜料处于良好的稳定分散状态。

2）适当提高乳胶的黏度。如果黏度过低，浮色现象严重；黏度偏高时，即使密度相差较大的颜料也会减少分层的倾向。

3）施工前要充分搅拌涂料，使之均匀，没有沉淀或浮色。施工时，不要随意对水稀释。

4）施工涂布力求均匀，涂膜不宜过厚，涂膜越厚，越易出现浮色、发花现象。

5）为使基层吸收涂料均匀，最好施涂封闭底漆。

（2）防止内墙涂料涂膜起皮、脱落的措施

1）施工温度应遵守不同涂料的施工要求。如乳胶涂料应在5℃以上（最好10℃以上）施工，成膜助剂选用要得当，加量适宜，以保证乳液形成连续膜，不发生龟裂。多彩涂料应在5℃以上、湿度不超过85%的环境下施工。如果在雨天等温度高的环境下施工，涂膜易泛白，不易产生连续涂膜，附着力也降低。

2）根据不同使用场合及要求，选择合适的颜料、基料比，不能为降低成本而过多增加颜料、填料用量。

3）基层应处理好，将疏松层铲掉，将浮尘、油污清理干净。

4）根据墙体的具体情况及所用涂料品种，选择粘结强度好的腻子，特别是在厨厕间条件较为苛刻的场所，应选用耐水腻子。腻子层不可过厚，通常以找平墙体为准，一定要等腻子干燥后再施涂涂料。

5）过于光滑的表面应用界面剂处理或采取其他措施，以增强涂料的附着力，减少脱落。

6）施涂不同涂料时，最好采取封底措施。

4、内墙涂料的正确施工方法

（1）基层处理

1）普通腻子的施工方法。

涂料施工前，需用腻子将墙体找平。目前多使用821石膏腻子，也有使用纤维素大白腻子或者108胶水泥腻子的。

首先将基层污垢、油垢等除去，涂刷一道稀释的108胶，待干燥后再施涂腻子。将腻子粉加水（通常加水量有一定要求）搅拌均匀后使用，通常批刮两道完活，应打磨平整。石膏腻子应在规定时间内使用完。

2）防水腻子的施工方法。

基层表面要求坚实、清洁，不得有油污。刮腻子前在基层涂刷一道封底液（乳胶稀释液或封底胶）进行封底处理。通常批刮两道腻子，不得批刮过厚，要力求均匀。耐水腻子一般不需用特别打磨，如有局部需要修补，可轻轻打磨，打磨后将表面粉尘及时清除干净。应用不锈钢或橡胶刮板，避免铁锈的产生。

（2）封闭底漆

过去内墙涂料施工往往不需要封闭底漆，但从实际使用过程及国外的先进经验看，封闭底漆的使用对保证工程质量有很大的帮助。封闭底漆的作用如下：

1）避免墙体过于干燥。

2）增加基层强度。

3）提高面涂附着力，延长饰面使用时间。

（3）各类涂料按其规定的施工方法施工

在内墙涂料中，乳胶涂料占有较大比例，通常采用滚涂、刷涂的施工方法。除此之外，还可采用喷涂、抹涂、刮涂、蘸涂等多种方式，可单独使用，也可相互使用。梦幻涂料施工比较复杂，一般除用喷涂、滚涂外还要配合使用擦涂、刮涂等方法才能做出理想的花纹，达到预期的装饰效果。

滚涂施工操作简便，非专业施工人员可自行操作。采用不同种类辊子可滚涂出多种花纹图形。滚涂时要注意毛辊上的吸浆量不能太多或太少。最好备有蘸料槽，使毛辊吸浆量均匀、合适。

在墙面上滚涂时，应将毛辊自下往上、一下一下地滚涂，滚动的大小随毛辊中涂料的减少而加大，这样不会造成流淌。当毛辊中的涂料用掉1/3～1/2时就应蘸料后再进行滚涂，这样有利于长时间操作。

十四、外墙涂料饰面质量常见问题

由于外墙涂料施工简便、色彩丰富，对建筑物有很好的装饰和保护作用，所以在建筑外墙面装饰中得到了广泛的应用，很多新建房屋和翻新建筑的外墙装饰采用了外墙涂料。但是，一部分外墙涂料工程完工后一段时间，涂层会出现表面污染、起皮脱落、开裂等现象，成为外墙涂料的质量常见问题，严重影响了建筑物外立面的美观，同时也影响了外墙涂料的推广应用。要彻底杜绝这些质量常见问题的发生，关键在于预防。

1、涂层表面污染

（1）现象

由于灰尘等污垢附着在涂层表面上形成污斑，影响建筑物的形象。

（2）原因分析

1）由于建筑物檐口、窗台底部等部位没有做滴水线，女儿墙顶、阳台压顶等部位没有做向内倾斜的泛水，造成下雨时雨水夹带积灰顺墙面流淌下来。雨水的浸泡使涂层软化，从而使污染物吸附在涂层上形成表面污染。

2）一些建筑物在容易受到污染的部位（如窗套、线条等）采用了白色，使得污染看上去更明显。

3）建筑物没有定时清洗，使污染越来越严重。

（3）防治措施

1）窗台应设计成外挑窗台，并在外窗台两侧做挡水端；檐口、窗台底部必须做滴水线；女儿墙顶、阳台压顶应做向内侧倾斜的泛水。

2）对于易受污染的部位应设计成深色。

3）由于环境的原因，外墙涂料表面污染很难彻底避免，应对其进行定期清洗，各地政府部门也可以作出具体规定。

2、涂层起皮脱落

（1）现象

涂层与基层失去应有的粘结力，以致造成涂层成片地起皮脱落。

（2）原因分析

1）由于工期等原因，抹灰基层未经过足够的养护期就进行涂装，基层含水率过高、pH值太大，导致涂层与基层的粘结力降低。

2）基层表面有浮浆、油污等污染物未清除，涂层与基层粘结不牢。特别对于旧建筑物翻新工程，有的涂装施工队伍不管墙面基本情况怎样，连基本的清洗都不做，直接进行涂装，结果完工后不久，就出现涂层起皮剥落现象。

3）没有使用与涂料相配套的腻子，腻子粘结强度低；腻子刮得太厚；涂料一遍涂装太厚或两遍间隔时间太短。

（3）防治措施

1）抹灰基层应经过足够的养护期，一般常温下应保证14d的养护时间。基层应干燥，含水率应小于8%，pH值应小于10。

2）涂装前应对基层进行清理，把基层表面的污染物清除干净。对于旧建筑物墙面，应先用水泥砂浆补平坑洼处，再用弹性腻子修补裂缝，最后把墙面清洗干净，局部刮腻子，再进行涂装。

3）不能使用由白水泥、滑石粉与胶水现场调制的腻子，应使用由涂料生产厂家提供的与涂料配套的腻子，或使用聚合物改性水泥腻子，且腻子层不宜太厚。

4）每一遍涂料应涂装均匀，不能太厚。涂装溶剂型涂料时，后一遍应在前一遍涂料实干后进行；涂装乳液型涂料时，后一遍应在前一遍涂料表干后进行。

3、涂层开裂

（1）现象

涂层出现大量纵横交错、不规则的裂缝。涂层裂缝轻者影响建筑物外观，重者引起外墙渗漏。

（2）原因分析

引起涂层开裂的主要原因有两个：

1）抹灰基层质量控制不严，由于抹灰基层开裂导致涂层开裂。

2）腻子强度太低或腻子层太厚，腻子层开裂引起涂层开裂。

（3）防治措施

1）外墙涂料施工前应对抹灰基层的平整度、裂缝等质量项目进行隐蔽验收，验收合格才能施工。

2）抹灰基层施工质量应严格控制，主要控制点包括：砂浆的原材料、配合比；砖墙表面要清理、修补、润湿；分层抹灰的厚度和养护；分格缝的设置；面层要用木抹子压光，不能用铁抹子压光等。只要砂浆配合比合理、施工工艺得当，抹灰基层开裂是完全可以避免的。

3）应使用与涂料配套的腻子或聚合物改性水泥腻子并控制腻子层厚度。

4、优质工程示例

参见图 10-20。

图 10-20　外墙涂料饰面优质工程

第十一章 裱糊与软包工程

第一节 裱糊工程

一、墙纸翘边

1、现象

翘边是指壁纸或墙布边沿脱胶离开基面卷翘起来。参见图 11-1。

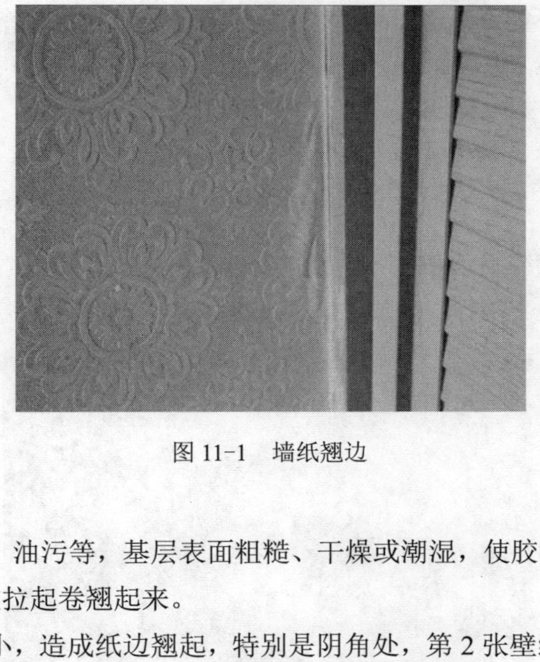

图 11-1 墙纸翘边

2、原因分析

（1）基层有灰尘、油污等，基层表面粗糙、干燥或潮湿，使胶液与基层粘贴不牢，壁纸干燥收缩后，纸边被拉起卷翘起来。

（2）胶粘剂胶性小，造成纸边翘起，特别是阴角处，第 2 张壁纸粘贴在第 1 张壁纸的塑料面上，更易出现翘起。

（3）阳角处裹过阳角的壁纸少于 20mm，未能克服壁纸的表面张力，也易起翘。

（4）涂胶不均匀，或胶液过早干燥。

3、防治措施

（1）基层灰尘、油污等必须清除干净，控制含水率。若表面凹凸不平时，须用腻子刮抹。基层表面松散、干燥、粗糙时，必须刷底胶，涂刷要均匀，且不宜太厚。

（2）根据不同的壁纸、施工环境和基层选择相适宜的胶粘剂，应提前试拼贴，且涂刷均匀。

（3）阴角搭缝时，先裱贴压在里面的壁纸，再用粘性较大的胶粘剂粘贴面层，搭接宽度一般不小于 3mm，且不应大于 5mm。纸边搭在阴角处，保持垂直无毛边，两层纸涂胶后均应仔细压实。

（4）严禁在阳角处甩缝，壁纸应裹过阳角大于 20mm（见下图），包角须用黏性强的胶粘剂，并压实，不得有气泡，必要时，可用电熨斗加热压角，以减少面层墙纸的转角张力。

（5）根据实际情况确定是否需要在壁纸背面、基层上刷胶或同时刷胶。若基层过分干燥、施工环境温度过高及天气较干燥情况，可同时刷胶。涂刷胶液要薄而均匀。已涂刷胶液的壁纸要待表面略干时再上墙，效果更好。

（6）壁纸上墙接缝（或搭缝）后，应用工具上下刮抹，拼缝处要刮干压实，多余胶液挤出后擦干。刮抹时不能用力过大，否则胶液会因过干而失去粘结性。擦干余胶的布不可过湿，防止水沿缝隙渗入基层，降低胶液粘结性。

二、裱贴不垂直

1、现象

相邻两张壁纸的接缝不垂直；阴阳角处壁纸搭接或包角不垂直；或者壁纸的接缝不垂直，但由于花纹与纸边不平行，导致花饰不垂直等。参见图 11-2。

图 11-2　基层阴阳角不垂直导致裱贴不垂直

2、原因分析

（1）裱糊壁纸前未吊垂线，第一张贴得不垂直，依次继续裱糊多张壁纸后，偏离更多，有花饰的壁纸问题更严重。

（2）壁纸本身的花饰与纸边不平行，未经处理就进行裱贴。

（3）基层表面阴阳角抹灰垂直偏差较大，影响壁纸裱贴的接缝和花饰的垂直。

（4）搭缝裱贴的花饰壁纸，对花不准确，重叠对裁后，花饰与纸边不平行。

3、防治措施

（1）裱糊壁纸前先对基层做检查：阴阳角须垂直、平整、无凹凸，若不符合要求，须修整后才能裱贴。

（2）采用接缝法贴花饰壁纸时，先检查壁纸的花饰与纸边是否平行，如不平行应将斜移的多余纸裁割平整后方可裱贴。

（3）裱贴前，对每一墙面应先弹一垂线，弹线要细。裱贴第一张壁纸须紧贴垂线边缘，检查垂直无偏差后方可裱贴第二张，每裱贴2～3张后就用吊锤在接缝处检查垂直度，及时纠偏。

（4）两张壁纸拼接时，如采用接缝法，要根据尺寸大小、规格要求和花饰对称等原则在工作台统一裁纸，随即编号，裱糊时对号入座。如采用搭缝法时，无花纹壁纸之间的拼缝重叠20～30mm；对于有花饰的壁纸，可使两张壁纸花纹重叠，对花准确后，在准备接缝的位置用钢直尺将重叠处压实，由上而下一刀裁割，再将余纸撕掉。

三、裱糊面褶皱不平

1、现象

裱糊面未铺平，呈皱纹、麻点与凹凸不平状。参见图11-3。

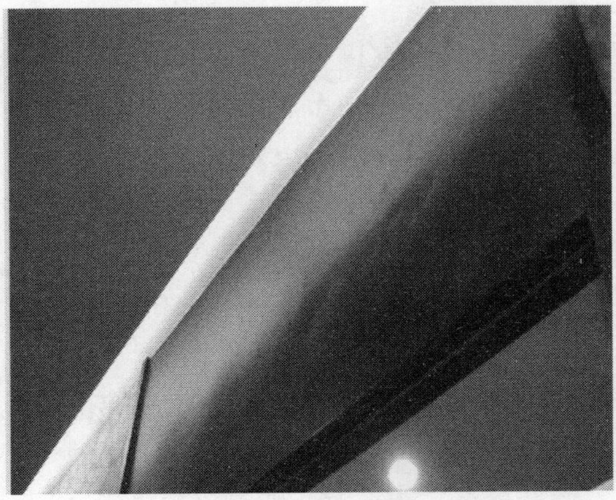

图11-3　裱糊面凹凸不平

2、原因分析

（1）基层表面粗糙，批刮腻子不平整，粉尘与杂物未清理干净，或砂纸打磨不仔细。

（2）壁纸材质不符合质量要求，壁纸较薄，对基层不平整度较敏感。

（3）裱糊技术水平低，操作方法不正确。

3、防治措施

（1）基层表面的粉尘与杂物必须清理干净；对表面凹凸不平较严重的基层，首先要大致铲平，然后分层批刮腻子找平，并用砂纸打磨平整、洁净。

（2）选用材质优良与厚度适中的壁纸。

（3）裱糊壁纸时，应用手先将壁纸铺平后，才能用刮板缓慢抹压，用力要均匀；若壁纸尚未铺平整，特别是壁纸已出现皱纹，必须将壁纸轻轻揭起，用手慢慢推平，待无皱纹、切实铺平后方能抹压平整。

第二节 软包工程

一、软包墙面不垂直、水平

1、现象

相邻两卷材接缝不垂直或不水平，或卷材接缝虽垂直，但花纹不水平，故造成花饰不垂直等。

2、原因分析

在粘贴第一张卷材时，未吊垂直线，对花和拼花工序马虎。刚开始粘贴时检查不仔细。

3、预防措施

施工中在铺贴第一块面料时，应认真进行吊垂直和对花、拼花。特别是在预制镶嵌软包工艺施工时，各块预制衬板的制作、安装更应注意对花和拼花，避免相邻两面料的接缝不垂直、不水平。或虽然接缝垂直但花纹不吻合，或花纹不垂直、不水平等。

二、软包墙面花饰不对称

1、现象

面料下料时未遵照样板进行裁剪，面料宽窄、纹路方向不一致。花纹图案的面料铺贴后，门窗两边或室内与柱子对称的两块面料的花纹图案不对称。

2、原因分析

有花饰的卷材粘贴后，由于两张卷材的正反面或阴阳面的花饰不对称，或者门窗口两边或室内对称的柱子，拼缝下料宽狭不一，因而造成花饰不对称。

3、预防措施

通过做不同房间的样板间，找出原因采取试拼的措施，解决花饰不对称的问题。

三、软包周边缝隙宽不同

1、现象

软包工程施工后，出现各缝隙宽窄不一致的现象。

2、原因分析

拼装预制镶嵌过程中，由于安装不细、捻边时松紧不一或在套割底板时弧度不匀等造成。

3、预防措施

在施工过程中应加强检查和验收，防止在制作、安装镶嵌衬板过程中，施工人员不仔细，硬边衬板的木条倒角不一致，衬板裁割时边缘不直、不方正等，造成周边缝隙宽窄不一致。

四、装饰条等宽窄不同

1、现象

软包工程边框、贴脸及装饰边线等出现宽窄不一、接槎不平、扒缝等现象。

2、原因分析

细部构件制作不细、套割不认真、拼装时钉子过稀缺胶。以及木料含水率过大等原因造成。

3、预防措施

施工时，应重视边框、贴脸及装饰边线的制装工作。在制作和安装压条、贴脸及镶边条时选料要精细，木条含水率要符合要求，制作、切割要细致认真，钉子间距要符合要求，避免安装后出现压条、贴脸及镶边框、贴脸及装饰边线宽窄不一、接槎不平、扒缝等现象。

五、面层有色差

1、现象

软工面层颜色不一致、花形深浅不一。

2、原因分析

卷材质量差，施工时没有认真挑选等。

3、预防措施

施工时对面料要认真进行挑选和核对，在同一场所应使用同一匹面料，避免造成面层颜色、花形、深浅不一致。

六、卷材离缝、亏料

1、现象

相邻卷材间的接缝不严合，露出基底有离缝现象；卷材的上口与挂镜线，下口与台度上口或踢脚线上口接缝不严，显露基底有亏料现象。

2、原因分析

卷材粘贴产生歪斜，故出现离缝；上下口亏料的主要原因是裁卷材不方、下料过短或裁切不细、刀子不快等造成的。

3、预防措施

软包施工前，应认真核对尺寸加工中要仔细操作，防止在面料或镶嵌板下料尺寸偏小，下料不方或裁切、切割不细，软包上口与挂镜线，下口与踢脚线上口接缝不严密，露底造成亏料，使相邻面料间的接缝不严密，露底造成离缝。

七、铺贴面层皱褶、翘边

1、现象

施工完成后发现墙面表面不平，斜视有疙瘩；干燥后有翘边现象。

2、原因分析

墙面表面不平，斜视有疙瘩主要是因为基层墙面清理不彻底，或虽清理但没认真清扫，因此基层表面仍有积尘、腻子包、小砂粒、胶浆疙瘩等，造成墙面表面不平，斜视有疙瘩。

翘边现象主要是因为接缝和边缘处胶粘剂刚涂过少，或局部漏刷及边缝没压实，干后出现翘边、翘缝等现象。

3、预防措施

施工时一定要重视墙面基底的清理工作，软包布铺贴前熨烫要平整，固定时布面要绷紧、绷直，避免安装后面层皱褶、起泡。

发现翘边现象应及时补刷胶并辊压修补好。

第十二章 细部工程

第一节 窗帘盒和窗台板制作与安装

一、窗帘盒安装不牢

1、现象

安装时发现木砖或预埋件松动不采取措施加固，固定件、连接件使用不当。

2、原因分析

由于预埋件或木砖松动或安装时未固定牢固，使窗帘盒安装后不牢固，轻则松动，重则掉下来，存在不安全的隐患。

3、防治措施

（1）检查预埋件或木砖的位置是否安全合适、牢固，尤其是埋件或木砖不合适而重新预埋的埋件或木砖要采取有效措施，保证其牢固性。

（2）埋件不能用射钉枪打钉，可以用膨胀螺栓固定。

（3）连接件要符合设计要求，螺栓要拧紧，不得松动。

二、窗帘盒安装中心定位偏移

1、现象

由于未进行中心定位，造成窗帘盒两端伸出的长度不一致，从而窗帘棍两端长度也不一致，影响窗帘盒的拉开、遮挡。

2、原因分析

窗帘盒安装时未认真进行中心定位。

3、防治措施

（1）加工订货和安装时要认真核对窗帘盒的尺寸，要保证伸出窗口两边不少于12cm。

（2）划出窗口中线和窗帘盒中心线，安装时将窗帘盒中心线对准窗口中心线，盒的靠墙部位要贴严，而后才固定。

（3）一个大房间有几个单体窗帘盒时，则每个单体窗帘盒两端伸出的长度要相等。

三、窗帘盒安装歪斜

1、现象

由于结构施工阶段未按设计要求预埋木砖和铁件，安装时又不弹线找平，使窗帘盒安装后不平、不正，影响房间整体效果和美观。

2、原因分析

窗帘盒安装时未按设计要求预埋木砖和铁件，未弹线找平。

3、防治措施

（1）按设计图要求，弹出水平线，一个房间有几个窗帘盒时，应拉通线保持在一个水平高度上。

（2）有吊顶采用暗窗帘盒的房间，吊顶施工应同窗帘盒安装同时进行。

（3）窗帘盒应靠墙贴平，并检查出离墙距离一致后进行固定。

（4）窗帘盒安装应牢固，不然会因松动而出现两头高低不一致。

（5）窗帘盒安装后应注意保护，不要碰撞，如有损坏及时调整修理。

四、窗台板、暖气罩出墙（压墙）不一致

1、现象

出墙、压墙不一致。

2、原因分析

由于施工不认真，或者窗框下未留量，施工又怕费事，造成出墙、压墙不一致，影响工程质量。

3、防治措施

（1）窗台板安装应在抹灰和装饰层施工时和窗框安装后进行。

（2）窗台板安装前应检查窗框下和窗口两边是否有安装窗台板的空隙留量，如果不够应剔凿处理。

（3）窗台板出墙和窗口两边压墙以 30mm 为宜，所有房间窗台板出墙和窗口两边压墙均应一致。

（4）有暖气罩的窗台，窗台板底外棱应在暖气罩上棱外，以凸出 10～20mm 为宜。

（5）由于墙面不平直连通窗台板如果不能保证窗台板外棱在同一直线上时，应首先保证窗台板外棱平直，墙面相差大的须修理墙面。

五、窗台板、暖气罩安装预埋件设置不合理

1、现象

窗台板、暖气罩安装位置的预埋件设置不合理、且有松动，窗台板底部未找平垫实。导致安装松动。

2、原因分析

窗台板经常放物品，住户有时还养花和脚踩，如果安装松动会影响安全和使用功能；暖气罩与木制窗台板连在一块安装时，如松动同样造成安全隐患。

3、防治措施

（1）检查窗台板、暖气罩安装位置的预埋件。是否符合设计及安装的连接构造要求，如有误差应进行修正；有松动的要重新预埋牢固。

（2）窗台板底部应垫实，安装时插入窗框下冒头的裁口。以防止窗台板松劲。

（3）木制窗台板宽度大于150mm的，拼合板面底部横向应穿暗带。长度超过1500mm时，除靠墙两端设木砖外，中间每500mm间距应增设预埋木砖。

（4）构造上需要设宽台板支架的，安装前应核对固定支架的预埋件。支架焊接应牢固，安装平正，使支架受力均匀。

（5）暖气罩固定时各连接件应安装牢固，螺丝应拧紧。

（6）宽台板和暖气罩安装后都要先进行自检，自检合格后才进行检查验收，符合要求后才进行下道工序。

六、外窗台未做排水坡及窗楣未设鹰嘴

1、现象

窗楣没做鹰嘴，窗台内外没有高差，外窗台没做向外排水坡。

参见图12-1、图12-2、图12-3、图12-4。

图12-1　窗楣鹰嘴没有滴水线（槽）

图12-2　窗楣鹰嘴没坡度又没滴水线（槽）

图 12-3　窗台的外侧标高比内侧标高还高

图 12-4　外窗台板没有放坡

2、原因分析

没有按照下列质量标准作业：

（1）有排水要求的部位应做滴水线（槽）。滴水线（槽）应整齐顺直，滴水线应内高外低，滴水槽的宽度和深度均不应小于 10mm。

（2）内窗台标高应比外窗台标高高 20mm。

（3）外窗台的排水方向应向外、其表面的坡度应≥20%。

（4）外墙窗的窗楣应做鹰嘴，鹰嘴的表面坡度应≥20%，鹰嘴的最外边应做滴水线（或槽）。

3、防治措施

（1）在窗口装饰打底前，认真查看图纸，使其鹰嘴和各项标高、坡度均符合设计要求和有关规范的要求。

（2）严格控制各层窗台的室外、室内标高，把其窗室内、外的控制点标注在窗洞口砖墙的侧面。

（3）做样板，并事前向作业工人进行交底。

（4）加强检查，发现问题及时纠正。

4、优质工程示例

参见图 12-5、图 12-6。

图 12-5　窗台外侧坡度符合要求

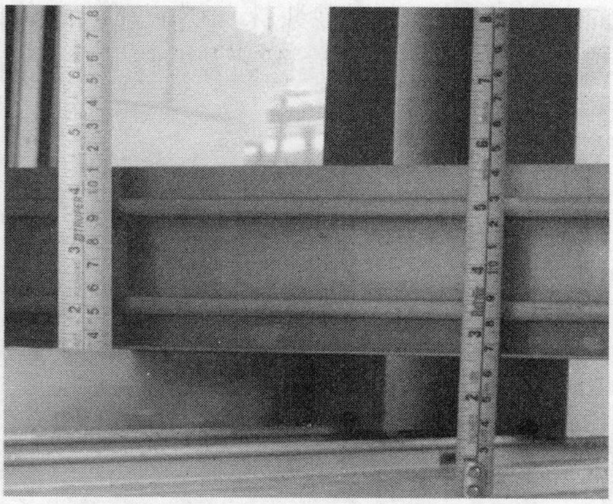

图 12-6　内窗台标高比外窗台标高高 33mm

七、窗台空鼓开裂

1、现象

窗台产生空鼓、裂缝。参见图 12-7。

图 12-7　窗台抹灰面产生空鼓、裂缝

2、原因分析

没有按照下列质量标准作业：

（1）抹灰工程应对水泥的凝结时间和安定性进行复验。

（2）当要求抹灰层具有防水功能时，应采用防水砂浆。

（3）抹灰前基层表面的尘土、污垢、油渍等应清除干净，并应洒水润湿。

（4）各种砂浆抹灰层在凝结前应防止干燥过快、水冲、撞击；在凝固后应采取措施防止玷污和损坏；水泥砂浆抹灰层应在湿润条件下养护。

（5）抹灰层与基层之间及各抹灰层之间必须粘结牢固，抹灰层应无脱层、空鼓，面层应无爆灰和裂缝。

（6）水泥砂浆不得抹在石灰砂浆层上；罩面石膏灰不得抹在水泥砂浆层上。

3、防治措施

（1）采用的水泥强度等级不宜过高，宜采用中砂，含泥量不宜超过 5%。

（2）抹灰前一定要将基层表面清理干净，并充分湿水，在抹灰前刷一道水泥浆。

（3）各层抹灰应当采用比例相同的水泥砂浆或水泥用量偏大的水泥混合砂浆。

（4）建议先抹水泥砂浆或水泥混合砂浆，后抹石灰砂浆，即先“黑”后“白”的施工方法。

（5）底层砂浆在终凝前不准抹第二层砂浆。

（6）掌握好各层的施抹时间，面层未收水前不准用抹子压光；砂浆如已硬化不允许再用抹子搓压。

4、优质工程示例

参见图 12-8。

图 12-8　窗台优质工程

第二节　护栏和扶手制作与安装

一、楼梯扶手接槎不齐

1、现象

由于扶手底部开槽深度不一致，栏杆扁钢或固定件不平整，塑料扶手焊接对接不好，造成楼梯扶手接槎不平，影响观感和使用效果。

2、原因分析

楼梯扶手底部开槽深度不一致，栏杆扁钢或固定件不平整，塑料扶手对接不好。

3、防治措施

（1）安装扶手前，应检查栏杆扁钢或固定件是否平整，尤其是焊缝处要磨平整。

（2）弯头下面刻槽应与栏杆扁钢紧密结合，不得松动。

（3）扶手底面开槽深浅一致，扶手与扁钢用木螺丝拧紧，间距不得大于400mm，不得用锤子直接打入。

（4）塑料扶手焊缝用塑料焊条焊接，填缝应饱满，焊缝的高度要一致。

二、栏杆与墙体连接不规范

1、现象

栏杆与墙体的连接不规范。参见图12-9、图12-10。

图12-9　栏杆扶手点焊在膨胀螺栓上

图12-10　栏杆扶手未进入主体结构内直接点焊在膨胀螺栓上

2、原因分析

栏杆与墙体的连接未考虑安全要求，而直接埋管或点焊于膨胀螺栓上。

3、防治措施

（1）栏杆扶手（金属件）或水平杆与墙体的连接必须有可靠的预埋，预制铁件连接，焊接连接的金属应四周满焊。

（2）预制铁件应与实心墙体不少于3颗Φ6以上的金属膨胀螺栓连接，扶手与预制铁件处满焊。

4、优质工程示例

参见图 12-11。

图 12-11　阳台钢管扶手与墙体节点（补齐膨胀螺栓）做法规范

三、栏杆安装外观质量不规范

1、现象

栏杆安装、外观质量等不符合要求。参见图 12-12、图 12-13、图 12-14。

图 12-12　栏杆扶手与墙体连接不符合要

图 12-13　栏杆扶手与墙体连接不符合要求

图 12-14　栏杆扶手与墙体连接不符合要求

2、原因分析

没有按照下列质量标准作业：

（1）栏杆工程应对护栏与预埋件的连接节点进行隐蔽工程验收，合格后才能进行下道工序施工。

（2）护栏和扶手制作与安装所使用材料的材质、规格、数量和木材、塑料的燃烧性能等级应符合设计要求。

（3）护栏和扶手的造型、尺寸及安装位置应符合设计要求。

（4）护栏和扶手安装预埋件的数量、规格、位置以及护栏与预埋件的连接节点应符合设计要求。

（5）护栏高度、栏杆间距、安装位置必须符合设计要求，护栏安装必须牢固。

（6）护栏和扶手转角弧度应符合设计要求，接缝应严密、表面应光滑、色泽应一致，不得有裂缝、翘曲及损坏。

（7）护栏和扶手安装的允许偏差和检验方法应符合表 12-1 的规定。

表 12-1　护栏和扶手安装的允许偏差和检验方法

项次	项目	允许偏差（mm）	检验方法
1	护栏垂直度	3	用 1m 垂直检测尺检查
2	栏杆间距	3	用钢尺检查
3	扶手直线度	4	拉通线、用钢直尺检查
4	扶手高度	3	用钢尺检查

（8）护栏、扶手应采用坚固、耐久材料，并能承受规范允许的水平荷载。

(9)扶手高度不应小于 0. 9m，护栏高度不应小于 1. 05m，栏杆净间距不应大于 0. 11m。

（10）木扶手与弯头的接头要在下部连接牢固，木扶手的宽度或厚度超过 70mm 时，其接头应粘结加强。

（11）扶手与垂直杆件连接牢固，紧固件不得外露。

（12）整体弯头制作前应做足尺样板，按样板划线，弯头粘结时，温度不宜低于 5℃，弯头下部应与栏杆扁钢结合紧密、牢固。

（13）木扶手弯头加工成形应刨光，弯曲应自然，表面应磨光。

（14）金属扶手、栏杆垂直杆件与预埋件连接应牢固、垂直，如焊接，则表面应打磨抛光。

3、防治措施

（1）木扶手接头不严质量通病防治措施：

1）木扶手及弯头应使用干燥料，含水率不大于 12%，整体弯头一般在现场加工。

2）弯头及扶手如用蛋白质胶粘结时，涂抹时的温度不低于 5℃，环境温度不低于 5℃。

3）接头胶结时要由下而上进行，胶料涂抹要均匀，多余的胶尽力挤出擦净。

（2）扶手弯头不顺，扶手不直质量通病防治措施：

1）木扶手应用干燥料，加工后要垫平堆放，不得暴晒或受潮。

2）制作安装楼梯栏杆前，要根据木扶手的形状和宽、高等尺寸计算出栏杆上下跑拐弯处带钢的最小平直长度。

3）安装转角木扶手时，应按照该角的角平分线切割斜面，以保证两者相吻合。

4）安装铁栏杆时，为防止铁栏杆变形，要在栏杆带钢上绑 5cm×10cm 木方加固，栏杆上部带钢表面如有冒出的立杆或焊渣，必须锉平。安装木扶手时应按照设计要求间距、规格上好木螺丝。

（3）木扶手与栏杆结合不牢质量通病防治措施：

1）栏杆上部带钢螺丝孔中距不应大于 400mm，螺丝孔四周要旋成窝，每个螺丝孔必须拧螺丝，不得间隔。

2）螺丝孔应留在靠近栏杆立铁的上角部位，操作时螺丝刀便可与扶手底垂直，防止螺丝歪斜。

3）硬木扶手的螺丝孔用木钻引孔的深度不应大于木螺丝长度的 2/3。

4、优质工程示例

参见图 12-15。

图 12-15　栏杆的立杆制作安装符合规范要求

第三节　装饰装修细部其他质量问题

一、花饰制作粗糙及表面污染

1、现象

花饰制作不精细，运输、贮存、安装时沾污表面。

2、原因分析

由于制作不精细，运输、贮存、安装不细心，都会污染表面，影响花饰图案质量，有的甚至缺棱掉角，难以体现装饰效果和风格，影响整体观感质量。

3、防治措施

（1）应加强装卸运输过程的管理，运输时要妥善包装，避免受到剧烈的振动。装卸时，要轻拿轻放，选好受力支承点，防止晃动、碰撞损坏、磨损花饰。

（2）贮存时要垫放牢固，不准悬挑太长，堆放过高，受日晒雨淋。

（3）安装后要注意成品保护，应用塑料膜封闭，以保洁净，易受碰撞的低处要用板材封闭，防止碰坏。

（4）拆架子，托运材料、设备及工具时，注意不要碰撞花饰。

二、挂镜线、贴脸板、压缝条安装错槎

1、现象

接头采用齐头对接，木制条厚度不一，难以保证接缝严密。

2、原因分析

采用齐头对接的方式，难以保证接缝严密，当墙面变形或温度影响时，造成错槎或接

缝明显；木制条厚薄不一，墙面不平也造成接头错槎，错槎和接缝明显的质量缺陷影响观感，甚至有的会发生翘曲。

3、防治措施

（1）安装前，要检查加工品的树种、材质、规格，加工质量应符合图纸要求。不能有死节缺陷，不能翘曲、变形、变色。

（2）在安装部位先量尺寸，处理接头和转角位置；设计无特殊要求时，接头应成45°角；转角处应按角度的大小刨成坡角相接。所有接头不准齐头对接。

（3）做好割角接头后应预装，修理找正，使接头严密、割角整齐。

（4）墙面要平整，木制条厚度要一致。

（5）贴脸和压缝条做到只能在拐角处接缝，水平和垂直方向均用整条板。

三、贴脸板安装不规范

1、现象

贴脸板安装部位的装饰工作及地面未做完，难以确定贴脸板条长度和接头，造成“吊脸”现象，同时造成盖缝不严，盖宽难以保证；未钉固在门窗框上，在受碰撞冲击时松动、脱落，影响装饰质量和使用效果。

2、原因分析

安装贴脸板部位的抹灰或面层装饰工作未完，地面未做完就进行贴脸板安装，贴脸板未钉固在门窗框上。

3、防治措施

（1）贴脸板安装前门窗框应安装完毕，嵌缝及抹灰工作已结束，地面已做完。

（2）木制贴脸板应采用门窗框相同树种的木材，含水率不大于12%。不得有裂纹、扭曲、死节等缺陷。

（3）根据贴脸安装位置，空好长度和接头，转角应采取45°角斜面对接。

（4）先预装后固定，预装后检查贴脸板盖住抹灰和其他面层，盖宽不小于10mm。

（5）将贴脸板钉固在门窗框上，钉帽砸扁冲入，钉距以不大于100mm为宜，使割角整齐，接缝无错边，平直光滑。

四、水泥踢脚板空鼓

1、现象

这种空鼓多发生在面层与底层之间，也有底层与基层之间的，用小锤敲击时有空鼓声，并常伴有裂缝，严重时会剥落。参见图12-16。

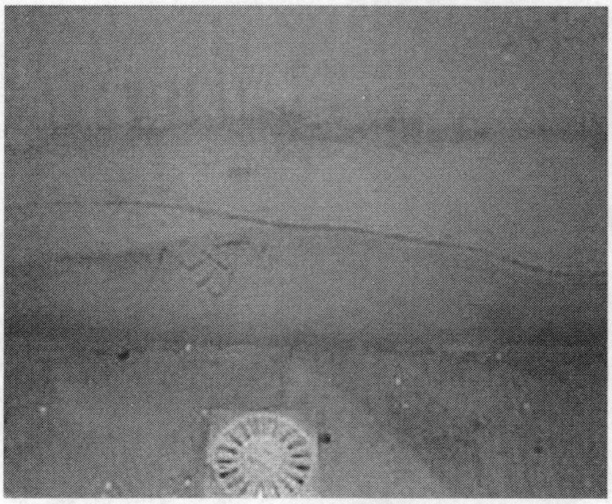

图 12-16 水泥踢脚板空鼓

2、原因分析

（1）抹面前基层不浇水湿润，基层表面过于干燥。由于面层底层一般抹得较薄，所以砂浆中的水分很快被基层所吸掉，既降低了粉抹层的强度，又降低了与基层的粘结能力，造成日后空鼓、裂缝。抹面层时，若底层过于干燥，就容易使面层发生空鼓。

（2）抹面前，基层表面未清理干净，粘结在基层表面的各种浮灰成了底层与基层之间的隔离剂，致使粉抹层空鼓。特别是水磨石地面在打磨过程中，浆水溅到墙面（或底糙灰面）上，当抹踢脚板砂浆时，若不清理干净，极易造成踢脚板空鼓。

（3）用石灰砂浆打底，由于与面层水泥砂浆材质、性能不同，粉抹后，极易造成裂缝、空鼓，甚至剥落。

（4）抹墙面罩面灰时，一直抹至水泥踢脚板部位，抹踢脚板时（不管面层或底糙），若不注意清理，将水泥砂浆抹于白灰层上，也容易产生裂缝、空鼓。

（5）水泥砂浆过稀，或是一次抹的太厚，使砂浆向下滑坠，大大削弱了与基层（或底层）的粘结力，造成空鼓、裂缝以至剥落。

3、防治措施

（1）基层应清理干净，粉抹前一天应充分浇水湿润。

（2）粉抹时应先在基层上（当抹面时，应在底糙上）刷一度素水泥浆，水胶比控制在0.4左右，并注意随刷随抹。

（3）严禁用石灰砂浆或混合砂浆打底糙。

（4）当先抹墙面白灰、后抹踢脚板时，应严格防止将白灰抹至踢脚板部位。

（5）水泥砂浆不应过稀，稠度应控制在35mm左右，一次粉抹厚度以1cm为宜，粉抹层过厚，应分层操作。

（6）磨石机应有罩板，避免打磨时浆水四溅，沾污墙面。如有沾污，应随时用清水冲洗干净。

4、治理方法

对于局部和轻微的裂缝、空鼓，不影响使用和外观时，一般可不做翻修处理。当裂缝、空鼓严重，或产生剥落等情况，应做翻修处理。

五、木踢脚板质量常见问题

1、现象

安装的踢脚板与地面不垂直、表面波浪不平、表面接缝高低、上下口不平直。

2、原因分析

（1）踢脚板翘曲、变形。

（2）木砖埋设不牢或间距过大。

（3）踢脚板成波浪形。

3、防治措施

（1）踢脚板靠墙一面应设变形槽，槽深 3～5mm，槽宽不小于 10mm。

（2）墙体预埋木砖间距应不大于 400mm，加气混凝土块或轻质墙，其踢脚板部位应砌黏土砖，使木砖能嵌牢固。

（3）钉踢脚板前，木砖上应钉垫木，垫木应平整，踢脚板平面、上下口应拉通线钉踢脚板。

4、优质工程示例

参见图 12-17。

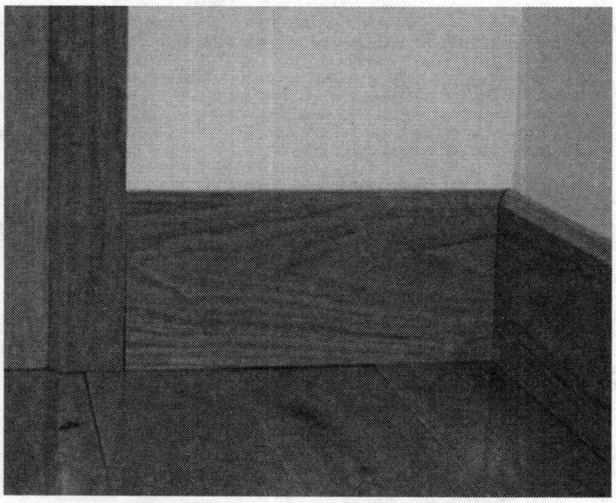

图 12-17　木踢脚板优质工程

六、木护墙板、筒子板安装质量常见问题

1、现象

木纹错乱、色差过大，难以达到颜色均匀，木纹通顺美观的效果

2、原因分析

木面层板安装前不事先挑选排列，对色对花。

木护墙板、木筒子板都要求有较好的装饰效果，达到坚固规矩，平整光滑、线条清晰、整齐美观。面层板在施工安装前不认真进行挑选排列，对色对花，或操作粗心，会导致木纹错乱、色差过大，难以达到颜色均匀，木纹通顺美观的效果。

3、防治措施

（1）面板材料的含水率不大于12%。胶合板的厚度应不小于5mm，用原木板材作面板时，厚度不应小于15mm，背面宜设置变形槽。

（2）认真进行选料，面层板材均要纹理顺直，颜色均匀，花纹相似。不得有结疤、扭曲、裂缝等庇病。将材质、颜色、花纹一致的使用在同一房间内。

（3）安装时尽量将花纹木心对上。一般花纹大的安装在下面，花纹小的安装在上面，防止侧装；颜色好的用在迎面，颜色差的用在较背的部位。

（4）木护墙板、木筒子板的接缝一般在离地坪 1. 2m 以下，窗筒子板的接缝在 2m 以上。接头位置必须的横梁上。

（5）较好的面板要刨平净光。经试装合适后，在护墙板或筒子板背面贴一层防潮纸，即可进行正式安装。

(6)接头处应抹胶钉牢，固定木板的钉子长度约为面板厚度的 2～2. 5 倍，钉距 100mm，砸扁钉帽后，顺纹冲入面层 1～2mm。

七、细部收口粗糙

1、现象

细部收口粗糙。

2、原因分析

阴阳角处搭接方式，墙面突出物周围套割，滴水线（槽）、窗台、窗楣、窗套、流水坡等施工工艺不正确。

3、防治措施

（1）阳角饰面砖宜 45° 碰贴（有保温层的除外），非整砖使用部位应在阴角处，如采取拼贴饰面砖应正面盖侧面，上面盖下面，饰面砖挂线操作，凡墙面高≥2m 应挂面砖下线，

≤2m 应挂面砖上线。

（2）墙面突出物周围的饰面砖应整砖套割吻合，边缘应整齐，墙裙、贴脸突出墙面的厚度应一致。

（3）饰面砖接缝应平直、光滑、填嵌应连续、密实、宽度和深度应一致。

（4）有排水要求的部位应做滴水线（槽），滴水线（槽）应顺直，流水坡向正确。

4、优质工程示例

参见图 12-18、图 12-19、图 12-20。

图 12-18　外墙面砖细部处理较好

图 12-19　外墙面砖细部处理较好

图 12-20　鹰嘴做的较好

参 考 文 献

1 邹泓荣等．装饰装修工程常见质量问题防治详解．北京：中国电力出版社，2013

2 吴国锋．建设工程质量常见问题与防治系列/装饰装修工程质量常见问题与防治200例．北京：中国电力出版社，2015

3 王华生等．装饰工程质量通病表解速查手册．北京：中国建材工业出版社，2009

4 蒋林君．装饰装修工程常见质量问题及处理200例．天津：天津大学出版社，2010

5 李继业等．建筑装饰工程质量控制．北京：化学工业出版社，2014

6 栾海明．工程施工质量问题详解/建筑装饰装修工程．北京：中国铁道出版社，2013

7 房志勇．装修装饰工程常见质量问题及处理/装修装饰技术丛书．北京：金盾出版社，2000